AF341580

LE
LIVRE D'HISTOIRES

RÉCITS SCIENTIFIQUES

DE L'ONCLE PAUL A SES NEVEUX

LECTURES COURANTES POUR TOUTES LES ÉCOLES

PAR

M. J. HENRI FABRE

Ancien élève de l'École normale primaire de Vaucluse,
Docteur ès-sciences,
Correspondant du Ministère de l'Instruction publique,
Lauréat de l'Institut et de la Sorbonne, Officier de l'Instruction publique,
Chevalier de la Légion d'honneur.

DIXIÈME ÉDITION

Ouvrage autorisé pour les écoles de la ville de Paris

PARIS

LIBRAIRIE CH. DELAGRAVE

15, RUE SOUFFLOT, 15

1882

LE

LIVRE D'HISTOIRES

RÉCITS SCIENTIFIQUES

DE L'ONCLE PAUL A SES NEVEUX

LE
LIVRE D'HISTOIRES

Sursùm corda.

1. — Les six.

Or un soir, à la veillée, ils étaient réunis tous les six. L'oncle Paul lisait dans un grand livre. Il lit toujours, l'oncle Paul, pour se reposer de ses occupations. Il trouve qu'après le travail, rien ne délasse comme la conversation avec un livre, qui nous apprend ce que les autres ont fait, ont dit, ont pensé de mieux. Il a dans sa chambre, bien rangés sur des planches de sapin, des livres de toute espèce. Il y en a de grands et de petits, avec images et sans images, de non reliés et de reliés, et même dorés sur la tranche. Quand il s'enferme dans cette chambre, il faut des choses bien graves pour le détourner de sa lecture. Aussi, dit-on, l'oncle Paul sait une foule d'histoires.

Il ne se contente pas de lire ; il cherche, il observe lui-même. Lorsqu'il se promène dans son jardin, on le voit tantôt s'arrêter devant la ruche, autour de laquelle les abeilles bourdonnent, ou sous le sureau, dont les petites fleurs tombent mollement, semblables à des flocons de neige ; tantôt se baisser à terre pour mieux voir une bestiole qui passe, une herbe qui sort de sa graine. Que regarde-t-il ainsi ? qu'observe-t-il ? Qui le sait ? On dit, cependant, qu'il lui arrive alors d'avoir la figure rayonnante d'une sainte joie, comme s'il venait de se trouver face à face avec quelque secret des merveilles de Dieu. On se sent meilleur quand on entend les histoires qu'il raconte en ces moments-là ; on se sent meilleur et de plus on apprend une foule de choses qui peuvent, un jour, nous être très-utiles.

L'oncle Paul est un excellent homme, craignant Dieu, serviable pour tout le monde, bon comme le pain. Le village a envers lui la plus grande estime, tant et tant qu'on l'appelle maître Paul, à cause de son savoir au service de tous.

Pour l'aider dans ses travaux des champs, car il faut vous dire que l'oncle Paul sait manier la charrue aussi bien que le livre, et cultive lui-même son petit bien avec succès, il a Jacques, Jacques le vieux mari de la vieille Ambroisine. Mère Ambroisine a soin des affaires de la maison, Jacques s'occupe des bestiaux et des champs. Ce sont mieux que deux serviteurs, ce sont deux amis en qui l'oncle a toute confiance. Ils ont vu naître Paul, ils sont dans la maison depuis fort longtemps. Que de fois Jacques n'a-t-il pas fait des sifflets d'écorce de saule pour consoler petit Paul en chagrin ! que de fois Ambroisine, pour l'encourager à se rendre sans pleurer à l'école, n'a-t-elle pas mis dans le panier au goûter l'œuf frais pondu, cuit dans l'eau bouillante ! Donc Paul a pour les deux vieux serviteurs de son père une grande vénération. Sa maison est leur maison. Il faut voir aussi comme Jacques et mère Ambroisine aiment leur maître. Pour lui, s'il le fallait, ils se mettraient en quatre.

L'oncle Paul n'a pas de famille, il est seul ; et pourtant il n'est jamais plus heureux qu'avec les enfants, les enfants qui babillent, vous demandent ceci, cela, le reste, avec l'adorable naïveté d'un esprit qui s'éveille. Il a tant fait, tant dit, que son frère a laissé venir ses enfants passer une saison avec l'oncle. Ils sont trois : Emile, Jules et Claire.

Claire est l'aînée. Aux premières cerises, elle aura bien douze ans. Elle est laborieuse, la petite Claire, obéissante, douce, un peu timide, mais pas vaniteuse du tout. Elle tricote son bas, elle coud son mouchoir, elle étudie sa leçon, sans se préoccuper de la robe qu'elle mettra dimanche. Quand l'oncle ou mère Ambroisine, qui se regarde maintenant un peu comme sa maman, lui disent de faire quelque chose, elle le fait tout de suite, de plus avec plaisir, très-heureuse de pouvoir déjà rendre quelques petits services. C'est une bien belle qualité.

Jules a deux ans de moins. C'est un petit garçon maigrelet, vif, tout feu, tout flamme. Lorsque quelque chose le préoccupe, il n'en dort plus. Il est désireux d'apprendre comme pas un. Tout l'intéresse, tout l'occupe. Il suffit d'une fourmi qui traîne une paille, d'un passereau qui piaule sur le toit, pour s'emparer de son attention. Il accourt alors vers l'oncle avec ses interminables questions : Pourquoi ceci ? pourquoi cela ? L'oncle a grande foi dans cette curiosité, qui, bien conduite, peut avoir d'heureux résultats. Mais ce que l'oncle n'aime pas, c'est un travers de Jules. Puisqu'il faut ici tout dire, avouons que Jules a un petit défaut qui deviendrait grave, si l'on n'y veillait : Jules est colère. S'il est contrarié, il crie, il s'échauffe, il fait les gros yeux et jette sa casquette de dépit. Mais c'est effervescence de soupe au lait qui s'emporte : un rien l'apaise. D'ailleurs, l'oncle Paul espère le ramener facilement à la raison avec quelques douces réprimandes, car Jules a bon cœur.

Emile, le plus jeune des trois, est un franc étourdi ; son âge le comporte. Si quelqu'un arrive avec la figure barbouillée de mûres, ou une bosse au front, ou une épine dans le doigt, croyez bien que c'est lui. Autant Jules et Claire ouvrent un livre avec plaisir, autant lui visite avec amour sa boîte aux joujoux. Et que n'a-t-il pas, en fait de joujoux ! C'est d'abord une toupie qui ronfle bien, puis des soldats de plomb peints en bleu et en rouge, puis une arche de Noé où il **y a toutes sortes d'animaux, puis une trompette** dont l'oncle lui a défendu de jouer parce qu'il faisait trop de bruit, puis... Lui seul sait tout ce qu'il y a dans cette fameuse boîte. Disons-le tout de suite, crainte de l'oublier : Emile, déjà, fait des questions à l'oncle. Son attention s'éveille. Il commence à comprendre qu'en ce monde une belle toupie n'est pas tout. Si l'un de ces jours il oubliait sa boîte aux joujoux pour une histoire, personne n'en serait étonné.

II. — Le conte et l'histoire.

Ils étaient réunis tous les six. L'oncle Paul lisait dans un grand livre, Jacques tressait une corbeille d'osier, mère Ambroisine filait sa quenouille, Claire marquait du linge avec du fil rouge, Emile et Jules jouaient avec l'arche de Noé. Et quand ils eurent aligné le cheval après le chameau, le chien après le cheval, puis le mouton, l'âne, le bœuf, le lion, l'éléphant, l'ours, la gazelle et tant d'autres encore, quand ils les eurent rangés en une belle procession se rendant à l'arche, Emile et Jules, lassés de jouer, dirent à mère Ambroisine :

— Racontez-nous une histoire, mère Ambroisine, une histoire qui nous amuse bien.

Et, avec la simplicité du vieil âge, mère Ambroisine parla ainsi, tout en faisant tourner le fuseau :

— Une fois, la sauterelle s'en allait à la foire avec la fourmi. — La rivière se trouva gelée. — Alors la sauterelle sauta et franchit la glace, mais la fourmi ne pût. — Et la fourmi dit à la sauterelle : Prends-moi sur tes épaules. Je pèse si peu. — Mais la sauterelle dit : Fais comme moi, prends ton élan et saute. — La fourmi prit son élan, mais elle glissa et se cassa la jambe.

Glace, glace, les forts devraient être bons et tu es une méchante d'avoir cassé de la fourmi la jambe, la jambette.

Alors la glace dit : Le soleil est bien plus fort que moi, lui qui me fond.

Soleil, soleil, les forts devraient être bons et tu es un méchant de fondre la glace ; et toi, glace, d'avoir cassé de la fourmi la jambe, la jambette.

Alors le soleil dit : Les nuées sont bien plus fortes que moi, elles qui me cachent.

Nuées, nuées, les forts devraient être bons et vous êtes des méchantes de cacher le soleil ; toi, soleil, de fondre la glace ; et toi, glace, d'avoir cassé de la fourmi la jambe, la jambette.

Alors les nuées dirent : Le vent est bien plus fort que nous, lui qui nous chasse.

Vent, vent, les forts devraient être bons et tu es un méchant de chasser les nuées ; vous, nuées, de cacher le soleil ; toi, soleil, de fondre la glace ; et toi, glace, d'avoir cassé de la fourmi la jambe, la jambette.

Alors le vent dit : Les murailles sont bien plus fortes que moi, elles qui m'arrêtent.

Murailles, murailles, les forts devraient être bons et vous êtes des méchantes d'arrêter le vent ; toi, vent, de chasser les nuées ; vous, nuées, de cacher le soleil ; toi, soleil, de fondre la glace ; et toi, glace, d'avoir cassé de la fourmi la jambe, la jambette.

Alors les murailles dirent : Le rat est bien plus fort que nous, lui qui nous perce.

Rat, rat, les forts.....

JULES. — Mais c'est toujours la même chose, mère Ambroisine.

MÈRE AMBROISINE. — Pas tout à fait, mon enfant. Après le rat vient le chat qui le mange, puis le balai qui frappe le chat, puis le feu qui brûle le balai, puis l'eau qui éteint le feu, puis le bœuf qui se désaltère avec l'eau, puis la mouche qui pique le bœuf, puis l'hirondelle qui happe la mouche, puis le filet qui prend l'hirondelle, puis.....

EMILE. — Et ça dure longtemps comme cela ?

MÈRE AMBROISINE. — Autant que l'on veut. parce

que, si fort que l'on soit, il y en a d'autres plus forts encore.

EMILE. — Bien vrai, mère Ambroisine, cette histoire m'ennuie.

MÈRE AMBROISINE. — Alors écoutez celle-ci : — Il y avait une fois un bûcheron et une bûcheronne qui étaient bien pauvres. Ils avaient sept enfants. Le plus jeune était si petit, si petit, qu'un sabot lui servait de lit.

EMILE. — Je la sais, cette histoire. On veut égarer les sept enfants dans la forêt. Petit-Poucet marque le chemin d'abord avec des cailloux blancs, puis avec de la mie de pain. Les oiseaux mangent le pain. Les enfants sont égarés. Petit-Poucet, du haut d'un arbre, aperçoit au loin une lueur. On y accourt : pan! pan! C'est la demeure d'un ogre !

JULES. — Il n'y a rien de vrai dans tout cela, ni dans le Chat-Botté, ni dans Cendrillon, ni dans la Barbe-Bleue. Ce sont des contes et non pas des histoires. Moi, je voudrais des histoires pour tout de bon, des histoires vraies.

A ce mot d'histoires vraies, l'oncle Paul releva la tête et ferma son grand livre. Une belle occasion se présentait d'amener la conversation sur des sujets plus utiles et plus intéressants que les vieux contes de mère Ambroisine.

PAUL.—Vous voulez des histoires vraies, je vous approuve : vous y trouverez à la fois le merveilleux, qui plaît tant à votre âge, et l'utile, dont il faut déjà se préoccuper en vue de l'avenir. Croyez-le bien, l'histoire vraie est plus intéressante encore que le conte, où les ogres sentent la chair fraîche, où les fées changent des citrouilles en carrosses et des lézards en laquais. Et pourrait-il en être autrement? Devant la vérité, la fiction n'est que pitoyable misère, car la première est l'œuvre de Dieu, et la seconde est rêverie de l'homme. Mère Ambroisine n'a pu vous intéresser avec la fourmi qui se cassa la jambe en voulant franchir la glace. Se-

rai-je plus heureux ? Qui veut entendre l'histoire véritable des véritables fourmis ?

— Moi ! moi ! firent ensemble Emile, Jules et Claire

III. — Construction de la cité.

PAUL. — Ce sont de fières travailleuses. Bien des
fois, quand le soleil du matin commence à devenir
chaud, j'ai pris plaisir à observer l'activité qui règne
autour de leurs petits monticules de terre, dont le
sommet est percé d'un trou pour la sortie et
l'entrée.

Il y en a qui montent du fond de ce trou. D'autres
les suivent, et puis d'autres encore, et toujours, et
toujours. Elles portent entre leurs dents un mince
grain de terre, faix énorme pour elles. Arrivées au
sommet du monticule, elles laissent tomber leur
charge, qui roule sur la pente, et redescendent aussitôt
dans leur puits. Elles ne s'amusent pas en route,
elles ne s'arrêtent pas avec leurs compagnes pour se
délasser un peu. Oh ! non : le travail presse, et elles
ont tant à faire. Chacune arrive, sérieuse, avec son
grain de terre, le dépose et descend en chercher un
autre. Que font-elles donc qui les occupe tant ?

Elles se construisent une ville souterraine, avec
ses rues, ses places, ses dortoirs, ses magasins ;
elles se creusent une demeure pour elles et pour
leur famille. A une profondeur où la pluie ne peut
pénétrer, elles fouillent le sol et le percent de galeries, qui s'allongent en rues de grande communication,
se subdivisent en ruelles, se croisent en carrefours
et vont de ci, de là, tantôt montant, tantôt descendant, déboucher dans de grandes salles. Ces immenses travaux sont exécutés grain de terre par
grain de terre, arraché à la force des mâchoires. Qui
verrait au travail, sous le sol, la noire armée de ces
mineurs serait saisi d'étonnement.

Elles sont là des mille et des mille qui grattent,

mordent, tiraillent, arrachent dans de profondes ténèbres. Que de patience ! que d'efforts ! Et quand le
grain de sable enfin a cédé, comme l'on s'en va, la
tête haute et fière, l'apporter triomphalement au
dehors ! J'ai vu des fourmis, dont la tête branlait sous
la prodigieuse charge, s'exténuer pour atteindre le
haut du monticule. En coudoyant leurs compagnes,
elles semblaient dire : Voyez comme je travaille ! Et
personne n'y trouvait à redire, car c'est une noble
fierté que celle du travail. Peu à peu, à la porte de la
ville, c'est-à-dire au bord du trou, s'amasse de la
sorte le monticule de terre, formé des déblais de la
cité en construction. Plus ce monticule est grand,
plus vaste évidemment est la demeure souterraine.

Ce n'est pas tout que de creuser des galeries dans
le sol ; il faut encore prévenir les éboulements, forti-
fier les points faibles, soutenir les voûtes avec des piliers, établir des cloisons. Les ouvriers mineurs sont
donc secondés par les ouvriers charpentiers. Les premiers transportent la terre hors de la fourmilière,
les seconds y apportent des matériaux de construction. Ces matériaux, que sont-ils ? Ce sont des pièces
de charpente, poutres et soliveaux proportionnés à
l'édifice. Un tout petit bout de paille est une solide
poutre pour soutenir un plafond, la queue d'une feuille
sèche peut devenir une forte colonne. Les charpentiers
explorent les forêts voisines, c'est-à-dire les touffes
de gazon, pour y choisir leurs pièces.

Bon ! voici l'enveloppe d'un grain d'avoine. C'est
mince, sec et solide. Cela fera une excellente planché
pour la cloison que l'on construit là-bas. Mais c'est
lourd, énormément lourd. La fourmi qui a fait la
trouvaille tire à reculons et se raidit sur ses six
pattes. Rien n'y fait : la lourde masse ne bouge pas.
Elle essaye encore, tout son petit corps tremblote
d'énergie. L'enveloppe d'avoine tout juste remue un
peu. La fourmi reconnaît son impuissance. Elle s'en
va. Abandonnerait-elle la pièce ? Oh ! que non. Quand

on est fourmi, on a la persévérance, qui fait réussir. La voici qui revient avec deux aides. L'une saisit l'avoine par devant, les autres s'attellent aux flancs, et hardi ! Ça roule, ça marche ; on arrivera. Il y a des pas difficiles, mais on se fait donner un coup d'épaule par les fourmis rencontrées en route.

On est arrivé, non sans peine. L'avoine est à l'entrée du souterrain. Maintenant, les choses se compliquent : la pièce se présente de travers ; appuyée sur les bords du trou, elle ne peut pas entrer. Des aides accourent. Elles sont dix, elles sont vingt, qui, sans succès, combinent leurs efforts. Deux ou trois d'entre elles, des ingénieurs peut-être, se détachent de la bande, et vont reconnaître la cause de cette résistance insurmontable. La difficulté est bientôt résolue : il faut présenter la pièce la pointe en bas. L'avoine est donc un peu reculée, de manière qu'un bout surplombe au-dessus du trou. Une fourmi saisit ce bout pendant que les autres soulèvent l'extrémité appuyée, et la pièce, faisant la culbute, s'engouffre dans le puits, mais prudemment retenue par les charpentiers cramponnés aux parois. Vous vous imaginez peut-être, mes enfants, que les mineurs, montant avec leur grain de terre, s'arrêtent en curieux devant ce prodige de mécanique ? Pas du tout, ils n'ont pas le temps. Ils passent avec leurs charges de déblais, sans donner un coup d'œil au travail des charpentiers. Dans leur ardeur, ils sont même assez téméraires pour se glisser sous les poutres en mouvement, au risque de se faire estropier. Qu'ils y veillent ! cela les regarde.

Il faut dîner, quand on travaille tant. Rien n'ouvre l'appétit comme ces violents exercices. Des fourmis laitières circulent dans les rangs ; elles viennent de traire les vaches et maintenant elles distribuent le lait aux travailleurs.

Ici Emile éclata de rire. — Mais ce n'est pas une histoire pour tout du bon ? dit-il à l'oncle. Des fourmis laitières, des vaches, du lait! C'est un conte comme ceux de mère Ambroisine.

Emile n'était pas le seul à s'étonner des singulières expressions que venait d'employer l'oncle. Mère Ambroisine ne faisait plus tourner son fuseau, Jacques n'entrelaçait plus ses osiers, Jules et Claire regardaient avec de grands yeux étonnés. Tous croyaient à une plaisanterie.

PAUL. — Non, mes amis, je ne plaisante pas; non, je n'ai pas abandonné l'histoire vraie pour entamer un conte. Il s'agit bel et bien de fourmis laitières et de vaches. Mais comme tout cela demande quelques détails, nous renverrons la suite de l'histoire à demain.

Emile entraîna Jules dans un coin et, tout en secret, lui dit: — Les histoires vraies de l'oncle sont bien amusantes, plus amusantes que les contes de mère Ambroisine. Pour apprendre la fin de ces fameuses vaches, j'aurais bien volontiers laissé mon arche de Noé.

IV. — Les vaches.

Le lendemain, Emile dormait encore d'un œil, qu'il s'informait déjà des vaches des fourmis. — Il faut prier l'oncle, disait-il à Jules, de nous raconter ce matin la fin de son histoire.

Ce qui fut dit fut fait: on alla trouver l'oncle.

. PAUL. — Ah! ah ! les vaches des fourmis vous préoccupent. Je vais faire mieux que de vous en parler, je vais vous les montrer. Appelez d'abord Claire.

Claire vint en toute hâte. L'oncle les mena sous le grand sureau du jardin, et voici ce qu'ils virent:

L'arbuste est tout blanc de fleurs. Abeilles, mouches, scarabées, papillons volent d'une fleur à l'autre avec ce doux murmure qui porte au sommeil. Sur le tronc du sureau, parmi les rides de l'écorce, de nombreuses fourmis circulent, les unes montant, les au-

tres descendant. Celles qui montent sont les plus
empressées. Elles arrêtent parfois les autres au passage et paraissent les consulter sur ce qui se passe
là-haut. Les renseignements pris, elles se remettent
à grimper avec plus d'ardeur encore, preuve que les
nouvelles sont bonnes. Celles qui descendent s'en
vont nonchalamment, à petits pas. Volontiers elles
font une halte, pour se reposer ou pour donner conseil à qui leur en demande. On devine sans peine la
cause de cette différence d'empressement dans la descente et dans l'ascension. Les fourmis qui descendent
ont le ventre rebondi, lourd, difforme tant il est
plein ; celles qui montent ont le ventre maigre, ra-
massé, criant famine. Il n'y a pas à s'y méprendre
les fourmis qui descendent reviennent de la fête, et
bien repues s'en retournent chez elles avec cette lenteur que réclame une lourde panse ; les fourmis qui
montent courent à la même fête, et mettent à l'as-
saut de l'arbuste l'empressement d'un estomac à jeun.

JULES. — Que trouvent-elles donc sur le sureau
pour se remplir ainsi le ventre ? En voilà qui ne peuvent plus se traîner. Oh ! les goulues.

PAUL. — Goulues ! non, car elles ont pour se gor-
ger de la sorte un motif très-louable. Il y a là-haut,
sur le sureau, un immense troupeau de vaches. Les
fourmis qui descendent viennent de les traire, et c'est
dans leur panse qu'elles emportent le laitage pour la
nourriture commune de la fourmilière. Voyons d'a-
bord les vaches et la façon de les traire. Ne vous attendez pas, je vous en préviens, à des troupeaux
semblables aux nôtres. Une feuille leur sert de pâturage.

L'oncle Paul abaissa à la portée des enfants la
sommité d'une branche, et tous se mirent à regarder
attentivement. — D'innombrables poux d'un noir velouté, immobiles et serrés l'un contre l'autre jusqu'à
se toucher, recouvrent le dessous des feuilles et le
bois encore tendre. Avec un suçoir plus délié qu'un

cheveu et plongé dans l'écorce, ils s'abreuvent paisiblement des sucs de l'arbuste, sans remuer de place.
Ils ont sur le dos, à la partie postérieure, deux poils
courts et creux, deux tubes d'où l'on voit avec un
peu d'attention s'échapper, de temps en temps, une
toute petite gouttelette d'une liqueur sucrée. Ces poux
noirs se nomment pucerons. Ce sont les vaches des
fourmis. Les deux tubes sont les mamelles et la liqueur qui perle à leur extrémité est le lait. Au milieu
du troupeau, sur le troupeau même quand le bétail
est trop serré, les fourmis affairées vont et viennent
d'un puceron à l'autre, guettant la délicieuse gouttelette. Celle qui l'aperçoit accourt, la boit, la savoure
et semble dire en relevant sa petite tête : Oh! que
c'est bon, oh ! que c'est bon ! Puis elle continue sa
tournée pour découvrir une nouvelle gorgée de lait.
Mais les pucerons sont avares de leur liqueur, ils ne
sont pas toujours disposés à la laisser couler de leurs
tubes. Alors la fourmi, comme une laitière qui se
dispose à traire sa vache, prodigue au puceron ses
plus engageantes caresses. Avec ses antennes, c'est-
à-dire avec ses petites cornes si délicates, si flexibles,
elle lui tape amicalement sur le ventre, elle chatouille
les tubes à lait. Presque toujours, la fourmi réussit.
Que ne fait-on pas avec de la douceur ! Le puceron
se laisse convaincre ; une goutte se montre, aussitôt
lapée. Oh ! que c'est bon, oh! que c'est bon ! Et tant
que la petite panse n'est pas pleine, la fourmi va sur
d'autres pucerons essayer ses caresses.

L'oncle abandonna la branche, qui reprit sa position naturelle. Laitières, bétail et pâturage regagnè-
rent du coup la cime du sureau.

CLAIRE. — C'est admirable, mon oncle.

PAUL. — Admirable, ma chère enfant. Le sureau
n'est pas le seul arbuste qui nourrisse des troupeaux
à lait pour les fourmis. On trouve des pucerons sur
une foule d'autres végétaux. Ceux du rosier et du chou
sont verts ; ceux du sureau, de la fève, du pavot, de

l'ortie, du saule, du peuplier sont noirs; ceux du chêne et des chardons sont couleur de bronze; ceux du laurier-rose et du noyer sont jaunes. Tous ont les deux tubes d'où suinte une liqueur sucrée; tous, à qui mieux mieux, régalent les fourmis.

Claire et l'oncle rentrèrent. Emile et Jules; enthousiasmés de ce qu'ils venaient de voir, se mirent à la recherche des pucerons sur d'autres plantes. En moins d'une heure, ils en avaient trouvé de quatre espèces, qui toutes recevaient les visites intéressées des fourmis.

V. — La bergerie.

A la veillée, l'oncle Paul reprit l'histoire des fourmis. A ces heures-là, Jacques, d'habitude, faisait une tournée aux étables; il allait voir si les bœufs mangeaient leur fourrage, si les agneaux bien repus dormaient en paix à côté de leurs mères. Sous prétexte de donner un dernier coup de main à sa corbeille d'osier, Jacques resta. Le vrai motif, c'est que les vaches des fourmis lui travaillaient l'esprit. L'oncle raconta en détail ce qu'ils avaient vu le matin sur le sureau; comment les pucerons laissent écouler de leurs tubes des gouttelettes sucrées, comment les fourmis s'abreuvent de ce délicieux liquide et savent au besoin en provoquer la sortie par leurs caresses.

JACQUES. — Ce que vous nous dites là, maître, remet de la chaleur dans mes vieilles veines. Je vois une fois de plus combien le bon Dieu prend soin de ses créatures, lui qui donne le puceron à la fourmi comme il donne la vache à l'homme.

PAUL. — Oui, mon brave Jacques, ces choses sont faites pour augmenter notre foi en la Providence, dont l'œil maternel sait trouver le plus petit entre les petits. A qui réfléchit, le scarabée qui boit au fond d'une fleur, la touffe de mousse qui reçoit sa goutte de pluie sur la tuile brûlante attestent la divine bonté.

Je reviens à mon récit. — Si nos vaches erraient en liberté dans la campagne, s'il nous fallait entreprendre de pénibles voyages pour aller les traire dans des pâturages éloignés, avec l'incertitude de les trouver ou non, ce serait pour nous un bien rude travail, fort souvent impossible. Que faisons-nous alors? Nous les gardons sous la main, dans des enclos, dans des étables. Ainsi font parfois les fourmis à l'égard des pucerons. Pour s'éviter des courses fatigantes, fréquemment infructueuses, elles mettent en parc leurs troupeaux. Toutes, j'en conviens, n'ont pas cette admirable prévoyance. D'ailleurs, l'eussent-elles, il leur serait impossible de construire un parc assez vaste pour enclore l'innombrable bétail et son pâturage. Comment, par exemple, entourer d'un mur d'enceinte le sureau de ce matin et sa population de poux noirs? Il faut, avant tout, des conditions qui ne soient pas au-dessus des forces disponibles. Supposons donc une touffe d'herbe dont la base soit occupée par des pucerons peu nombreux; le parc est alors praticable.

Les fourmis qui ont fait la trouvaille du petit troupeau songent à construire une bergerie, un chalet d'été, où les pucerons seront enclos, à l'abri des rayons trop vifs du soleil. Elles-mêmes séjourneront dans le chalet quelque temps, pour avoir les vaches à leur portée et les traire à loisir. Dans ce but, elles commencent par enlever un peu de terre au bas de la touffe, de manière à mettre à nu la naissance des racines. La partie découverte forme de la sorte une charpente naturelle, sur laquelle la construction doit prendre appui. Maintenant, des grains de terre humide sont empilés un à un et disposés en voûte grossière, qui repose sur la charpente des racines et vient entourer la tige au-dessus du point occupé par les pucerons. Quelques ouvertures sont ménagées pour le service de la bergerie. Le chalet est fini. On y est au frais, on y est tranquille, avec des vivres assurés. Que faut-il de plus pour être heureux? Les vaches sont là, bien paisibles, à leur râtelier, c'est-à-dire fixées par leur suçoir à l'écorce; sans sortir de chez soi, on peut à satiété s'abreuver aux tubes, dont le lait est si doux!

Disons enfin que la bergerie de terre glaise est une construction sans importance, élevée à peu de frais et à la hâte. On la ferait ébouler rien qu'en soufflant un peu fort. A quoi bon se donner tant de peine pour un abri momentané? Le berger des hautes montagnes prend-il plus de soin de sa hutte de branches de sapin, qui doit lui servir un mois ou deux?

On affirme que les fourmis ne se contentent pas d'enclore les petits troupeaux de pucerons rencontrés à la base d'une touffe d'herbe, mais qu'en outre elles apportent dans la bergerie des pucerons trouvés au dehors, plus ou moins loin. Elles se feraient ainsi un troupeau, quand elles n'en rencontrent pas de convenable tout fait. Ce trait de haute prévoyance ne m'étonnerait pas; mais je n'ose le certifier, n'ayant jamais eu l'occasion de le constater moi-même. Ce que j'ai vu, de mes propres yeux vu, c'est la bergerie aux pucerons. Si Jules cherche bien, il en trouvera cet été, pendant les fortes chaleurs, à la base de diverses plantes cultivées en pots.

Jules. — Vous pouvez y compter, mon oncle; je chercherai bien. Je veux voir, à mon tour, ces curieux chalets des fourmis. Vous ne nous avez pas encore dit pourquoi les fourmis se gorgent tant, lorsqu'elles ont la bonne fortune de trouver un troupeau de pucerons. Celles qui descendaient du sureau, avec leur gros ventre, devaient, nous disiez-vous, distribuer la nourriture dans la fourmilière.

Paul. — Une fourmi en expédition ne se fait pas faute d'un bon régal pour son propre compte, si l'oc-

casion s'en présente : et ce n'est que justice. Avant
de bien travailler pour les autres, ne faut-il pas se
donner à soi-même des forces? Mais une fois sustentée, elle se souvient que les autres ont faim. Parmi
les hommes, mon cher enfant, cela ne se passe pas
toujours ainsi. Il ne manque pas de gens qui, bien
repus, croient que tous les autres ont dîné. On les
nomme des égoïstes. Dieu vous garde de vous attirer
jamais ce triste nom, dont la fourmi serait honteuse,
elle, misérable petite bête! Une fois sustentée, la
fourmi se souvient donc que les autres ont faim, et
elle remplit en conséquence le seul ustensile qui lui
permette d'apporter à la maison des vivres liquides,
c'est-à-dire sa panse.

La voilà de retour, avec le ventre tout rebondi.
Oh! comme elle a mangé pour faire manger les autres! Les mineurs, les charpentiers et tous les ouvriers occupés à l'édification de la cité l'attendent
pour se remettre le cœur au travail, car leurs pres-
santes occupations ne leur permettent pas d'aller
eux-mêmes à la recherche des pucerons. Elle rencontre un charpentier, qui pour un moment abandonne son fétu de paille. Les deux fourmis se mettent
bouche à bouche, comme pour se donner un baiser. La
fourmi porte-lait dégorge un tout petit peu du contenu de sa panse et l'autre fourmi boit la goutte avec
avidité. Délicieux! Oh! comme on va maintenant travailler avec courage! Le charpentier se remet à sa
paille, le porte-lait continue sa tournée pour les dis-
tributions. Un autre affamé se présente. Encore un
baiser, encore une goutte dégorgée et transmise de
bouche à bouche. Et ainsi de suite pour toutes les
fourmis qui se présentent, jusqu'à ce que la panse
soit tarie. La fourmi laitière repart alors pour se
remplir de nouveau le bidon.

Or, vous vous figurez bien que, pour nourrir ainsi
à la becquée la foule des travailleurs qui ne peuvent
aller eux-mêmes aux vivres, une fourmi laitière ne

suffit pas ; il en faut une armée. Et puis il y a sous terre, dans de chauds dortoirs, une autre population d'affamés. Ce sont les fourmis jeunes, la famille, espoir de la cité. Il faut vous dire que les fourmis, ainsi que les autres insectes, éclosent d'un œuf, tout comme les oiseaux.

ÉMILE. — En soulevant une pierre, je vis un jour une foule de petits grains blancs que les fourmis s'empressaient d'emporter sous terre.

PAUL. — Ces grains blancs étaient les œufs, que les fourmis avaient montés du fond de leur demeure pour les exposer sous la pierre à la chaleur du soleil et en faciliter l'éclosion. Elles se hâtaient de les redescendre, quand la pierre fut soulevée, afin de les mettre en lieu sûr, à l'abri du péril.

Au sortir de l'œuf, la fourmi n'a pas la forme que vous lui connaissez. C'est un petit ver blanc, sans pattes, incapable de rien, pas même de changer de place. Il y a dans une fourmilière des milliers de ces petits vers-là. Sans trêve ni repos, les fourmis vont de l'un à l'autre, leur distribuant la becquée, afin qu'ils deviennent grandelets et se changent un jour en fourmis. Je vous laisse à penser tout ce qu'il faut d'activité et combien de pucerons il faut traire, rien que pour allaiter les nourrissons dont les dortoirs sont pleins.

VI. — Le malin derviche.

JULES. — Il y a des fourmilières partout, grandes ou petites. Dans le jardin seulement, j'en compterais bien une douzaine. Pour quelques-unes, les fourmis sont si nombreuses, qu'elles noircissent le chemin quand elles viennent à sortir. Il doit falloir beaucoup de pucerons pour nourrir tout ce petit monde.

PAUL. — Si nombreuses qu'elles soient, les fourmis ne manqueront jamais de vaches, car les pucerons sont bien plus nombreux encore. Il y en a tant et

tant, que parfois ils menacent sérieusement nos récoltes. Le misérable pou nous déclare la guerre. Pour
le comprendre, écoutez d'abord une histoire.

Il y avait autrefois un roi des Indes qui s'ennuyait
beaucoup. Pour le distraire, un derviche inventa le
jeu d'échecs. Ce jeu vous est inconnu. Eh bien, sur
un casier, dans le genre de celui du jeu de dames,
deux adversaires rangent en corps de bataille, l'un
blanc, l'autre noir, des pièces de diverses valeurs,
pions, fous, cavaliers, tours, reine et roi. L'action
s'engage. Les pions, simples fantassins, destinés à
cueillir, comme toujours, la première part de gloire
et de horions, escarmouchent d'abord entre eux. Ils
tombent en braves sur le champ de bataille. Le roi
les regarde s'exterminer, retenu par sa grandeur
loin de la mêlée. Maintenant, la cavalerie donne,
sabrant à tort et à travers; les fous même guer-
roient avec un enthousiasme en rapport avec l'état de
leur cervelle, et les tours ambulantes s'en vont de ci,
de là, protéger les flancs de l'armée. La victoire se
décide. Du côté du camp noir, la reine est prisonnière; le roi a perdu ses tours; un cavalier, un fou
font des prodiges de valeur pour lui ménager une
fuite. Ils succombent. Le roi est cerné, la partie est
perdue.

Ce jeu savant, image de la guerre, plut beaucoup
au royal ennuyé, qui demanda au derviche quelle
récompense il désirait pour son invention.

— Lumière des croyants, répondit l'inventeur, un
pauvre derviche se contente de peu. Vous me don-
nerez un grain de blé pour la première case de l'échiquier, deux pour la seconde, quatre pour la troisième,
huit pour la quatrième, et vous doublerez ainsi toujours le nombre de grains, jusqu'à la dernière case,
qui est la soixante-quatrième. Avec cela, je serai
satisfait. Mes pigeons bleus auront du grain pour
quelques jours.

— Cet homme est fou, se dit le roi; il aurait droit

à de grandes richesses, et il me demande quelques poignées de blé. Puis, se tournant vers son ministre :

— Comptez dix bourses de mille sequins à cet homme, et faites-lui donner un sac de blé. Il aura au centuple le grain qu'il me demande.

— Commandeur des croyants, reprit le derviche, gardez les bourses de sequins, inutiles à mes pigeons bleus, et donnez-moi le blé comme je le désire.

— C'est bien. Au lieu d'un sac, tu en auras cent.

— Ce n'est pas assez, Soleil de justice.

— Tu en auras mille.

— Ce n'est pas assez, Terreur des infidèles. Les cases de mon échiquier n'auraient pas toutes leur compte.

Cependant, les courtisans chuchotaient, étonnés des singulières prétentions du derviche, qui, dans le contenu de mille sacs, ne trouvait pas son grain de blé doublé soixante-quatre fois. Impatienté, le roi convoqua les savants pour faire, séance tenante, le calcul des grains de blé demandés. Le derviche sourit malicieusement dans sa barbe, et se retira avec modestie à l'écart en attendant la fin du calcul.

Et voilà que, sous la plume des calculateurs, le chiffre s'enflait, s'enflait toujours. L'opération terminée, le chef des savants se leva.

— Sublime Commandeur, dit-il, l'arithmétique a prononcé. Pour satisfaire à la demande du derviche, vous n'avez pas assez de blé dans vos greniers. Il n'y en a pas assez dans la ville, pas assez dans tout le royaume, pas assez dans le monde entier. Avec la quantité de grain demandée, toute la terre, mers et continents compris, serait couverte d'une couche continue d'un travers de doigt d'épaisseur.

Le roi se mordit la moustache de dépit, et dans l'impuissance de lui compter son grain de blé, il nomma premier vizir l'inventeur des échecs. C'est ce que désirait le derviche malin.

Jules. — Comme le roi, je me serais laissé prendre

au piége du derviche ; j aurais cru qu'en doublant un grain soixante-quatre fois, on eût au plùs quelques poignées de blé.

Paul. — Désormais, vous saurez qu'un nombre, même fort petit, lorsqu'il éprouve une série de multiplications par le même chiffre, est semblable à la pelote de neige, qui grossit à vue d'œil en roulant, et devient bientôt la boule énorme que tous nos efforts ne peuvent plus remuer.

Emile. — Il fut bien rusé, votre derviche. Il se contente modestement d'un grain de blé pour ses pigeons bleus, à la condition qu'on double le nombre d'une case à l'autre du jeu. En apparence, il ne demande presque rien ; en réalité, il demande bien plus que ne possède le roi. Qu'est-ce qu'un derviche, mon oncle ?

Paul. — On appelle de ce nom, dans les religions de l'Orient, les personnes qui renoncent au monde pour s'adonner à la prière et à la contemplation.

Emile. — Le roi, dites-vous, le nomma premier vizir. Ce doit être une haute fonction ?

Paul. — Premier vizir signifie premier ministre. Le derviche devint donc le plus grand dignitaire de l'Etat, après le roi.

Emile. — Je ne m'étonne plus s'il refusa les dix bourses de mille sequins. Il attendait mieux. Cependant les dix bourses devaient faire une belle somme ?

Paul. — Le sequin est une monnaie d'or de la valeur d'environ douze francs. A ce compte, le roi proposait au derviche une somme de cent vingt mille francs, outre les sacs de blé.

Emile. — Et le derviche préféra le grain soixante-quatre fois doublé.

Paul. — En comparaison, ce qu'on lui offrait n'était rien.

Jules. — Et les pucerons ?

Paul. — L'histoire du derviche nous y mène tout droit.

VII. — Une famille nombreuse.

PAUL. — Un puceron vient, je suppose, s'établir sur
la pousse tendre d'un rosier. Il est seul, tout seul. Peu
de jours après, de jeunes pucerons l'entourent : ce
sont ses fils. Combien sont-ils? dix, vingt, cent? Mettons dix. Est-ce suffisant pour assurer la conservation
de l'espèce? Ne souriez pas de ma demande. Je sais
bien que si les pucerons venaient à manquer sur les
rosiers, l'ordre des choses n'en serait pas sensiblement
troublé.

EMILE. — Les fourmis seraient les plus à plaindre.

PAUL. — La boule du monde continuerait à tourner
alors même que le dernier puceron expirerait sur sa
feuille; mais, au fond, ce n'est pas futile question que de
se demander si dix pucerons suffisent pour conserver
la race, car la science n'a pas d'objet plus élevé que
la recherche des moyens providentiels maintenant
toute chose dans une juste mesure de prospérité.

Eh bien, dix pucerons succèdant à un seul, ce serait beaucoup trop s'il ne fallait grandement tenir
compte des causes de destruction. Un remplaçant un,
la population se maintient la même; dix remplaçant
un, en peu de temps le nombre est accru hors des
limites du possible. Songez au grain du derviche doublé soixante-quatre fois, grain qui devient une couche
de blé d'un travers de doigt d'épaisseur couvrant la
terre entière. Que serait-ce s'il était décuplé au lieu
d'être doublé! De même, en quelques années, les des-
cendants toujours décuplés d'un premier puceron seraient à l'étroit en ce monde. Mais il y a la grande
moissonneuse, la mort, qui met un invincible obstacle
à tout encombrement, contre-balance la vie dans son
envahissante fécondité, et, de concert avec elle, maintient toute chose dans une perpétuelle jeunesse. Sur
le rosier, le plus paisible en apparence, c'est une extermination de tous les instants. Mais les petits, les

humbles, les faibles, sont l'habituelle pâture, le pain quotidien des gros mangeurs. A combien de dangers alors le puceron n'est-il pas exposé, lui si petit, si faible, sans défense aucune ! Qu'un oisillon, à peine sorti du nid, vienne à découvrir, avec ses yeux perçants, un point hanté par les pucerons, et, rien que pour s'ouvrir l'appétit, il en engloutira des centaines. Et si, bien autrement rapace, un ver, un affreux ver expressément créé et mis au monde pour vous manger vivants, se met de la partie, ah ! mes pauvres pucerons, que Dieu, le bon Dieu des petites bêtes vous protége, car votre race est bien en péril !

Ce mangeur est d'un vert tendre, avec une raie blanche sur le dos. Il est effilé en avant, renflé en arrière. Quand il se ramasse sur lui-même, il prend la forme d'une larme. On le nomme le lion des pucerons, à cause des ravages qu'il fait dans le stupide troupeau. Il s'établit au milieu d'eux. De sa bouche pointue, il en saisit un, le plus gros, le plus dodu : il le suce et rejette la peau, trop dure pour lui. Sa tête pointue s'abaisse encore, un second puceron est saisi, soulevé de la feuille et sucé. Vient le tour d'un autre, puis d'un autre, d'un vingtième, d'un centième. L'imbécile troupeau, dont les rangs s'éclaircissent, n'a pas même l'air de s'apercevoir de ce qui se passe. Le puceron happé gigotte entre les crocs du lion ; les autres, comme si de rien n'était, continuent paisiblement à paître. Il en faudrait bien davantage pour leur troubler l'appétit ! Ils mangent en attendant d'être mangés. Le lion est repu. Il s'accroupit sur le troupeau pour digérer à l'aise. Mais la digestion est bientôt faite et déjà le ver goulu couve de l'œil ceux qu'il croquera tantôt. Après une quinzaine de jours d'un festin continu, après avoir brouté pour ainsi dire des troupeaux entiers de pucerons, le ver se change en une élégante petite demoiselle, dont les yeux reluisent comme de l'or et qui porte le nom d'hémérobe.

Est-ce tout? Oh! que non. — Voici maintenant la coccinelle, la bête-à-bon-Dieu. Elle est ronde, rouge, avec des points noirs. Elle est bien gentille, la petite coccinelle; elle a l'air bien innocent. Qui dirait que c'est encore un dévorant, faisant ventre des pucerons? Surveillez-la de près sur les rosiers et vous assisterez à ses féroces bombances. Elle est bien gentille, la petite coccinelle; elle a l'air bien innocent; mais c'est une goulue. Que voulez-vous, elle aime tant les pucerons!

Est-ce tout? Oh! que non. Ces pauvres poux des plantes sont la manne, l'habituel menu de toutes sortes de ravageurs. Les oisillons les croquent, les hémérobes les croquent, les coccinelles les croquent, des goulus de toute espèce les croquent; et, des pucerons, il y en a toujours. Ah! c'est là, dans la lutte entre la fécondité qui répare et le rude combat de la vie qui détruit, c'est là que les faibles excellent pour opposer légions sur légions aux chances d'anéantissement. En vain les mangeurs venus de tous les points se ruent à la curée : les mangés survivent en sacrifiant un million pour conserver un. Plus ils sont misérables, plus ils sont féconds.

Le hareng, la morue, la sardine sont livrés en pâture aux dévorants de la mer, de la terre et du ciel. Quand ils entreprennent de lointains voyages pour frayer en des lieux propices, leur extermination est imminente. Les affamés de la mer entourent la caravane des poissons; les affamés du ciel planent sur son parcours, les affamés de la terre l'attendent au rivage. L'homme accourt prêter main-forte à la tuerie et prélever sa part de la manne marine. Il équipe des flottes, il vient aux poissons avec des armées navales où toutes les nations ont leurs représentants; il dessèche au soleil, il sale, il enfume, il encaque. Cela s'y connaît à peine : le faible a pour lui le nombre infini. Une morue pond neuf millions d'œufs! Où sont les mangeurs qui verront la fin d'une telle famille?

Emile. — Neuf millions d'œufs, est-ce beaucoup?

Paul. — Rien que pour les compter un à un, il faudrait près d'une année en donnant à ce travail de huit à dix heures par jour.

Emile. — Celui qui les a comptés avait une belle patience.

Paul. — On ne les compte pas, on les pèse, ce qui est bientôt fait; et du poids, on déduit le nombre.

De même que les morues dans les mers, les pucerons sont exposés sur leurs rosiers et leurs sureaux à de nombreuses chances de destruction. Je vous l'ai dit : ils sont le pain quotidien d'une foule de mangeurs. Aussi, pour accroître leurs légions, ont-ils des moyens rapides qu'on ne retrouve plus chez les autres insectes. Au lieu de pondre des œufs, trop lents à se développer, ils pondent des pucerons vivants, qui tous, absolument tous, dans une quinzaine de jours ont pris leur croissance et se mettent à pondre une nouvelle génération. Cela se répète toute la belle saison, c'est-à-dire pendant la moitié de l'année au moins, de sorte que le nombre de générations issues l'une de l'autre pendant cet intervalle de temps ne peut être au-dessous d'une douzaine. Admettons qu'un puceron en produise dix, ce qui certainement est inférieur à la réalité. Chacun des dix pucerons issus du premier en produit dix autres, ce qui fait cent en tout; chacun de ces cent en produit dix, en tout mille ; chacun de ces mille en produit dix, en tout dix mille; et ainsi de suite en multipliant toujours par dix pendant onze fois. C'est encore ici le calcul du grain de blé du derviche, qui s'accroît avec une étourdissante rapidité à mesure que l'on multiplie par deux. Pour la famille du puceron, l'accroissement est bien plus rapide encore, car la multiplication se fait par dix. Il est vrai que le calcul s'arrête au douzième terme, au lieu d'aller jusqu'au soixante-quatrième. N'importe, le résultat vous saisit de stupeur: il est égal à cent mille millions. Pour compter un à un les œufs d'une morue, il

faudrait près d'un an ; pour dénombrer la famille issue
d'un puceron dans le cours de six mois, il faudrait dix
mille ans ! Où sont les mangeurs qui verront la fin
du misérable pou? Devinez ce que couvriraient tous ces
pucerons serrés l'un contre l'autre comme ils le sont
sur la branche de sureau ?

CLAIRE. — Peut être l'étendue de notre jardin.

PAUL. — Plus que cela ; le jardin a cent mètres de
long environ sur cent mètres de large. Eh bien, la famille du puceron couvrirait une surface dix fois plus
grande, c'est-à-dire dix hectares. Qu'en dites-vous?
Ne faut-il pas que les oisillons, la petite bête-à-bon-
Dieu et la demoiselle aux yeux dorés travaillent, et
rudement, à l'extermination du pou, qui, si rien n'y mettait obstacle, en peu d'années envahirait le monde?

Malgré tous les affamés qui les croquent, les pucerons peuvent donner de sérieuses alarmes à l'homme.
On a vu des pucerons ailés voler en nuages assez
épais pour obscurcir le jour. Leurs noires légions se
transportaient d'un canton à l'autre, s'abattaient sur
les arbres fruitiers et les ravageaient. Ah! quand Dieu
veut nous éprouver, les éléments toujours ne sont pas
déchaînés. Il envoie contre nous, orgueilleux, les plus
misérables des créatures. La moisissure invisible, le
débile puceron arrivent, et l'homme est pris d'épouvante, car les biens de la terre sont en grand péril.
Lui, si puissant, ne peut rien contre ces petits, invin-
cibles par leur nombre.

Paul termina là l'histoire des fourmis et de leurs
vaches. Plusieurs fois depuis, Emile, Jules et Claire
causèrent entre eux des familles prodigieuses du puceron et de la morue, mais en se perdant un peu dans
les millions et les milliards. L'oncle avait rencontré
juste : ses récits les intéressaient beaucoup plus que
les contes de mère Ambroisine.

2.

VIII. — Le vieux poirier.

L'oncle Paul venait d'abattre un poirier du jardin. L'arbre était vieux, il avait le tronc ravagé par les vers, et, depuis plusieurs années, on ne l'avait pas vu fructifier. Il fallait le remplacer par un autre. Les enfants trouvèrent l'oncle Paul assis sur le tronc du poirier. Il considérait attentivement quelque chose. Une, deux, trois, quatre, cinq, faisait-il, en promenant son doigt sur la tranche de l'arbre abattu. Que comptait-il ainsi?

PAUL. — Arrivez vite, arrivez donc ; le poirier vous attend pour vous raconter son histoire. Il a, paraît-il, de curieuses choses à vous dire.

Les enfants partirent d'un éclat de rire.

JULES. — Et que veut-il nous dire, le vieux poirier?

PAUL. — Regardez ici, sur la tranche que j'ai eu soin de faire bien nette avec la hache. Ne voyez-vous pas des ronds dans le bois, des ronds qui commencent autour de la moelle et vont s'élargissant de plus en plus jusqu'à l'écorce?

JULES. — Je les vois, ce sont des ronds emboîtés l'un dans l'autre.

CLAIRE. — Cela ressemble un peu aux ronds qui se forment sur l'eau autour du point où l'on vient de jeter une pierre.

EMILE. — Je les vois aussi en regardant avec attention.

PAUL. — Il faut vous dire que ces ronds s'appellent couches annuelles. Pourquoi annuelles, s'il vous plaît? Parce qu'il s'en forme une chaque année, une seule, entendez-le bien, ni plus ni moins. Les savants qui passent leur vie à étudier les plantes et qu'on appelle botanistes nous apprennent que là-dessus aucun doute n'est possible. Depuis le moment où le petit arbre sort de sa graine jusqu'au moment où le vieil arbre meurt, il se forme par an un rond, une couche de bois. Cela dit, comptons les couches de notre poirier.

L'oncle Paul prit une épingle pour guider son dénombrement; Emile, Jules et Claire suivaient attentivement des yeux. Une, deux, trois, quatre, cinq... On compta ainsi jusqu'à quarante-cinq, de la moelle à l'écorce.

PAUL. — Le tronc a quarante-cinq couches de bois. Qui me dira ce que cela signifie? Quel est l'âge du poirier?

JULES. — Ce n'est pas bien difficile, après ce que vous venez de nous dire. Puisqu'il se produit un rond de bois tous les ans, le poirier où nous comptons quarante-cinq ronds doit avoir quarante-cinq ans.

PAUL. — Eh! eh! que vous disais-je? Le poirier n'a-t-il pas jasé? Il nous a commencé son histoire, il nous a dit son âge. L'arbre, en effet, a quarante-cinq ans.

JULES. — En voilà une de singulière! On peut savoir l'âge d'un arbre comme s'il vous montrait son acte de naissance. On compte les couches

Fig. 1. — Tant de couches, tant d'années. Il y a six couches, l'arbre a six ans.

de bois ; tant de couches, tant d'années. Il faut être avec vous, mon oncle, pour apprendre de ces choses-là. Et pour un autre arbre, un chêne, un hêtre, un châtaignier, on ferait de même, n'est-ce pas?

PAUL. — Absolument de même. Dans nos pays, tout arbre compte une année de plus pour une couche de plus. Dénombrez ses couches et vous aurez son âge.

EMILE. — Oh! que je regrette de n'avoir pas su cela l'autre jour, quand on abattit le grand hêtre qui gênait le bord du chemin. Mon Dieu! le bel arbre! Il couvrait un champ entier de sa ramée. Il devait être bien vieux.

PAUL.— Pas beaucoup. J'ai compté ses couches, il en avait cent soixante et dix.

EMILE.—Cent soixante et dix, oncle Paul ! c'est pour tout de bon ?

PAUL. — Pour tout de bon, mon petit ami ; cent soixante et dix.

JULES. — Alors le hêtre avait cent soixante et dix ans. Est-ce posssible? un arbre devenir si vieux ! Et sans doute aurait-il vécu encore de longues années si le cantonnier ne l'avait fait abattre pour agrandir le chemin.

PAUL. — Pour nous, cent soixante et dix ans seraient certes un bel âge ; nul n'y arrive. Pour un arbre, c'est bien peu. Allons nous asseoir à l'ombre, j'ai à vous raconter autre chose sur l'âge des arbres.

IX. — L'âge des arbres.

PAUL. — On parlait, dans le temps, d'un châtaignier de Sancerre dont le tronc avait plus de quatre mètres de tour. D'après les évaluations les plus modérées, son âge devait être de trois à quatre cents ans. Ne vous récriez pas sur l'âge de ce châtaignier. Mon histoire commence, et vous vous doutez bien qu'en narrateur qui ménage la curiosité de son auditoire, je réserve les plus vieux pour la fin.

On connaît des châtaigniers beaucoup plus gros, par exemple celui de Neuve-Celle, sur les bords du lac de Genève, et celui d'Esaü, dans le voisinage de Montélimart. Le premier a treize mètres de tour à la base du tronc. Dès l'an 1408, il abritait un ermitage; l'histoire en fait foi. Depuis, quatre siècles et demi sont venus s'ajouter à son âge, la foudre l'a frappé à diverses reprises; n'importe, on le voit toujours vigoureux et richement feuillé. Le second est une majestueuse ruine. Ses hautes branches sont ravagées; son tronc, de onze mètres de tour, est labouré de profondes crevasses, rides de la vieillesse. Dire l'âge des deux colosses n'est guère possible. Peut-être faut-il compter ici par mille ans, et pourtant les deux vieillards fructifient encore; ils ne veulent pas mourir.

JULES. — Mille années! Si l'oncle ne me le disait, je n'oserais le croire.

PAUL. — Chut! Il est convenu qu'on écoutera jusqu'à la fin sans rien dire.

Le plus gros arbre du monde est un châtaignier des flancs de l'Etna, en Sicile. Consultez la carte : vous verrez tout là-bas, à l'extrémité de l'Italie, en face de la pointe de ce beau pays qui a la forme d'une botte, une grande île à trois coins. C'est la Sicile. Dans cette île se trouve une montagne célèbre qui rejette des matières en feu, enfin un volcan. On l'appelle l'Etna. Pour en revenir à notre châtaignier, il faut vous dire qu'on le nomme le *châtaignier-aux-cent-chevaux*, parce que Jeanne, reine d'Aragon, visitant un jour le volcan et surprise par un orage, vint s'y réfugier avec son escorte de cent cavaliers. Sous sa forêt de feuillage, gens et montures trouvèrent largement un abri. Pour entourer le géant, trente personnes tendant les bras et se donnant la main ne suffiraient pas. Le tour du tronc mesure en effet plus de cinquante mètres. Sous le rapport de la grosseur, c'est moins une tige d'arbre qu'une forteresse, une tour. Une ouverture assez large pour permettre à deux voitures d'y passer de front traverse de part en part la base du châtaignier et donne accès dans la cavité du tronc, disposée en habitation à l'usage de ceux qui viennent faire la cueillette des châtaignes, car le vieux colosse a toujours la séve jeune et rarement il manque de fructifier. Il est impossible d'évaluer d'après la grosseur l'âge du géant, car on soupçonne qu'un tronc aussi monstrueux provient de plusieurs châtaigniers qui, primitivement distincts, mais très-rapprochés, se seraient soudés entre eux.

Neustadt, dans le Wurtemberg, possède un tilleul

dont les branches, surchargées par les ans, sont soutenues au moyen d'une centaine de piliers en maçonnerie. La ramée entière couvre une étendue de cent trente mètres de circuit. En 1229, cet arbre était déjà vieux, car les écrits de l'époque l'appellent le *gros-tilleul*. Son âge probable est aujourd'hui de sept cents à huit cents ans.

Le vétéran de Neustadt avait un aîné en France au commencement de ce siècle. En 1804 se voyait au château de Chaillé, dans les Deux-Sèvres, un tilleul de quinze mètres de tour. Il portait six branches principales étayées de nombreux piliers. S'il existe encore, il n'a pas moins de onze siècles.

Le cimetière d'Allouville, en Normandie, est ombragé par un des chênes les plus vieux de la France. La poussière des morts où plongent ses racines semble lui avoir communiqué une exceptionnelle vigueur. Son tronc mesure dix mètres de circuit au niveau du sol. Une chambre d'ermite, que surmonte un petit clocher, s'élève au milieu de l'énorme branchage. Le bas du tronc, en partie creux, est disposé en chapelle dédiée à Notre-Dame de la Paix. Les plus grands personnages ont tenu à honneur d'aller prier dans le rustique sanctuaire, et de méditer un instant sous l'ombrage du vieil arbre, qui a vu tant de sépultures s'ouvrir et se fermer. D'après ses dimensions, on donne à ce chêne neuf cents ans d'âge environ. Le gland qui l'a produit a donc germé vers l'an 1000. Aujourd'hui, le vieux chêne porte sans efforts ses monstrueuses branches. Glorifié par les hommes et ravagé par la foudre, il poursuit impassible le cours des âges, ayant devant lui peut-être un avenir égal à son passé.

On connaît, en effet, des chênes bien plus vieux. En 1824, un bûcheron des Ardennes abattit un chêne gigantesque dans le tronc duquel furent trouvés des vases à sacrifice et des monnaies antiques. Le vieux chêne avait de quinze à seize siècles d'existence.

Après le chêne d'Allouville, je vous citerai encore quelques compagnons des morts, car c'est surtout dans les champs de repos, où la sainteté du lieu les protége contre les injures de l'homme, que les arbres parviennent à un âge avancé. Deux ifs, situés dans le cimetière de la Haie-de-Routot, département de l'Eure, méritent entre tous l'attention. En 1832, ils ombrageaient de leur sombre verdure tout le champ dês morts et une partie de l'église sans avoir encore éprouvé de dommages sérieux, lorsqu'un coup de vent d'une violence extrême jeta à terre une partie de leurs branches. Malgré cette mutilation, les deux ifs sont toujours de majestueux vieillards. Leurs troncs, entièrement creux, mesurent l'un et l'autre neuf mètres de circonférence. Leur âge est estimé à quatorze cents ans.

Ce n'est encore pourtant que la moitié de l'âge où d'autres arbres de la même espèce sont parvenus. Un if, dans un cimetière de l'Ecosse, mesurait vingt mètres de tour. Son âge probable était de deux mille cinq cents ans. Un autre if, également dans un cimetière du même pays, avait, en 1660, une taille si prodigieuse que toute la contrée en parlait. On lui attribuait alors deux mille huit cent quatre-vingts ans. S'il est encore debout, plus de trente siècles pèsent aujourd'hui sur ce patriarche des arbres de l'Europe.

En voilà bien assez. Maintenant à votre tour de parler.

JULES. — Oncle Paul, j'aime mieux me taire. Vous m'avez bouleversé l'esprit avec vos arbres qui ne veulent pas mourir.

CLAIRE. — Je pense au vieil if du cimetière de l'Ecosse. Trois mille ans, avez-vous dit?

PAUL. — Trois mille ans, ma chère enfant; et nous pourrions remonter encore bien plus haut, si je vous citais certains arbres des pays étrangers. On en connaît de presque aussi vieux que le monde.

X. — Durée de la vie des animaux.

Jules et Claire ne pouvaient revenir de l'étonnement où les avait plongés le récit de l'oncle sur les vieux arbres, pour lesquels les siècles sont moins que pour nous les années. Emile, avec sa mobilité d'esprit habituelle, amena la conversation sur un autre sujet:

— Et les bêtes, demanda-t-il à l'oncle, combien de temps vivent-elles?

PAUL. — Les animaux domestiques rarement atteignent l'âge que leur nature comporte. Nous leur plaignons la nourriture, nous les excédons de fatigue, nous ne leur donnons pas un abri convenable. Et puis, nous leur prenons le lait, la toison, le cuir, la viande, tout enfin. Le moyen de devenir vieux, je vous le demande, quand le boucher vous attend avec son coutelas au sortir de l'étable! Inutile de parler de ces pauvres victimes de nos besoins : pour nous faire une longue vie, elles ne vivent pas leur âge. Supposons donc que l'animal soit bien traité; qu'il ne souffre ni de la faim, ni du froid ; qu'il vive en paix, sans excès de fatigue, sans crainte de l'équarrisseur ou du boucher. Dans ces bonnes conditions, combien d'années vivra-t-il?

Commençons par le bœuf. En voilà un de robuste, je l'espère! Quel poitrail et quelles épaules ! Et puis ce grand front carré, avec ses vigoureuses cornes autour desquelles s'enroule la courroie du joug; ces yeux tout reluisants de la sereine majesté de la force. Si l'âge avancé est le partage des forts, le bœuf doit vivre des siècles.

JULES. — Je serais assez de cet avis.

PAUL. — Erreur complète, mon cher enfant: le bœuf, si gros, si fort, si massif, est vieux, très-vieux de vingt à trente ans. Ce qui pour nous serait verte jeunesse est pour lui vieillesse décrépite.

Passons au cheval. Je ne prends pas mes exemples

parmi les chétifs, vous le voyez; je choisis les plus
grands, les plus vigoureux. Eh bien, le cheval, ainsi

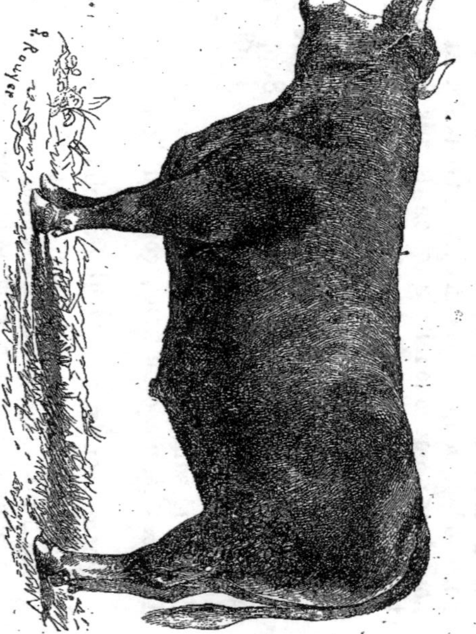

Fig. 2. — Commençons par le bœuf. Quel poitrail et quelles épaules!

que son modeste compagnon l'âne, ne dépasse guère
trente à trente-cinq ans.

JULES. — Comme je me trompais cependant ! Je croyais le cheval et le bœuf de force à devenir au moins centenaires. Ils sont si grands, ils tiennent tant de place !

PAUL. — Je ne sais, mon petit ami, si vous pourrez me comprendre, mais je voudrais vous mettre dans l'esprit que tenir beaucoup de place en ce monde n'est pas le moyen de vivre en paix et de couler de longs jours. Il ne manque pas de gens qui tiennent beaucoup de place, non par le corps, ils ne sont pas plus grands que nous, mais par leurs prétentions et

leurs ambitieuses manœuvres. Vivent-ils en paix, se préparent-ils une vénérable vieillesse ? C'est très-douteux. Restons petits, mon enfant, c'est-à-dire contentons-nous du peu que Dieu nous a donné ; méfions-nous des tentations de l'envie, des sots conseils de l'orgueil ; vivons d'activité, de travail et non d'ambi-

Fig. 3. — Son modeste compagnon l'âne ne dépasse guère trente à trente-cinq ans.

tion. Dans cette voie seule, il est permis d'espérer de longs jours.

Revenons vite aux bêtes. — Nos autres animaux domestiques vivent moins encore. Le chien, arrivé à vingt, vingt-cinq ans, ne peut plus se traîner ; le porc est un vétéran caduc quand il atteint la vingtaine ; à quinze ans au plus, le chat ne chasse plus les souris, il dit adieu aux joies sur le toit et se retire dans quelque recoin du grenier pour mourir en tranquillité ; la chèvre, la brebis, de dix à quinze ans, touchent à l'extrême vieillesse ; le lapin est à bout de son écheveau de huit à dix ans; et le misérable rat, quand il atteint quatre ans, est cité parmi les siens comme un prodige de longévité.

Voulez-vous que je vous parle des oiseaux? Soit. — Le pigeon peut vivre de six à dix ans ; la pintade, la poule, le dindon arrivent jusqu'à douze. L'oie va plus loin ; il est vrai qu'en sa qualité d'oie, elle ne se donne pas beaucoup de chagrin. L'oie atteint bien vingt-cinq années et même les dépasse largement. Mais voici qui est mieux: le chardonneret, le moineau, oiseaux sans souci, toujours chantant, toujours frétillant, heureux au possible avec un rayon de soleil dans la feuillée et un grain de chènevis, vivent autant que l'oie gloutonne, plus que le stupide dindon. Ils vivent, les bienheureux petits oiseaux, de vingt à vingt-cinq ans,

Fig. 4. — Ils vivent plus que le stupide dindon.

juste l'âge d'un bœuf. Quand je vous disais que tenir beaucoup de place en ce monde n'est pas tout à fait le moyen de se préparer de longs jours !

Quant à l'homme, s'il mène une vie régulière, il arrive souvent à quatre-vingts, quatre-vingt-dix ans. Parfois il atteint la centaine, parfois même il la dépasse. Mais ne vécût-il que l'âge le plus ordinaire, l'âge moyen, comme on dit, c'est-à-dire une quarantaine d'années, l'homme est privilégié pour la durée de la vie : les faits précédents le démontrent. Et d'ailleurs, pour l'homme, mes bien-aimés enfants, la durée de la vie ne se mesure pas précisément d'après le nombre des années. Celui-là vit plus qui travaille le plus.

Quand Dieu voudra nous appeler à lui, emportons avec
nous la sincère estime des autres et la conscience d'a-
voir fait notre devoir jusqu'à la fin ; et, quel que soit
notre âge, nous aurons assez vécu !

XI. — Le chaudron.

Or, ce jour-là, mère Ambroisine était en grande
fatigue. Elle avait descendu de leurs étagères chaudrons, marmites, lampes, chandeliers, casseroles,
bassines et couvercles. Après les avoir frottés avec
du sable fin et de la cendre, puis bien lavés, elle avait
exposé les ustensiles au soleil pour les faire sécher.
Tout cela reluisait comme un miroir. Les chaudrons
surtout étaient superbes avec leurs reflets rouges : on
eut dit que des langues de feu resplendissaient dans
leur intérieur. Les chandeliers étaient d'un jaune
éblouissant ; les cafetières et les couvercles lan-
çaient, aux rayons du soleil, comme des éclairs de
lumière blanche. Emile et Jules étaient en admiration.

EMILE. — Je voudrais bien savoir avec quoi l'on
fait les chaudrons, qui reluisent tant. Ils sont bien
laids en dehors, tout noirs, barbouillés de suie ; mais
en dedans, comme ils sont beaux !

JULES. — Il faut le demander à l'oncle.

EMILE. — Oui.

Aussitôt dit, aussitôt fait : ils allèrent trouver l'oncle. Paul ne se fit pas prier : il était si heureux
quand une occasion se présentait de leur apprendre
quelque chose.

PAUL. — Les chaudrons se font avec du cuivre.

JULES. — Et le cuivre ?

PAUL. — Le cuivre ne se fait pas. En certains
pays, on le trouve tout fait, mélangé avec la pierre.
C'est une des substances qu'il n'est pas au pouvoir de
l'homme de fabriquer. Nous utilisons ces substances

telles que la Providence les a déposées dans le sein
de la terre en vue de l'industrie humaine, mais tout
notre savoir et toute notre habileté ne peuvent les
produire.

Au sein des montagnes où il y a du cuivre, on
creuse des galeries qui descendent profondément sous
terre. Là, des ouvriers appelés mineurs, éclairés par
une lampe qu'ils portent avec eux, attaquent le roc

Fig. 5. — Là, des ouvriers, éclairés par une lampe qu'ils portent
avec eux, attaquent le roc à grands coups de pic

à grands coups de pic, tandis que d'autres apportent
au dehors les blocs détachés. Ces blocs de pierre où
le cuivre se trouve se nomment minerai. Dans des
fours faits exprès, on chauffe le minerai à un feu d'une
grande violence. La chaleur de notre poêle, quand il
est tout rouge, n'est rien en comparaison. Le cuivre
se fond, coule et se sépare du reste. Puis, avec des

marteaux d'un poids énorme, mis en mouvement par une roue que l'eau fait tourner, on frappe la masse de cuivre qui, peu à peu, s'amincit et se creuse en un bassin grossier.

Le chaudronnier continue le travail. Il prend le bassin informe et, à petits coups de marteau, il le façonne sur l'enclume pour lui donner une forme régulière.

JULES. — Voilà pourquoi les chaudronniers tapent des journées entières avec leurs marteaux. Je m'étais souvent demandé, en passant devant leurs ateliers, pourquoi ils font tant de bruit, frappant, frappant toujours sans se lasser. Ils amincissent le cuivre ; ils le façonnent en casseroles et en chaudrons.

EMILE. — Quand un chaudron est vieux, qu'il est percé et ne peut plus servir, qu'en fait-on ? J'ai entendu mère Ambroisine parler de vendre un chaudron hors d'usage.

PAUL. — On le fait fondre et de son cuivre on fait un autre chaudron tout neuf.

EMILE. — Le cuivre ne s'use donc pas ?

PAUL. — Il ne s'use que trop, mon ami : il en part un peu quand on le frotte avec du sable pour le faire reluire, il en part encore par l'action prolongée du feu ; mais ce qui reste est toujours bon.

EMILE. — Mère Ambroisine parlait aussi de faire refondre une lampe qui manque de pied. En quoi sont les lampes ?

PAUL. — Elles sont en étain, autre substance que nous trouvons toute faite dans le sein de la terre sans pouvoir nous-mêmes la produire.

XII. — Les métaux.

PAUL. — Le cuivre et l'étain se nomment des métaux. Ce sont des matières lourdes, luisantes, qui supportent, sans se rompre, les coups de marteau.

Elles s'aplatissent, mais ne cassent pas. Il y a d'autres matières encore qui possèdent le poids considérable du cuivre et de l'étain, leur brillant, leur résistance au choc. Toutes ces matières sont appelées des métaux.

Emile. — Alors le plomb est un métal, lui, qui est si lourd?

Jules. — Le fer aussi, et l'argent, et l'or?

Paul. — Oui, ces substances, et d'autres encore, sont des métaux. Toutes ont un brillant particulier appelé éclat métallique, mais leur couleur varie. Le cuivre est rouge; l'or est jaune; l'argent, le fer, le plomb, l'étain sont blancs, avec une très-légère nuance différente de l'un à l'autre.

Emile. — Les chandeliers que mère Ambroisine fait maintenant sécher au soleil sont d'un jaune magnifique, et si luisants qu'ils éblouissent. Seraient-ils en or?

Paul. — Non, mon cher enfant; l'oncle ne possède pas de telles richesses. Ils sont en laiton.

Pour varier la coloration et les autres propriétés des métaux, au lieu de les employer toujours seuls, on les associe souvent deux à deux, trois à trois, ou même davantage. On les fait fondre ensemble, et le tout constitue une sorte de nouveau métal, différent des métaux qui entrent dans sa composition. Ainsi, en faisant fondre ensemble du cuivre et une espèce de métal blanc appelé zinc, celui-là même avec lequel sont faits les arrosoirs du jardin, on obtient le laiton, qui n'a pas la couleur rouge du cuivre, ni la couleur blanche du zinc, mais le beau jaune de l'or. La matière des chandeliers est donc faite de cuivre et de zinc associés; en un mot, c'est du laiton, et non de l'or, malgré son éclat et sa couleur jaune. L'or est jaune et brille; mais tout ce qui est jaune et reluit n'est pas de l'or. A la dernière foire du village, on vendait de magnifiques bagues dont le brillant vous séduisait. En or, elles eussent coûté une belle somme. Le marchand les donnait pour un sou. Elles étaient en laiton.

JULES. — Comment peut-on distinguer l'or du laiton, puisque la couleur et l'éclat sont à peu près les mêmes ?

PAUL. — Par le poids en particulier. L'or est bien plus lourd que le laiton ; c'est même le métal le plus lourd parmi ceux d'un usage fréquent. Après lui vient le plomb, puis l'argent, puis le cuivre, puis le fer, puis l'étain, et enfin le zinc, le plus léger de tous.

EMILE. — Pour fondre le cuivre, nous avez-vous dit, il faut un feu si violent, que la chaleur du poêle rouge n'est rien en comparaison. Tous les métaux ne résistent pas autant, car je me rappelle très-bien de quelle fâcheuse manière finirent les premiers soldats de plomb que vous m'aviez donnés. L'hiver passé, je les avais alignés sur le poêle à peine chaud. Au moment où je n'y prenais pas garde, la troupe chancelle, s'affaisse et coule en filets de plomb fondu. J'eus tout juste le temps de sauver une demi-douzaine de grenadiers, et encore leur manquait-il les pieds.

JULES. — Et quand mère Ambroisine déposa par distraction la lampe sur le poêle, oh ! ce fut bientôt fait : un travers de doigt d'étain avait disparu.

PAUL. — L'étain et le plomb sont d'une fusion facile. Il suffit, et au delà, de la chaleur de nos foyers pour les faire couler. Le zinc encore fond sans grande difficulté ; mais l'argent, puis le cuivre, puis l'or, et finalement le fer, exigent des feux d'une violence inconnue dans nos habitations. Le fer surtout est d'une résistance excessive, très-précieuse pour nous.

Les pelles, les pincettes, les grilles des fourneaux, les poêles sont en fer. Ces divers objets, toujours en contact avec le feu, ne coulent pas cependant, ne se ramollissent même pas. Pour ramollir le fer, afin de le façonner aisément sur l'enclume, à coups de mar-

teau, le forgeron a besoin de toute la chaleur de sa
forge ; vàinement il soufflerait et mettrait du charbon, jamais il ne parviendrait à le fondre. Le fer cependant peut être fondu, mais il faut employer la
plus violente chaleur que l'industrie humaine sache
produire.

XIII. — L'étamage.

Dans la matinée, des chaudronniers ambulants
étaient passés. Mère Ambroisine leur avait vendu le
vieux chaudron. Par-dessus le marché, ils devaient
lui refaire la lampe, dont le pied s'était fondu sur le
poêle, et étamer deux casseroles.

Or, les chaudronniers allumèrent du feu en plein
air entre deux pierres; ils établirent à terre un souf-
flet, et, dans une grande cuiller ronde en fer, ils
firent fondre la vieille lampe en ajoutant un peu
d'étain pour remplacer celui qui manquait. Le métal
fondu fut coulé dans un moule, d'où il sortit à l'état
de lampe. Cette lampe, grossière encore, fut fixée sur
un tour qu'un petit garçon mettait en mouvement; et
pendant qu'elle tournait, le maître en approchait le
tranchant d'un outil en acier. L'étain raboté tombait en menus copeaux roulés en papillotes. La lampe
se perfectionnait à vue d'œil; elle prenait le poli et
la façon convenables.

Après, on s'occupa de l'étamage des casseroles en
cuivre. On les nettoya bien à l'intérieur avec du sable, on les mit sur le feu, et, quand elles furent bien
chaudes, on promena sur toute leur surface, avec un
tampon d'étoupes, un peu d'étain fondu. Partout où
frottait le tampon, l'étain adhérait au cuivre. En
quelques instants, l'intérieur de la casserole, de rouge
qu'il était d'abord, fut d'un blanc brillant.

Emile et Jules, tout en mangeant la pomme et le
morceau de pain de leur goûter, regardaient sans
rien dire ce curieux travail. Ils se promettaient bien

de demander à l'oncle pour quel motif on blanchissait avec de l'étain le dedans des casseroles en cuivre. Le soir, on parla donc de l'étamage.

PAUL. — Le fer bien propre et poli est d'un beau brillant. La lame d'un couteau neuf, les ciseaux de Claire, soigneusement tenus dans leur étui, en sont des exemples. Mais, s'il reste exposé à l'air humide, le fer se ternit vite et se couvre à la longue d'une croûte terreuse et rougeâtre qu'on nomme...

CLAIRE. — Rouille.

PAUL. — Oui, qu'on nomme rouille.

JULES. — Les gros clous qui soutiennent les fils de fer où grimpent les clochettes contre le mur du jardin sont couverts de cette croûte rougeâtre.

EMILE. — Le vieux couteau que j'ai trouvé dans la terre en est couvert aussi.

PAUL. — Ces gros clous, ce vieux couteau sont encroûtés de rouille parce qu'ils sont restés longtemps exposés à l'air et à l'humidité. L'air humide ronge le fer ; il s'incorpore au métal et le rend méconnaissable. Devenu rouille, le fer n'a plus rien des propriétés qui nous le rendent si précieux : c'est une espèce de terre rouge ou jaune dans laquelle, sans des études approfondies, il serait impossible de soupçonner un métal.

JULES. — Je le crois bien. Pour ma part, je ne me serais jamais avisé que la rouille est du fer avec lequel font corps ensemble de l'air et de l'humidité.

PAUL. — Beaucoup d'autres métaux se rouillent comme le fer, c'est-à-dire qu'ils se convertissent en une matière terreuse en s'associant avec l'air humide. La couleur de la rouille varie suivant le métal. La rouille du fer est jaune ou rouge, celle du cuivre est verte, celle du plomb et celle du zinc sont blanches.

JULES. — La croûte verte des vieux sous est alors de la rouille de cuivre.

CLAIRE. — La matière blanchâtre qui recouvre le tuyau de la pompe doit être de la rouille de plomb ?

PAUL. — Justement. La rouille a d'abord l'inconvénient d'enlaidir les métaux, qui perdent leur brillant et leur poli ; mais elle en a parfois un second plus grand encore. Il y a des rouilles inoffensives, qui pourraient se trouver mélangées sans danger aucun avec nos aliments : telle est la rouille du fer. Au contraire, la rouille du cuivre et celle du plomb sont des poisons atroces. Si, par malheur, ces rouilles venaient à se trouver dans nos aliments, nous pourrions en mourir, ou pour le moins nous éprouverions de bien cruelles souffrances. Parlons seulement du cuivre, car le plomb, à cause de sa facile fusion, ne peut aller sur le feu et n'est pas employé pour les ustensiles de cuisine. La rouille du cuivre, vous dis-je, est un poison mortel ; et cependant on prépare la nourriture dans des vases en cuivre. Demandez à mère Ambroisine.

Mère Ambroisine. — Rien de plus vrai ; mais j'ai toujours l'œil sur mes casseroles : je les tiens soigneusement propres, et de temps en temps je les fais étamer.

Jules. — Je ne comprends pas bien comment le travail que l'étameur a fait ce matin pourra empêcher la rouille du cuivre d'être un poison.

Paul. — Le travail de l'étameur ne fera pas que la rouille du cuivre cesse d'être un poison, mais il empêchera cette rouille de se former. L'étain est celui des métaux communs qui se rouille avec le plus de difficulté. Longtemps exposé à l'air humide, il se ternit à peine. Et puis, la rouille qu'il peut former en petite quantité est chose inoffensive, comme la rouille du fer. Pour empêcher le cuivre de se couvrir de taches vertes vénéneuses, pour le garantir de la rouille, il faut le préserver du contact de l'air humide et aussi du contact de certaines matières alimentaires, telles que le vinaigre, l'huile, la graisse, matières qui provoquent rapidement la formation de la rouille. A cet effet, la casserole en cuivre est enduite d'étain à l'intérieur. Sous la mince couche d'étain qui le couvre, le cuivre ne peut plus se rouiller, parce qu'il n'est plus en contact avec l'air. Reste l'étain. Mais ce métal s'altère difficilement, et d'ailleurs sa rouille, s'il s'en forme, est sans danger. On étame donc le cuivre, c'est-à-dire on le recouvre d'une mince couche d'étain, pour l'empêcher de se rouiller et prévenir ainsi la formation du poison redoutable qui, un jour ou l'autre, pourrait se mélanger avec nos aliments.

On étame aussi le fer, non pour éviter la formation d'un poison, car la rouille de ce métal est inoffensive, mais simplement pour le préserver de l'altération et l'empêcher de se couvrir de laides taches rouges. Le fer étamé s'appelle fer-blanc. Les couvercles, les cafetières, la lèchefrite,, la râpe, la lanterne et une foule d'autres objets sont en fer-blanc, c'est-à-dire en minces feuilles de fer recouvertes sur les deux faces d'un enduit d'étain.

XIV. — L'or et le fer.

PAUL. — Quelques métaux ne se rouillent jamais, tel est l'or. Les vieilles pièces en or que l'on retrouve dans le sein de la terre après des siècles sont aussi brillantes que le jour où elles furent fabriquées. Aucune crasse, aucune rouille ne masque leur effigie et leur inscription. Le temps, le feu, l'humidité, l'air ne peuvent rien sur cet admirable métal. Aussi l'or, à cause de son éclat inaltérable et de sa rareté, est-il par excellence la matière ornementale et la matière monétaire.

En outre, l'or est le premier métal que l'homme ait connu, bien avant le fer, le plomb, l'étain et les autres. Le motif pour lequel l'attention de l'homme s'est portée sur l'or, de longs siècles avant de se porter sur le fer, n'est pas difficile à comprendre. L'or ne se rouille jamais; le fer se rouille avec une fâcheuse facilité, de sorte qu'en peu de temps, si nous n'en prenons soin, il est converti en une terre rougeâtre. Je viens de vous dire que les objets en or, si vieux qu'ils soient, nous sont parvenus intacts, même après avoir séjourné dans le sol le plus humide. Quant aux objets en fer, aucun n'est arrivé jusqu'à nous, si ce n'est dans un état méconnaissable. Rongés par la rouille, ils sont devenus une croûte informe et terreuse. Maintenant, je demanderai à Jules si le minerai de fer que l'on extrait des entrailles de la terre peut être du vrai fer, du fer pur, tel que nous l'utilisons?

JULES. — Il me semble que non, mon oncle, car si le fer s'est trouvé pur à un certain moment, il n'a pu manquer de se rouiller avec le temps et de se changer en matière terreuse, comme le fait la lame d'un couteau enfouie en terre.

CLAIRE. — Mon frère me paraît raisonner juste ; je suis de son avis.

PAUL. — Et l'or ?

CLAIRE. — Pour l'or, c'est tout différent. Puisque ce métal ne se rouille jamais, que le temps, l'air et l'humidité ne peuvent l'altérer, il doit se trouver pur.

PAUL. — Effectivement, il en est ainsi. Dans les pierres où il est disséminé en menues écailles, l'or est aussi brillant que dans les boîtes du bijoutier. Les boucles d'oreilles de Claire n'ont pas plus d'éclat que les parcelles de ce métal naturellement enchâssées dans le roc. Quelles piteuses apparences, au contraire, pour le fer tel qu'on le trouve ! C'est une croûte terreuse, une pierre rougeâtre, où il n'est possible de deviner un métal qu'après de bien longues recherches ; c'est de la rouille, enfin, plus ou moins mélangée avec d'autres matières. Et puis, il ne suffit pas de reconnaître que cette pierre de rouille contient un métal, il faut encore trouver le moyen de décomposer le minerai et de faire revenir le fer à son état métallique. Que de recherches n'a-t-il pas fallu pour arriver à ce résultat, l'un des plus laborieux à obtenir ! que de tentatives infructueuses, que de pénibles essais ! Le fer est donc venu le dernier à notre service, bien longtemps après l'or et d'autres métaux, comme le cuivre

et l'argent, qui se trouvent parfois, mais non toujours, à l'état pur. Il est venu le dernier, lui le plus
utile des métaux ; mais alors un immense progrès s'est
fait dans l'industrie humaine. Du moment que l'homme
a été en possession du fer, il s'est trouvé maître de
la terre.

En tête des matières qui résistent au choc, il faut
placer le fer ; et c'est précisément son énorme résistance à la rupture qui nous rend ce métal si précieux.
Jamais une enclume d'or, de cuivre, de marbre, de
pierre, ne résisterait aux coups de marteau des for-
gerons comme l'enclume de fer. Le marteau lui-
même, avec quelle substance pourrait-on le faire
autre que le fer ! En cuivre, en argent, en or, il s'a-
platirait, s'écraserait et serait hors d'usage en peu de
temps, car ces métaux manquent de dureté. En pierre,
il se briserait au premier coup un peu violent. Pour
ces instruments, rien ne peut remplacer le fer. Rien
non plus ne peut le remplacer pour la hache, pour la
scie, pour le couteau, pour le ciseau des maçons, pour
le pic du carrier, pour le soc de l'agriculteur et pour
une foule d'instruments qui coupent, taillent, percent,
rabotent, liment, donnent ou reçoivent des chocs violents. Le fer seul possède la dureté qui entame la
plupart des matières et la résistance qui brave le
choc. Sous ce rapport, le fer est le plus beau présent,
entre toutes les matières minérales, que la Providence ait fait à l'homme. Il est par excellence la matière de l'outil, indispensable à tout art, à toute industrie.

Jules. — Je lisais un jour, avec Claire, que lorsque
les Espagnols découvrirent l'Amérique, les sauvages
de ces pays nouveaux avaient des haches en or, qu'ils
échangeaient très-volontiers pour des haches en fer.
Je riais de leur naïveté, qui leur faisait donner un
objet d'un grand prix pour un morceau d'un métal
très-commun. Je crois entrevoir maintenant que le
troc leur était avantageux.

PAUL. — Oui, très-avantageux ; car, avec une hache en fer, ils pouvaient abattre les arbres pour construire leurs pirogues et leurs habitations ; ils pouvaient mieux se défendre des animaux féroces et attaquer le gibier dans leurs chasses. Ce morceau de fer leur donnait des vivres assurés, une solide barque, une chaude demeure, une arme redoutable. La hache en or, en comparaison, n'était qu'un inutile joujou.

JULES. — Si le fer est venu le dernier, comment faisaient les hommes avant de le connaître ?

PAUL. — Ils fabriquaient leurs armes et leurs outils en cuivre ; car, de même que l'or, ce métal se trouve parfois à l'état pur et peut être utilisé tel que la nature nous le donne. Mais l'outil en cuivre, doué

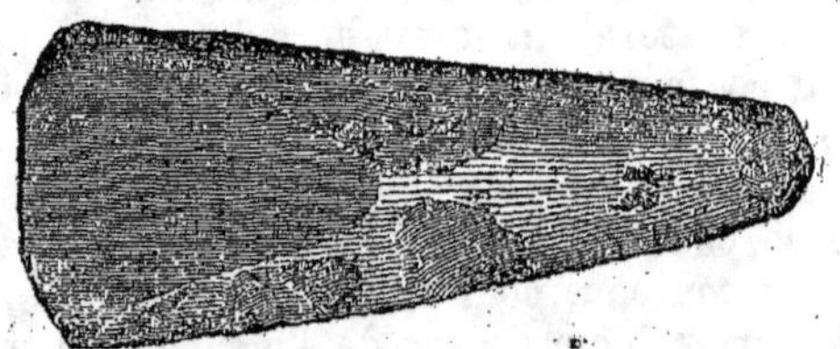

Fig. 6. — La hache de pierre. — Il taille un caillou en pointe ou en tranchant, et voilà sa seule arme.

de peu de dureté, est bien loin de valoir l'outil en fer. Ainsi, en ces temps reculés de la hache de cuivre, l'homme est bien misérable.

Il est plus misérable encore avant de connaître le cuivre. Alors, il taille un caillou en pointe ou en tranchant, il l'emmanche au bout d'un bâton, et voilà sa seule arme. Avec ce caillou, il faut se procurer de la nourriture, un vêtement, une hutte, et se défendre des bêtes fauves. Le vêtement est une peau jetée sur le dos, la demeure est une case faite avec des branches courbées et de la boue ; la nourriture est un morceau de chair, produit de la chasse. Les animaux domestiques sont inconnus, la terre ne reçoit aucune culture, toute industrie fait défaut.

Claire. — Et où cela se passait-il?

Paul. — Partout, ma chère enfant; ici, aux lieux mêmes où sont aujourd'hui nos plus florissantes villes. Oh! que l'homme a été misérable avant d'atteindre, à l'aide du fer, le bien-être dont nous jouissons aujourd'hui; que l'homme a été misérable, et quel immense présent la Providence lui a fait en lui donnant ce métal!

Au moment où l'oncle finissait, Jacques frappa discrètement à la porte; Jules accourut. Ils se dirent tout bas quelques mots à l'oreille. Il s'agissait d'une grave affaire pour le lendemain.

XV. — La toison.

Comme c'était convenu la veille, Jacques prépara l'exécution. Pour les empêcher de remuer, on devait coucher les patients, les pieds liés, entre les deux planches inclinées d'un chevalet. Des coutelas d'acier reluisaient à terre. Quant à eux, innocentes victimes des besoins de l'homme, ils étaient déjà garrottés et étendus sur le flanc. Avec une douce résignation, ils attendaient leur triste sort. Allait-on les égorger? Oh! non : on allait les tondre. Jacques prit un mouton par les pieds, l'établit entre les deux planches du chevalet et, avec de grands ciseaux, il se mit, cra, cra, cra, à détacher la laine. Peu à peu, la toison tombait tout d'une pièce. Quand il fut dépouillé, le mouton, remis en liberté, s'en alla à l'écart, honteux et frileux. Il venait de donner son vêtement pour vêtir l'homme. Jacques en mit un autre sur le chevalet, et les ciseaux d'aller.

Jules. — Dites-moi, Jacques, les moutons doivent avoir bien froid quand ils sont dépouillés de leur laine? Voyez comme tremble celui que vous venez de tondre.

Jacques. — Oh! laissez faire : j'ai choisi une belle journée pour cela. Le soleil est bon. Demain, ils ne se ressentiront plus du manque de leur laine. Et puis faut-il que le mouton ait un peu froid pour que nous soyons au chaud nous-mêmes.

JULES. — Au chaud nous-mêmes? Et comment?

JACQUES. — Voilà qui m'étonne, vous ne savez pas cela, vous qui lisez dans les livres? Eh bien, avec cette laine on vous fera des bas et des tricots pour cet hiver; on fera même du drap, du beau drap pour les habits.

EMILE. — Peuh! cette laine est bien sale et bien laide pour faire des bas, des tricots et du drap.

JACQUES. — Laide pour le moment, mais on la lavera à la rivière, et, quand elle sera devenue bien blanche, mère Ambroisine la travaillera à son rouet et en fera du fil. Ce fil tricoté avec des aiguilles deviendra des bas, qu'on est bien heureux d'avoir aux pieds quand il faut aller courir dans la neige.

EMILE. — Je n'ai jamais vu des moutons rouges, des moutons verts, des moutons bleus, et cependant il y a de la laine rouge, verte, bleue et de bien d'autres couleurs. J'ai pour le dimanche des bas en laine rouge.

JACQUES. — On teint la laine blanche que nous donne le mouton; on la met dans l'eau bouillante avec des drogues et une couleur, et elle sort de cette eau avec une teinte qui ne s'en va plus.

EMILE. — Et le drap? Mère Ambroisine n'en fait pas.

JACQUES. — Le drap se fabrique avec des fils de laine pareils à ceux des bas; mais pour tisser ces fils, les faire entre-croiser régulièrement et les arranger en étoffe, il faut des machines compliquées, des métiers de tissage qu'on ne peut guère avoir dans nos maisons. Cela ne se trouve que dans les grandes fabriques où l'on s'occupe du travail de la laine.

JULES. — Alors ce pantalon que j'ai sur moi vient du mouton; cette veste en vient; ma cravate, mes bas en viennent aussi. Je suis habillé avec la dépouille du mouton ?

JACQUES. — Mais oui, pour nous défendre du froid, nous lui prenons sa laine. La pauvre bête nous fournit sa toison pour nos vêtements, son lait et sa chair pour notre nourriture, sa peau pour nos gants. Nous vivons de la vie de nos animaux domestiques. Le bœuf nous donne ses forces, sa chair, son cuir ; la vache, en outre, nous donne son lait. L'âne, le mulet, le cheval

Fig. 7. — Le mouton nous fournit sa toison pour nos vêtements, sa chair pour notre nourriture.

travaillent pour nous. Une fois morts à la peine, ils nous laissent leur peau, dont nous faisons le cuir de nos chaussures. La poule nous donne ses œufs, le chien met son courage et son intelligence à notre service. Et dire qu'il y a des gens qui maltraitent sans motif ces animaux, sans lesquels nous serions si misérables ; qui les laissent souffrir de faim, qui les rouent de coups ! N'imitez jamais ces sans-cœur : ce serait insulter à Dieu, qui nous a donné l'âne, le bœuf, le mouton et les autres. Quand je songe que ces précieuses bêtes nous donnent tout, tout jusqu'à leur vie, je partagerais avec elles ma dernière croûte de pain.

Et les ciseaux allaient toujours, cra, cra, cra; et la toison tombait.

XVI. — Le lin et le chanvre.

Tout en écoutant ce que Jacques disait au sujet de la laine, Emile examinait son mouchoir avec attention. Il le tournait et le retournait, il le palpait, puis regardait à travers. Jacques prévint la question qu'Emile se préparait à lui faire.

Jacques. — Les mouchoirs et le linge ne sont pas en laine. Ce sont certaines plantes, le cotonnier, le chanvre, le lin, et non le mouton, qui nous les fournissent. Faites-vous raconter cela par l'oncle; car pour moi, voyez-vous, je ne le sais pas trop bien. J'ai entendu parler du cotonnier, mais je ne l'ai jamais vu. Et puis, en causant avec vous, je crains d'entailler la peau de mes moutons.

À la demande de Jules, l'oncle reprit, le soir, l'histoire des matières avec lesquelles nous nous habillons.

Paul. — L'écorce du chanvre et celle du lin sont composées de longs filaments, très-fins, souples et tenaces, avec lesquels nous fabriquons nos tissus. Nous nous habillons avec la dépouille du mouton, nous nous faisons beaux avec l'écorce de la plante. Les tissus de luxe, batiste, tulle, gaze, dentelle, malines, sont empruntés au lin; les tissus plus forts, jusqu'à la grossière toile à sacs, sont retirés du chanvre. Le cotonnier nous donne les tissus dont la matière est le coton.

Le lin est une plante fluette à petites fleurs d'un bleu tendre, qui se sème et se récolte tous les ans. Sa culture est très-développée dans le nord de la France, en Belgique, en Hollande. C'est la première plante que l'homme ait utilisée pour faire des tissus. Les momies de l'Egypte, la vieille terre des patriarches et de Moïse, les momies qui reposent dans leurs sépultures depuis quatre mille ans et plus, sont emmaillottées de bandelettes de lin.

JULES. — Momies, dites-vous? j'ignore ce que c'est.

PAUL. — Voici, mon cher enfant : Le respect pour les morts se retrouve chez tous les peuples et à toutes les époques. L'homme regarde comme chose sacrée ce qui fut le siége d'une âme faite à l'image de Dieu; il honore les morts, mais les honneurs rendus varient suivant les temps, les lieux, les mœurs. Nous, nous enterrons les morts et nous mettons sur leur sépulture une pierre tumulaire avec une inscription, ou pour le moins une humble croix, emblème divin de la vie éternelle. Les anciens les brûlaient sur un bûcher; ils recueillaient pieusement les ossements blanchis par le feu et les enfermaient dans des vases de prix. En Egypte, pour conserver à sa famille la chère dépouille, on embaumait le mort, c'est-à-dire qu'on l'imprégnait d'aromates et qu'on l'emmaillottait de lin pour en empêcher la décomposition. Ces soins pieux étaient si délicatement pris, qu'après des siècles et des siècles, on retrouve intacts, dans leurs caisses de bois odoriférant, mais desséchés et noircis par les années, les contemporains des antiques rois de l'Egypte, ou des Pharaons. C'est ce qu'on nomme les momies.

Le chanvre est cultivé dans toute l'Europe depuis bien des siècles. C'est une plante annuelle, d'une odeur forte, nauséabonde, à petites fleurs vertes sans éclat, et dont la tige, de la grosseur d'une plume, s'élève à deux mètres environ. On le cultive, comme le lin, à la fois pour son écorce et pour sa graine appelée chènevis.

EMILE. — C'est la graine, je crois, que nous donnons au chardonneret, cette graine qui craque sous le bec quand l'oiseau en casse la coque pour extraire la petite amande?

Paul. — Oui, le chènevis est le régal des petits oiseaux. — L'écorce du chanvre n'a pas la finesse de l'écorce du lin. Les filaments de cette dernière sont si fins, que vingt-cinq grammes de filasse travaillés au rouet fournissent un fil de près d'une lieue de lon_gueur. Aussi la toile de l'araignée peut seule rivaliser de délicatesse avec certains tissus de lin.

Lorsque le chanvre et le lin sont parvenus à maturité, on en fait la récolte, et par le battage on en sépare les graines. On procède alors à une opération appelée rouissage, qui a pour but de rendre les filaments de l'écorce ou les fibres, comme on les appelle, facilement séparables du bois. Ces fibres, en effet, sont collées à la tige et agglutinées entre elles par une matière gommeuse très-résistante, qui les empêche de s'isoler tant qu'elle n'est pas détruite par la pourriture. On pratique quelquefois le rouissage en étendant les plantes sur le pré pendant une quarantaine de jours et en les retournant de temps à autre, jusqu'à ce que la filasse se détache de la partie ligneuse ou *chènevotte*. Mais le moyen le plus expéditif consiste à tenir plongés dans une mare le lin et le chanvre liés en bottes. Il s'établit bientôt une pourriture qui dégage des puanteurs intolérables ; l'écorce se corrompt, et la fibre, douée d'une résistance exceptionnelle, est mise en liberté. On fait alors sécher les bottes ; puis on les écrase entre les mâchoires d'un instrument appelé *broie*, pour casser les tiges en menus morceaux et les séparer de la filasse. Enfin, pour purger la filasse de tout débris ligneux et pour la diviser en filaments plus fins, on la passe entre les pointes en fer d'une sorte de grand peigne nommé *seran*. En cet état, la fibre est filée soit à la main, soit à la mécanique. Le fil obtenu est soumis au tissage. Sur un métier, on dispose bien en ordre, côte à côte, de nombreux fils composant ce qu'on nomme la chaîne.

À tour de rôle, entraînée par une pédale sur laquelle
presse le pied de l'ouvrière, la moitié de ces fils descend, tandis que l'autre remonte. En même temps,
l'ouvrière fait passer de gauche à droite, puis de
droite à gauche, entre les deux moitiés de la chaîne,
un fil transversal contenu dans une navette. De cet
entre-croisement résulte le tissu. Et c'est fini : l'habit
de la plante a changé de maître ; l'écorce du chan-

Fig. 8. — Métier pour le tissage de la toile.

vre est devenue de la toile, l'écorce du lin est devenue une dentelle princière de quelques cents francs
le pan.

XVII. — Le coton.

PAUL. — Le coton, la plus importante des matières employées pour nos tissus, est fourni par une
plante des pays chauds appelée cotonnier. C'est une
herbe d'un à deux mètres d'élévation, ou même un
arbrisseau, dont les grandes fleurs jaunes ont la forme

de celles de la mauve. A ces fleurs succèdent de
nombreux fruits ou coques, de la grosseur d'un œuf,
que remplit une bourre soyeuse, tantôt d'un blanc

Fig. 9. — Les fruits ou coques du cotonnier sont remplis
d'une bourre soyeuse.

éclatant, tantôt d'une faible nuance jaune, suivant
l'espèce de cotonnier. Au milieu de cette bourre se
trouvent les graines.

CLAIRE. — Il me semble avoir vu une bourre de ce

genre descendre en flocons au printemps du haut des peupliers et des saules.

PAUL. — La comparaison est très-exacte. Le saule et le peuplier ont pour fruits de toutes petites coques allongées et pointues dont la grosseur équivaut à trois ou quatre fois la grosseur d'une tête d'épingle. Au mois de mai, ces coques sont mûres. Elles s'ouvrent et laissent échapper un duvet blanc, extrêmement fin, au milieu duquel les semences se trouvent. Si l'air est calme, ce duvet s'amasse au pied de l'arbre en une couche de ouate d'un blanc de neige; mais, au moindre souffle de vent, les flocons s'en vont à de grandes distances, emportant avec eux les graines, qui trouvent ainsi des emplacements inoccupés, où elles peuvent germer et devenir des arbres. Une foule de graines, d'ailleurs, sont accompagnées de molles aigrettes, de plumets soyeux, qui les soutiennent longtemps en l'air et leur permettent de longs voyages pour disséminer la plante. Qui ne connaît, par exemple, les graines des chardons et des pissenlits, ces élégantes graines à plumet de soie que vous prenez plaisir à faire envoler d'un souffle?

JULES. — La bourre des coques du peuplier peut-elle nous servir aux mêmes usages que le coton?

PAUL. — En aucune manière : elle est trop peu abondante et d'une récolte trop difficile. Elle est d'ailleurs si courte, qu'on ne pourrait peut-être pas la filer. Mais, si nous ne pouvons en tirer parti, d'autres l'utilisent très-bien. Cette bourre est le coton des petits oiseaux; beaucoup la recueillent pour en matelasser leurs nids. Le chardonneret, entre autres, est un des plus habiles parmi les habiles. Sa maison de coton est un chef-d'œuvre d'élégance et de solidité. Dans l'enfourchure de quelques petites branches, avec la bourre cotonneuse du saule et du peuplier, avec les brins de laine que les épines des haies arrachent au troupeau qui passe, avec les aigrettes plumeuses des graines des chardons, il construit pour

ses petits un matelas en forme de coupe, si moelleux,
si chaud, si douillet, que jamais fils de roi au maillot
n'en a eu de pareil.

Pour construire leurs nids, les oiseaux trouvent
des matériaux tout prêts; ils n'ont qu'à se mettre à
l'œuvre. Le printemps venu, le chardonneret n'a pas
à se préoccuper des matières premières de son nid;
il est sûr que les oseraies, les chardons et les haies
des bords des chemins lui offriront abondamment ce
qui lui est nécessaire. Et il doit en être ainsi, car
l'oiseau n'a pas l'intelligence, et ne peut préparer
longtemps à l'avance, par les soins d'une savante
industrie, les choses dont il aura besoin. L'homme,
dont la noble prérogative est de tout acquérir par son
travail et sa réflexion, va chercher le coton en des
pays lointains; l'oiseau trouve le sien sur les peupliers
de son bocage.

A la maturité, les coques du cotonnier s'entr'ouvrent, bâillent, et leur bourre s'épanche en un moelleux flocon que l'on recueille à la main, coque par
coque. La bourre, bien desséchée au soleil sur des
claies, est battue avec des fléaux ou, mieux, soumise
à l'action de certaines machines. On la débarrasse
de la sorte des graines et des débris du fruit. Sans
autre préparation, le coton nous arrive en grands
ballots pour être converti en tissus dans nos usines.
Les pays qui en fournissent le plus sont l'Inde,
l'Egypte, le Brésil et surtout les Etats-Unis de l'Amérique du Nord. En une seule année, les manufactures
d'Europe mettent en œuvre près de huit cents millions
de kilogrammes de coton. Ce poids énorme n'est pas de
trop, car le monde entier s'habille avec la précieuse
bourre, devenue indienne, percale, calicot. Aussi
l'activité humaine n'a-t-elle pas de plus vaste champ
que le commerce du coton manufacturé. Que de mains
à l'œuvre, que d'opérations délicates, que de longs
voyages pour un simple pan d'indienne du prix de
quelques centimes! Une poignée de coton est récol-

tée, je suppose, à deux ou trois mille lieues d'ici. Ce coton traverse l'Océan, il fait le quart du tour du globe et vient en France ou en Angleterre pour 'y être manufacturé. Alors on le file, on le tisse, on l'embellit de dessins coloriés, et, devenu indienne, il repart à travers les mers pour aller peut-être à l'autre bout du monde servir de coiffure à quelque nègre crépu. Quelle multiplicité d'intérêts en jeu ! Il a fallu semer la plante; puis, pendant une bonne moitié de l'année, en soigner la culture. Dans la poignée de bourre, il y a donc à prélever la part, la grosse part de ceux qui ont cultivé et récolté. Arrivent alors le commerçant qui achète et le marin qui transporte. A l'un et à l'autre, il faut une part de la poignée de bourre. Puis viennent le filateur, le tisseur, le teinturier, que le coton doit dédommager tous de leur travail. C'est loin encore d'être fini. Voici maintenant d'autres commerçants qui achètent les tissus, d'autres marins qui les transportent dans toutes les régions du monde, et enfin des marchands qui vendent en détail. Comment fera la poignée de bourre pour payer tous ces intéressés sans devenir elle-même d'un prix exorbitant ?

Pour accomplir cette merveille interviennent ici les deux puissances de l'industrie : le travail en grand et l'auxiliaire de la machine. — Vous avez vu comment fait mère Ambroisine pour filer la laine au rouet. La laine cardée est d'abord divisée en longues mèches. Une de ces mèches est approchée d'un crochet qui tourne avec rapidité. Le crochet saisit la laine, et, dans sa rotation, tord les brins en un fil, qui peu à peu s'allonge aux dépens de la mèche maintenue et réglée avec les doigts. Quand le fil a atteint une certaine longueur, mère Ambroisine l'enroule sur le fuseau par un mouvement convenable du rouet; puis elle se remet à tordre la laine. — A la rigueur, on pourrait filer le coton de la même manière; mais, si habile que soit mère Ambroisine, les tissus qu'on ferait avec le fil de son rouet seraient d'un prix énorme, à cause du temps dépensé. Que fait-on alors? On charge une machine de filer le coton. Dans des salles plus vastes que la plus vaste église sont disposés, par centaines de mille, les délicats engins propres à filer, crochets, fuseaux et bobines. Et tout cela tourne à la fois avec une exquise précision et une rapidité qui défie le regard, et tout cela travaille et bruit à vous rendre sourd! La bourre de coton est saisie par des milliers et des milliers de crochets; les fils, d'une longueur sans fin, vont et viennent d'une bobine à l'autre, et s'enroulent sur les fuseaux. En quelques heures, une montagne de coton est convertie en fil dont la longueur ferait plusieurs fois le tour entier de la terre. Qu'a-t-on dépensé pour un travail qui aurait épuisé les forces d'une armée de fileuses aussi habiles que mère Ambroisine? Quelques pelletées de charbon pour chauffer l'eau dont la vapeur fait mouvoir la machine qui met le tout en branle. Le tissage, l'impression des dessins coloriés, enfin les diverses opérations que la bourre subit pour devenir tissu, se font par des moyens tout aussi expéditifs, tout aussi économiques. Et c'est ainsi que le planteur, le négociant, le marin, le filateur, le tisserand, le teinturier, le marchand peuvent, chacun, avoir leur part dans la poignée de bourre de coton devenue pan d'indienne et vendue quatre sous.

XVIII. — Le papier.

Mère Ambroisine appela Claire. Une amie venait la voir pour apprendre un point de broderie qui l'embarrassait. Sur les instances de Jules et d'Emile, l'oncle continua cependant. Il savait que Jules se ferait un plaisir de répéter à sa sœur la conversation.

PAUL. — Le lin, le chanvre et le coton, ce dernier surtout, ont encore un autre usage de la plus haute importance. Ils nous habillent d'abord; puis, devenus guenilles, hors de service, ils servent à faire le papier.

ÉMILE. — Le papier !

PAUL. — Le papier, le vrai papier, celui sur lequel nous écrivons, celui dont on fait les livres. Les belles feuilles blanches de vos cahiers d'écriture, les feuillets d'un livre, même le plus précieux, doré sur tranche et enrichi de magnifiques images, nous viennent de misérables chiffons.

Des haillons abjects sont recueillis : il y en a de ramassés parmi les immondices de la rue, il y en a de maculés d'impuretés sans nom. Un triage est fait ; ceux-ci pour le papier fin, ceux-là pour le papier grossier. On les lessive, et rudement ; ils en ont besoin. Maintenant, des machines s'en emparent. Des ciseaux les découpent, des griffes d'acier les déchirent, des roues les mâchent et les mettent en menus lambeaux. Des meules les reprennent, elles les mâchent encore ; elles les triturent dans l'eau, elles les réduisent en purée. La bouillie est grise, il faut la blanchir. Alors interviennent de violentes drogues qui attaquent tout ce qu'elles touchent, et en moins de rien le font blanc comme neige. Voilà la pâte épurée à point. D'autres machines l'étalent en minces couches sur des tamis. L'eau s'égoutte, et la purée de chiffons se prend en feutre. Des cylindres pressent ce feutre, d'autres le dessèchent, d'autres lui donnent le poli. Le papier est fait.

Avant d'être papier, la matière première était chiffon, qui lui-même est lambeau de linge hors d'usage. Ce linge, avant d'être mis au rebut, à combien d'usages n'a-t-il pas servi et quels traitements énergiques n'a-t-il pas subis ? Lessivage avec la cendre corrosive, contact avec l'âcreté du savon, coups de battoir, exposition au soleil, à l'air, à la pluie. Quelle est donc cette matière qui, malgré sa délicatesse, résiste aux brutalités de la lessive, du savon, du soleil et de l'air ; qui demeure intacte au sein de la pourriture ; qui brave les machines et les drogues de la papeterie et sort de ces épreuves toujours plus souple, plus blanche, pour devenir enfin une feuille de papier, de ce beau papier satiné, confident de nos pensées ? Vous le savez maintenant, mes petits amis, cette admirable matière, source de tant de progrès intellectuels, nous vient de la bourre du cotonnier, de l'écorce du chanvre et du lin.

Jules. — Je vais bien étonner Claire quand je lui dirai que son beau livre d'heures, à fermoir d'argent, a été fait avec de vilains chiffons, peut-être avec des mouchoirs troués mis au rebut, peut-être avec des haillons ramassés dans les boues de la rue.

Paul. — Claire apprendra avec intérêt la nature du papier ; mais, j'en suis certain, la misérable origine de son livre d'heures n'en amoindrira pas la valeur en son esprit. L'industrie fait une merveille en transformant d'abjects chiffons en un livre dépositaire du noble travail de la pensée ; Dieu, mon cher enfant, fait incomparablement mieux dans le miracle de la végétation. L'ordure du fumier, enfouie dans le sol, se transforme en ce qu'il y a de plus gracieux en ce monde, car elle devient rose, lis et autres fleurs. Pour nous, soyons comme le livre de Claire et les fleurs du bon Dieu : efforçons-nous d'avoir une valeur par nous-mêmes, et gardons-nous de rougir de notre humble extraction. Il n'y a qu'une véritable grandeur, qu'une véritable noblesse : la grandeur et la noblesse de l'âme. Si nous les possédons, le mérite est plus grand d'être parti de plus bas.

XIX. — Le livre.

Jules. — Maintenant que je sais avec quoi se fabrique le papier, je voudrais bien savoir comment se font les livres.

Emile. — Moi, j'écouterais tout le jour sans me

4.

lasser. Pour une histoire, j'oublierais ma toupie et mes soldats de plomb.

PAUL. — Pour faire un livre, mes enfants, il y a un double travail : d'abord le travail de celui qui le pense et l'écrit, puis le travail de celui qui l'imprime. Penser un livre et l'écrire sous la seule dictée de son esprit est rude et sérieuse affaire. Le travail de l'intelligence épuise nos forces bien plus rapidement que le travail des mains, car il faut y mettre le meilleur de nous-mêmes, il faut y mettre son âme. Je vous dis ces choses pour vous faire entrevoir quelle reconnaissance vous devez à tous ceux qui, soucieux de votre avenir, pensent et écrivent pour vous apprendre à penser vous-mêmes et pour vous affranchir des misères de l'ignorance.

JULES. — Je suis tout convaincu des difficultés qu'il faut vaincre pour composer un livre sous la seule dictée de son esprit, car lorsque je veux écrire une lettre d'une demi-page pour vous souhaiter la bonne année, dès le premier mot je suis arrêté net. Ce premier mot, comme il est difficile à trouver ! Ma tête se fait lourde, le feu me vient à la figure et je n'y vois plus clair. Je ferai mieux quand je saurai bien ma grammaire.

PAUL. — J'en suis fâché, mon cher enfant, mais je dois vous détromper. La grammaire ne peut enseigner à écrire. Elle nous apprend à faire accorder le verbe avec son sujet, l'adjectif avec le substantif, et autres choses de ce genre. C'est d'une grande utilité, j'en conviens, car rien n'est plus déplaisant que de blesser les règles du langage ; mais cela ne communique pas le don d'écrire. Il ne manque pas de gens dont la mémoire est bourrée de préceptes de grammaire, et qui, tout comme vous, sont arrêtés net dès le premier mot.

Le langage est en quelque sorte le vêtement de la pensée. On ne peut vêtir ce qui n'est pas ; on ne peut parler, on ne peut écrire ce qui ne se trouve pas en notre esprit. La pensée dicte et la plume écrit. Apprendre à penser, c'est donc apprendre à écrire. Quand la tête est meublée d'idées et que l'usage, encore plus que la grammaire, nous a enseigné les règles du langage, on a tout ce qu'il faut pour écrire correctement d'excellentes choses. Mais encore une fois, si les idées manquent, s'il n'y a rien dans la tête, que voulez-vous écrire ! Ces idées, comment les acquérir ? Par l'étude, par la lecture, par la conversation avec des personnes plus instruites que nous.

JULES. — Alors, en écoutant toutes ces belles choses que vous nous racontez, j'apprends à écrire sans m'en douter.

PAUL. — Mais certainement, mon petit ami. N'est-il pas vrai, par exemple, que si l'on vous avait proposé, il y a quelques jours, d'écrire seulement deux lignes sur l'origine du papier, vous n'auriez pu le faire ? Que vous manquait-il ? Les idées et non la grammaire, bien que vous la sachiez encore fort peu.

JULES. — C'est vrai, j'ignorais entièrement d'où nous vient le papier. Aujourd'hui, je sais que le coton est une bourre que l'on trouve dans les coques d'un arbrisseau appelé cotonnier; je sais qu'avec cette bourre on fait du fil; puis, avec ce fil, des tissus; je sais que les tissus vieillis par l'usage sont réduits en bouillie au moyen de machines, et que cette bouillie, étendue en couche très-mince et pressée, devient enfin feuille de papier. Je sais fort bien toutes ces choses, et cependant serais-je encore très-embarrassé pour les écrire.

PAUL. — Vous vous trompez, car il suffirait de mettre par écrit juste ce que vous venez de me dire.

JULES. — On écrit donc comme l'on cause ?

PAUL. — Oui, à la condition que la causerie soit corrigée, s'il le faut, par la réflexion, puisque l'écriture en donne le temps, ce que ne fait pas la parole.

JULES. — Dans ce cas, j'aurais bientôt mes cinq lignes sur le papier. J'écrirais :

« Le coton est une bourre que l'on trouve dans les coques d'un arbrisseau appelé cotonnier. Avec cette bourre, on fait du fil ; et avec ce fil, du linge. Quand le linge est usé, des machines le déchirent en menus morceaux, et des meules le broient avec de l'eau pour en faire une pâte. Cette pâte est étendue en minces couches que l'on presse et que l'on dessèche. C'est alors du papier. »

Et voilà ! serait-ce bien, mon oncle ?

PAUL. — Aussi bien qu'on peut le désirer pour votre âge.

JULES. — Mais cela ne pourrait se mettre dans un livre.

PAUL. — Et pourquoi pas ? Je vous promets que cela s'y trouvera un jour. Il m'a été dit que nos conversations pourraient être utiles à beaucoup d'autres petits garçons aussi désireux que vous d'apprendre, et je me propose de les recueillir dans toute leur simplicité pour en faire un livre.

JULES. — Un livre où je pourrais lire à loisir les histoires que vous nous racontez ? Oh ! que je suis content, mon oncle, et comme je vous aime ! Dans ce livre, vous ne mettrez pas mes questions ignorantes ?

PAUL. — Je les mettrai, je mettrai tout. Vous ne savez à peu près rien encore, mon cher enfant, mais vous désirez ardemment apprendre. C'est là une belle qualité, avec laquelle on peut décemment se présenter.

JULES. — Êtes-vous sûr au moins que les petits garçons qui liront ce livre ne riront pas de moi ?

PAUL. — J'en suis sûr.

JULES. — Dites-leur alors que je les aime bien et que je les embrasse tous.

ÉMILE. — Dites-leur que je leur souhaite une aussi belle toupie et d'aussi beaux soldats de plomb que ceux que vous m'avez donnés.

JULES. — Prends garde, Émile, l'oncle est capable de mettre tes soldats de plomb dans le livre.

PAUL. — Ils y seront, ils y sont.

XX. — L'imprimerie.

PAUL. — Quand le livre est écrit, l'auteur remet son travail, son manuscrit, à l'imprimeur, qui doit le reproduire en lettres moulées et en aussi grand nombre que l'on veut.

Figurez-vous de fines et courtes baguettes de métal, dont chacune porte sculptée en relief à l'une de ses extrémités une lettre de l'alphabet. Telle de ces baguettes est façonnée en *a* par un bout, telle autre en *b*, telle autre en *c*, en *d*, etc. Il y en a d'autres qui portent un simple point, une virgule, un point-virgule ; il y a enfin autant de genres distincts de ces petits morceaux de métal que notre langue écrite possède de lettres et de signes orthographiques. En outre, chaque lettre et chaque signe sont répétés un grand nombre de fois. Remarquons enfin que tous ces caractères sont sculptés à rebours ; vous en verrez bientôt le motif.

Un ouvrier, appelé compositeur, a devant lui un casier, dont chaque compartiment est occupé par une seule lettre de l'alphabet, ou par un seul signe orthographique. Les *a* sont dans tel compartiment, les *b* dans un second, les *c* dans un troisième, et ainsi de suite. Les lettres, d'ailleurs, ne sont pas rangées dans le casier par ordre alphabétique. Pour abréger le travail, on dispose dans les cases voisines de la main les lettres qui reviennent le plus fréquemment, comme les *e*, les *r*, les *i*, les *a*, et l'on relègue dans les cases éloignées les lettres d'un emploi moins fréquent, comme les *x* et les *y*.

Le compositeur a sous les yeux une page du manuscrit, et à sa main gauche une petite règle de fer à rebords, appelée composteur. A mesure qu'il lit, sa main droite, guidée par une longue habitude, va chercher dans sa case la lettre voulue et la place dans

le composteur, debout et bien à la file des autres. Il
sépare les mots par l'interposition d'une baguette de
métal semblable à celles des lettres, mais dont le
bout reste en dedans, et ne porte rien de sculpté. La
première ligne finie, le compositeur en commence une
autre en appliquant la nouvelle rangée de petits
morceaux de métal sur la rangée déjà faite. Enfin,
lorsque le compositeur est plein, l'ouvrier en dépose
avec précaution le contenu dans un cadre en fer, qui
empêche le délicat assemblage de s'ébouler; et il continue ainsi jusqu'à ce que le cadre soit en entier occupé. On a alors ce qu'on nomme une planche d'imprimerie. Cette planche se compose d'une foule de
menues baguettes métalliques, simplement placées
côte à côte. Il y en a autant que de lettres, de signes
orthographiques, d'intervalles séparant les mots.
L'arrangement de ces nombreuses pièces est un chef-
d'œuvre de patience et de dextérité, mais chef-
d'œuvre qu'un faux mouvement peut bouleverser.
On le consolide avec des coins dans son cadre de fer,
de manière qu'enfin le tout semble fait d'un seul
bloc de métal. La planche est alors prête pour l'impression.

Un rouleau imprégné d'une encre grasse, faite avec
de l'huile et du noir de fumée, est passé sur la
planche. Les lettres et les signes orthographiques, les
seules choses qui apparaissent en saillie, se couvrent
d'encre; le reste n'en prend pas, parce qu'il est en
creux. Une feuille de papier est appliquée sur la
planche encrée; on la recouvre d'un coussinet pour
la protéger, puis on la presse fortement. L'encre des
caractères se dépose sur le papier, et la feuille se
trouve imprimée sur l'une de ses faces. Pour l'impri-
mer sur l'autre, on recommence l'opération avec une
seconde planche. Les lettres de métal sont, vous ai-je
dit, sculptées à rebours, comme apparaissent les
lettres d'un livre que l'on regarde dans une glace.
L'empreinte d'encre, laissée par elles sur le papier,

les reproduit avec une position inverse, et par conséquent dans le sens droit.

A la première feuille en succède immédiatement
une autre. Avec le rouleau, on encre de nouveau la
planche; on applique une feuille de papier, on presse,
et c'est fait. On passe à une troisième, à une centième,
à une millième, indéfiniment. Il suffit chaque fois de
garnir la planche d'encre, de la couvrir d'une feuille
de papier et de presser. Tout cela se fait avec une
telle rapidité, qu'on obtient, en peu de temps, une
haute pile de feuilles imprimées, dont chacune de-
manderait une journée entière pour être écrite à la
main.

Avant l'invention de cet art merveilleux, qui permet de reproduire, très-rapidement et en aussi grand
nombre que l'on veut, les travaux de l'esprit, on était
réduit à des copies faites à la main. Ces livres ma-
nuscrits exigeaient des années de travail, aussi
étaient-ils fort rares et d'un prix très-élevé. Il fallait
de grandes fortunes pour acquérir une bibliothèque de
quelques volumes. Aujourd'hui le livre pénètre partout, répandant à profusion, jusque dans les derniers
rangs, le pain sacré de l'intelligence. L'imprimerie
est connue depuis quatre cents ans. On doit son invention à Gutenberg.

Jules. — Voilà un nom que je n'oublierai jamais.

Paul. — Il mérite, entre tous, de rester dans
notre souvenir; car, avec le livre imprimé, Gutenberg a rendu désormais impossibles les temps d'ignorance que l'homme a misérablement traversés. Nos
trésors intellectuels, force de l'avenir, sont mieux
que gravés sur la pierre ou sur le métal : ils sont ins-
crits sur la feuille de papier, indestructible par son
nombre.

XXI. — Les papillons.

Oh ! qu'ils sont beaux ! oh ! mon Dieu, qu'ils sont
beaux ! Il y en a dont les ailes sont barrées de rouge
sur un fond grenat ; il y en a d'un bleu vif avec des
ronds noirs ; d'autres sont d'un jaune de soufre avec
des taches orangées ; d'autres sont blancs et frangés
d'aurore. Ils ont sur le front deux fines cornes, deux
antennes, tantôt effilées en aigrette, tantôt découpées en panache. Ils ont sous la tête une trompe, un
suçoir aussi mince qu'un cheveu et roulé en spirale.

Fig. 10. — Oh! qu'ils sont beaux! oh! mon Dieu, qu'ils
sont beaux!

Quand ils s'approchent d'une fleur, ils déroulent la
trompe et la plongent au fond de la corolle pour y
boire une goutte de liqueur mielleuse. Oh ! qu'ils sont
beaux ! oh ! mon Dieu, qu'ils sont beaux ! Mais si l'on
vient à les toucher, leurs ailes se flétrissent et laissent entre les doigts comme une fine poussière de métaux précieux.

Or, l'oncle dénommait aux enfants les papillons qui
venaient voleter sur les fleurs du jardin. — Celui-ci,
disait-il, dont les ailes sont blanches avec une bor-
dure et trois taches noires, s'appelle la piéride du

chou. Cet autre, plus grand, dont les ailes jaunes
et barrées de noir se terminent par une longue queue
à la base de laquelle se trouvent un grand œil couleur
de rouille et des taches bleues, se nomme le machaon.
Ce tout petit, d'un bleu de ciel en dessus, d'un gris
argenté en dessous, parsemé d'yeux noirs cerclés de
blanc, avec une rangée de points rougeâtres bordant
les ailes, s'appelle l'argus.

Et l'oncle continua ainsi le dénombrement des papillons qu'un beau soleil avait attirés sur les fleurs

ÉMILE. — L'argus doit être bien difficile à prendre. Il y voit de partout, ses ailes sont couvertes
d'yeux.

PAUL. — Les jolies taches rondes que beaucoup de
papillons ont sur les ailes ne sont pas en réalité des
yeux, bien qu'on leur donne ce nom. Ce sont des or-
nements, et rien de plus. Les yeux véritables, les
yeux pour voir, se trouvent sur la tête. L'argus en a
deux, ni plus ni moins que les autres papillons.

JULES. — Claire me dit que les papillons proviennent des chenilles. Est-ce bien vrai, mon oncle?

PAUL. — Oui, mon enfant. Tout papillon, avant
d'être la gracieuse créature qui vole de fleur en fleur
avec de magnifiques ailes, est une laide chenille, qui
rampe péniblement. Ainsi la piéride, que je viens de
vous faire connaître, est d'abord une chenille verte,
qui se tient sur les choux et en ronge les feuilles. Jacques vous dira toute la peine qu'il prend pour garantir de la vorace bête sa plantation de choux, car,
voyez-vous, elles ont un terrible appétit, les chenilles.
Vous en saurez bientôt le motif.

La plupart des insectes se comportent comme les
papillons. Au sortir de l'œuf, ils ont une forme provisoire qu'ils doivent remplacer plus tard par une autre. Ils naissent en quelque sorte deux fois : d'abord
imparfaits, lourds, voraces, laids ; puis parfaits, agi-
les, sobres, et souvent d'une richesse, d'une élégance admirables. Sous sa première forme, l'insecte

est un ver que l'on désigne par le nom général de
larve.

Vous vous rappelez le lion des pucerons, ce vermisseau qui mange les poux du rosier, et, des semaines
durant, sans pouvoir se rassasier, continue jour et
nuit sa féroce bombance. Eh bien, ce vermisseau est
une larve, qui doit se changer en une petite demoiselle, l'hémérobe, dont les ailes sont de gaze et les
yeux de rubis. Avant d'être la jolie coccinelle rouge,
avec des points noirs, la jolie coccinelle qui, malgré son

Fig. 11. — Le hanneton, qui, la
patte retenue par un fil, gonfle
gauchement ses ailes, compte ses
écus et part au chant de Vole,
vole, vole!

Fig. 12. — Le hanne-
ton est d'abord un
ver blanc, dodu, gras
à lard, qui vit sous
terre et ravage nos
cultures.

air innocent, croque très-bien les pucerons, la bête-du-
bon-Dieu est un ver fort laid, une larve couleur d'ar-
doise, hérissée de piquants et très-friande aussi de pucerons. Le hanneton, le bonasse hanneton, qui, la patte
retenue par un fil, gonfle gauchement ses ailes, compte
ses écus et part au chant de Vole, vole! est d'abord
un ver blanc, une larve dodue, grasse à lard, qui vit
sous terre, s'attaque aux racines des plantes et ravage nos cultures. Le grand cerf-volant, dont la tête
est armée de mandibules menaçantes semblables pour
la forme aux cornes du cerf, est au début un gros ver

qui vit dans les vieux troncs d'arbres. Il en est de même
du capricorne, si curieux par ses longues antennes.
Et le ver que l'on trouve dans les cerises trop mûres,
que devient-il, lui si répugnant? Il devient une belle
mouche dont les ailes sont parées de quatre bandes
de velours noir. Ainsi des autres.

Eh bien, ce premier état de l'insecte, ce ver, forme
provisoire du jeune âge, s'appelle du nom de larve.
Le merveilleux changement qui transfigure la larve
en insecte parfait se nomme métamorphose. Les chenilles sont des larves. Par la métamorphose, elles deviennent ces magnifiques papillons dont les ailes parées des plus riches couleurs nous ravissent d'admiration. L'argus, si beau maintenant avec ses ailes
d'un bleu céleste, était d'abord une pauvre chenille
velue ; le splendide machaon a débuté par être une
chenille verte rayée de noir en travers, avec des points
roux sur les flancs. De cette abjecte vermine, la métamorphose a fait ces délicieuses créatures, avec
lesquelles les fleurs peuvent seules rivaliser d'élégance.

Vous savez tous le conte de Cendrillon. Les sœurs
sont parties pour le bal, bien fières, bien pimpantes.
Cendrillon, le cœur gros, surveille la marmite. Arrive
la marraine. — « Va, dit-elle, au jardin quérir une
citrouille. » Et voilà que la citrouille évidée se change,
sous la baguette de la marraine, en un carrosse doré.
— « Cendrillon, fait-elle encore, lève la trappe de la
souricière. » — Six souris s'en échappent, aussitôt
touchées de la magique baguette, aussitôt métamor-
phosées en six chevaux d'un beau gris pommelé. Un
rat à maîtresse barbe devient un gros cocher doué
d'une triomphante moustache. Six lézards qui dormaient derrière l'arrosoir deviennent des laquais tout
de vert chamarrés, qui montent aussitôt derrière le
carrosse. Enfin les méchantes nippes, les nippes cras-
seuses de la pauvre fille sont changées en habits de
drap d'or et d'argent, semés de pierreries. Cendril-

lon part pour le bal, chaussée de pantoufles de
verre. Mieux que moi, vous savez apparemment le
reste.

Ces puissantes marraines pour qui c'était un jeu de
changer des souris en chevaux, des lézards en laquais, de laides nippes en habits somptueux, ces gracieuses fées qui vous émerveillent de leurs fabuleux
prodiges, que sont-elles, mes chers enfants, en comparaison de la réalité, la grande fée du bon Dieu, qui,
d'un ver impur, objet de dégoût, sait faire une ravis-
sante créature ! Elle touche de sa divine baguette une
misérable chenille velue, un ver abject qui bave dans
le bois pourri, et le miracle est fait : la dégoûtante
larve est devenue un scarabée tout reluisant d'or, un
papillon dont les ailes d'azur auraient fait pâlir la toilette princière de Cendrillon.

XXII. — Les grands mangeurs.

PAUL. — Les insectes se propagent par des
œufs, qu'ils pondent, avec une admirable prévoyance,
en des lieux où les jeunes soient assurés de trouver
de la nourriture. Le petit être qui sort de l'œuf est
une larve, un débile vermisseau, qui, le plus souvent,
doit seul se tirer d'affaire, se procurer à ses risques
et périls le vivre et le couvert, chose difficile en ce
monde. En ses pénibles débuts, il ne peut attendre
aucun aide de la mère, morte depuis longtemps ; car,
chez les insectes, les parents meurent en général
avant l'éclosion des œufs d'où proviendront les fils.

Sans tarder, la petite larve se met au travail.
Elle mange. C'est son unique affaire, affaire grave,
d'où dépend l'avenir. Elle mange, non simplement pour
soutenir ses forces au jour le jour, mais surtout pour
acquérir l'embonpoint nécessité par la future métamorphose. Il faut vous dire, et ceci vous étonnera peut-
être, que l'insecte ne grossit plus, une fois qu'il possède sa forme finale, sa forme parfaite. Aussi

connaît-on des insectes, le papillon du ver à soie, entre autres, qui ne prennent aucune nourriture.

Le chat est d'abord une mignonne créature à nez rose, si petite qu'elle tiendrait dans le creux de la main. En un mois ou deux, c'est un gentil minet, qui s'amuse d'un rien, et, de sa patte leste, fouette la mèche de papier que l'on fait courir devant lui. Encore un an, et c'est un matou, qui guette patiemment les souris ou se griffe sur les toits avec ses rivaux. Mais, mignonne créature entr'ouvrant à peine ses petits yeux bleus, gentil minet joueur, gros matou querelleur, le chat a toujours la forme du chat.

C'est tout autre chose pour les insectes. Le machaon, sous sa forme de papillon, n'est pas d'abord petit, puis moyen, puis grand. Lorsque, pour la première fois, il ouvre ses ailes et prend son vol, il possède toute la grosseur qu'il doit jamais avoir. Quand il sort de dessous terre, où il vivait à l'état de larve, quand pour la première fois il apparaît au jour, le hanneton est tel que vous le connaissez. Il y a de petits chats, mais il n'y a pas de petits machaons, de petits hannetons. Après la métamorphose, l'insecte est tel qu'il doit être jusqu'à la fin.

Jules. — J'ai pourtant vu de tout petits hannetons qui volent le soir autour des saules.

Paul. — Ces petits hannetons sont une espèce différente. Ils restent ce qu'ils sont. Jamais ils ne grossissent et ne deviennent le hanneton commun, pas plus que ne grossit le chat pour devenir le tigre, qui lui ressemble tant.

Seule, la larve grandit. D'abord toute petite au sortir de l'œuf, elle acquiert peu à peu une grosseur en rapport avec l'insecte futur. Elle amasse les matériaux que la métamorphose doit mettre en œuvre, matériaux pour les ailes, pour les antennes, pour les pattes et toutes ces choses que la larve n'a pas, mais que l'insecte doit avoir. Avec quoi le gros ver qui

vit dans le bois mort, et doit un jour devenir le cerf-
volant, fera-t-il les énormes mandibules branchues
et la robuste cuirasse de l'insecte parfait? avec quoi
la larve fera-t-elle les longues antennes du capricorne? avec quoi la chenille fera-t-elle les grandes
ailes du machaon? Avec ce que la chenille, la larve,
le ver amassent maintenant, avec leurs économies en
substance vivante.

Si le petit chat au nez rose naissait sans oreilles,
sans pattes, sans queue, sans fourrure, sans mous-

Fig. 13. — Le tigre, qui ressemble tant au chat.

taches, s'il était simplement une petite boule de
chair, et qu'il dût un jour acquérir en une fois, tout
en dormant, oreilles, pattes, queue, fourrure, mous-
taches, et bien d'autres choses, n'est-il pas vrai que
ce travail de la vie nécessiterait des matériaux
amassés par avance et tenus en réserve dans les
graisses de l'animal? Rien ne se fait avec rien; le
moindre poil de la moustache du chat pousse aux
dépens de la substance de la bête, substance qui s'acquiert par l'alimentation.

La larve est précisément dans ce cas : elle n'a

rien, ou à peu près, de ce que doit avoir l'insecte parfait. Elle doit donc amasser, en vue des changements
futurs, des matériaux de rechange ; elle doit manger pour deux : pour elle d'abord, et puis pour l'insecte qui proviendra de sa substance transformée,
remise au moule en quelque sorte. Aussi les larves
sont-elles douées d'un incomparable appétit. Manger,
vous ai-je dit, est leur unique affaire. Elles mangent
de jour, de nuit, souvent sans discontinuer, sans
reprendre haleine. Perdre une bouchée, quelle imprudence ! Le papillon futur aurait peut-être une écaille
de moins à ses ailes. On mange donc gloutonnement,
on prend du ventre, on se fait gros, gras, dodu. C'est
le devoir des larves.

Les unes s'attaquent aux plantes ; elles broutent
les feuilles, elles mâchent les fleurs, elles mordent la
chair des fruits. D'autres ont un estomac assez robuste pour digérer le bois ; elles se creusent des galeries dans les troncs d'arbres, elles liment, elles râpent,
elles mettent en poudre le chêne le plus dur, aussi
bien que le saule tendre. Celles-ci préfèrent les matières animales en décomposition ; elles hantent les
cadavres infects, elles font ventre de la pourriture.
Celles-là fréquentent les ordures et se repaissent
d'immondices. Ce sont toutes des vidangeuses, à qui
est dévolue la haute mission de nettoyer la terre de
ses souillures Des nausées vous prennent au seul souvenir de ces vers qui grouillent dans la sanie, et cependant alors un acte des plus importants, un acte
providentiel s'accomplit par ces dégoûtants mangeurs, qui défrichent l'infection, et en rendent les
matériaux à la vie. Comme dédommagement de sa
besogne ordurière, telle de ces larves sera plus tard
une magnifique mouche, rivalisant d'éclat avec le
bronze poli ; telle autre, un scarabée parfumé de
musc, et dont la riche cuirasse imite l'or et les
pierres précieuses.

Mais ces larves vouées au travail de l'assainisse-

ment général ne peuvent nous faire oublier les autres
mangeurs, dont nous sommes les victimes. La larve
seule du hanneton pullule parfois en tel nombre dans
la terre, que des étendues immenses perdent leurs
plantations, rongées par les racines. Les arbustes du
forestier, les récoltes de l'agriculteur, les plants du
jardinier, au moment où tout prospère, un beau matin pendent flétris, frappés de mort. Le ver a passé
par là, et tout est perdu. Le feu n'aurait pas fait de
plus affreux ravages. — Bien des fois, une petite
chenille de rien a mis nos vignobles en péril. — Des

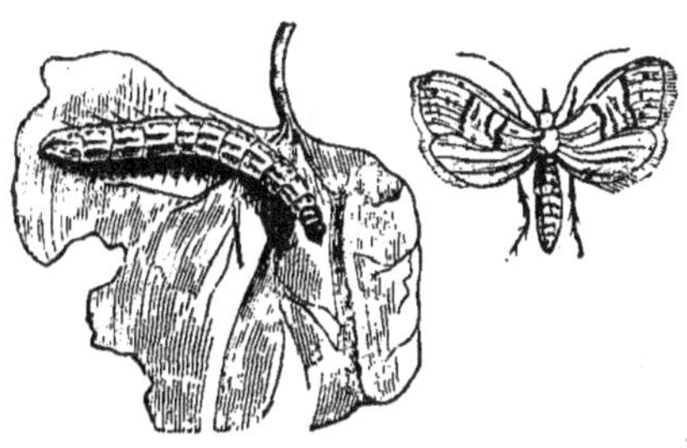

Fig. 14. — Ce petit papillon, d'un jaune pâle, avec des bandes
brunes, est la pyrale de la vigne. Sa chenille dévaste les
vignobles.

vermisseaux, assez menus pour se loger dans un
grain de blé, ravagent le froment de nos greniers et
ne laissent que le son. — D'autres broutent les lu-
zernes, si bien qu'après eux le faucheur ne trouve
rien. — D'autres, des années durant, rongent au
cœur du bois le chêne, le peuplier, le pin, et les divers grands arbres. — D'autres, qui deviennent ces
petits papillons blancs voltigeant le soir autour de
la flamme des lampes et appelés teignes, tondent nos
étoffes de drap, brin de laine par brin de laine, et finissent par les mettre en lambeaux. — D'autres s'attaquent aux boiseries, aux vieux meubles, et les ré-

duisent en poussière. — D'autres... mais je n'en finirais pas, si je voulais tout dire. Ce petit peuple auquel on dédaigne trop souvent d'accorder un peu d'attention, ce petit peuple des insectes est si puissant par le robuste appétit de ses larves, que l'homme doit très-sérieusement compter avec lui. Si tel vermisseau vient à pulluler outre mesure, des provinces entières sont menacées de la malemort de la faim. Et l'on nous laisse dans une parfaite ignorance au sujet de ces dévorants! Comment se défendre, si l'ennemi vous est inconnu? Ah! si cela me regardait! Pour vous, mes chers enfants, en attendant que nos causeries reviennent avec plus de détails sur ces ravageurs, retenez bien ceci : les larves des insectes sont les grands mangeurs de ce monde, les démolisseurs providentiels qui achèvent le travail de la mort et préparent ainsi le travail de la vie, car tout, ou peu s'en faut, leur passe par le ventre.

XXIII. — La soie.

PAUL. — Plus tôt ou plus tard, suivant l'espèce, un jour vient où la larve se sent assez forte pour courir les périls de la métamorphose. Elle a vaillamment fait son devoir, car se bourrer la panse est le devoir d'un ver ; elle a mangé pour deux, pour elle et pour l'insecte. Maintenant il convient de renoncer à la bombance, de se retirer du monde et de se préparer un abri tranquille pour le sommeil semblable à celui de la mort, pendant lequel se fait la seconde naissance. Mille méthodes sont en œuvre pour la préparation de ce gîte.

Certaines larves s'enfouissent simplement dans la terre, d'autres s'y creusent des niches rondes à parois polies. Il y en a qui se façonnent un étui avec des feuilles sèches; il y en a qui savent agglutiner en sphère creuse les grains de sable, le bois pourri, le terreau. Celles qui vivent dans les troncs d'arbres, bouchent aux deux extrémités, avec des tampons de sciure de bois, la galerie qu'elles se sont creusée ; celles qui vivent dans le blé rongent toute la partie farineuse des grains et respectent scrupuleusement l'enveloppe, le son, qui doit leur servir de berceau. D'autres, moins précautionnées, s'abritent dans quelque ride d'une écorce, d'un mur, et s'y fixent avec un cordon qui les ceint par le travers du corps. De ce nombre sont les chenilles de la piéride et du machaon. Mais c'est surtout dans la confection de la cellule de soie appelée cocon que se montre la haute industrie des larves.

Une chenille d'un blanc cendré, de la grosseur du

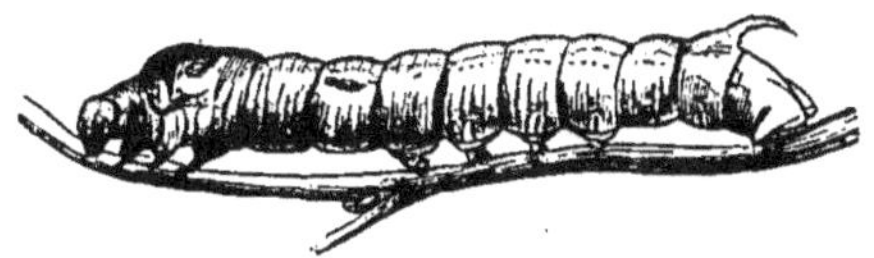

Fig. 15. — Le ver à soie.

petit doigt, est élevée en grand pour son cocon, avec lequel se font les étoffes de soie. On l'appelle le ver à soie. Dans des chambres bien propres sont disposées des claies de roseaux, sur lesquelles on met de la feuille de mûrier et les jeunes chenilles provenant des œufs éclos en domesticité. Le mûrier est un grand arbre cultivé exprès pour nourrir les chenilles ; il n'a de valeur que par ses feuilles, seule nourriture des vers à soie. On consacre à sa culture de grandes étendues, tant le travail du ver est chose précieuse. Les chenilles mangent la ration de feuilles, renouvelée fréquemment sur les claies, et changent à diverses reprises de peau à mesure qu'elles se font grandes. Leur appétit est tel, que le cliquetis des mâchoires ressemble au bruit d'une averse tombant par un temps calme sur le feuillage des arbres. Il est vrai que la chambrée contient des milliers et des milliers de vers. En quatre à cinq semaines, la chenille acquiert tout son développement. On dispose alors sur les claies de la ramée de bruyère, où montent les vers à mesure que leur moment est venu de filer le cocon. Ils s'établissent un à un entre quelques menus rameaux, et fixent çà et là une multitude de fils très-fins, de façon à former une espèce de réseau, qui les maintient suspendus et doit leur servir d'échafaudage pour le grand travail du cocon.

Le fil de soie leur sort de la lèvre inférieure, par un trou appelé filière. Dans le corps de la chenille, la matière à soie est un liquide très-épais, visqueux, semblable à de la gomme. En s'échappant par l'orifice de la lèvre, ce liquide s'étire en fil, qui se colle aux fils précédents et durcit aussitôt. La matière à soie n'est pas contenue toute faite dans la feuille de mûrier que mange le ver, pas plus que le lait n'est contenu tel quel dans l'herbe que broute la vache. La chenille la fabrique avec les matériaux fournis par l'alimentation, comme la vache fabrique le lait avec la substance du fourrage. Sans l'aide de la chenille, l'homme ne pourrait jamais retirer des feuilles du mûrier la matière de ses tissus les plus précieux. Nos admirables étoffes de soie prennent réellement naissance dans le ver, qui les bave en un fil.

Revenons à la chenille suspendue au milieu de son lacis. Maintenant elle travaille au cocon. Sa tête est dans un mouvement continuel. Elle avance, elle recule, elle monte, elle descend, elle va de droite et de gauche tout en laissant échapper de la lèvre un menu fil, qui s'enroule à distance autour de l'animal, se colle aux brins déjà placés, et finit par former une enveloppe continue de la grosseur d'un œuf de pigeon. L'édifice de soie est d'abord assez transparent pour permettre de voir travailler la chenille; mais, en augmentant d'épaisseur, il dérobe bientôt aux regards ce

qui se passe dedans. Ce qui suit se devine sans peine.
La chenille, pendant trois à quatre jours, épaissit la
paroi du cocon jusqu'à ce qu'elle ait épuisé sa provision de liquide à soie. La voilà enfin retirée du monde,
isolée, tranquille, recueillie pour la transfiguration
qui bientôt va se faire. Toute sa vie, sa grande vie
d'un mois, elle a travaillé en prévision de la métamorphose ; elle s'est bourrée de feuilles de mûrier, elle
s'est exténuée à faire de la soie pour son cocon, mais
aussi elle va devenir papillon. Quel moment solennel
pour la chenille !

Ah ! mes enfants, j'allais oublier l'homme. A peine
le travail des chenilles fini, il accourt à la ramée de
bruyère, il fait main basse sur les cocons et les vend
à l'industriel. Celui-ci, sans tarder, les soumet dans
un four à l'action de la vapeur brûlante pour tuer le
futur papillon, dont les tendres chairs commencent à
se former. Si l'on attendait, le papillon percerait le
cocon, qui, ne pouvant plus se dévider à cause de ses
fils rompus, perdrait toute sa valeur. Cette précaution
prise, le reste se fait à l'aise. Les cocons sont dévidés
dans des ateliers appelés filatures. On les met dans
une bassine d'eau bouillante pour dissoudre la gomme
qui agglutine les divers tours. Une ouvrière armée
d'un petit balai de bruyère les agite dans l'eau, pour
trouver et saisir le bout du fil, qu'elle met sur un dé-
vidoir en mouvement. Entraîné par la machine, le filament de soie se développe tandis que le cocon sau-
tille dans l'eau chaude, comme un peloton de laine
dont on tirerait le fil. Au centre du cocon épuisé, il
reste la chrysalide infecte, tuée par le feu. La soie
est plus tard soumise à diverses opérations qui lui
donnent plus de souplesse et plus de lustre; elle passe
dans les cuves du teinturier où elle prend telle couleur que l'on veut; enfin elle est tissée et **convertie
en étoffe.**

XXIV. — La métamorphose.

PAUL. — Une fois enclose dans son cocon, la chenille se flétrit et se ride comme pour mourir. D'abord, la peau se fend sur le dos ; puis, par des trémoussements répétés qui tiraillent d'ici, qui tiraillent de là, le ver s'écorche douloureusement. Avec la peau, tout vient : boîte du crâne, mâchoires, yeux ; pattes, estomac et le reste. C'est un arrachement général. La guenille du vieux corps est enfin repoussée en un coin du cocon.

Que trouve-t-on alors dans la cellule de soie ? Une autre chenille, un papillon ? — Ni l'un ni l'autre. On trouve un corps en forme d'amande, arrondi par un bout, pointu par l'autre, de l'aspect du cuir et nommé chrysalide. C'est un état intermédiaire entre la chenille et le papillon. On y voit certains reliefs qui déjà trahissent la forme de l'insecte futur : au gros bout, on distingue les antennes et les ailes étroitement appliquées en écharpe sur la chrysalide.

Fig. 16.
Chrysalide du ver à soie.

Les larves du hanneton, du capricorne, du cerf-volant et des autres scarabées passent par un état analogue, mais avec des formes mieux accentuées. Les diverses parties de la tête, les ailes, les pattes, délicatement repliées sur leurs flancs, sont très-reconnaissables. Mais tout cela est immobile, tendre, blanc, ou même transparent comme le cristal. Cette ébauche d'insecte s'appelle nymphe. L'expression de chrysalide usitée pour les papillons et l'expression de nymphe usitée pour les autres insectes signifient une même chose, sous des apparences un peu différentes. La chrysalide et la nymphe sont, l'une et l'autre, l'insecte en voie de formation, l'insecte étroitement emmaillotté dans des langes sous lesquels s'achève le mystérieux travail qui doit changer de fond en comble la structure première.

En une vingtaine de jours, si la température est propice, la chrysalide du ver à soie s'ouvre ainsi qu'un fruit mûr, et, de sa coque fendue, s'échappe le papillon, tout chiffonné, tout humide, pouvant à peine se tenir sur ses pattes tremblantes. Il lui faut le grand air pour prendre des forces, pour étaler et sécher ses ailes. Il lui faut sortir du cocon. Mais comment s'y prendre ? La chenille a fait le cocon si solide et le papillon est si faible ! Finira-t-il dans la prison, le pauvret ? Il valait bien la peine de se donner tant de mal pour étouffer misérablement dans la cellule close, une fois le but atteint !

Fig. 17. — Nymphe d'un petit scarabée noir, qui ronge les peaux et le lard.

EMILE. — Avec les dents ne peut-il déchirer le cocon ?

PAUL. — Mais, naïf enfant, il n'en a pas, ni rien qui en approche ! Il n'a qu'une trompe, incapable du moindre effort.

JULES. — Avec les griffes, alors ?

PAUL, — Oui, s'il en avait d'assez robustes. Le malheur est qu'il n'en est pas pourvu.

JULES. — Cependant, il doit pouvoir sortir de là.

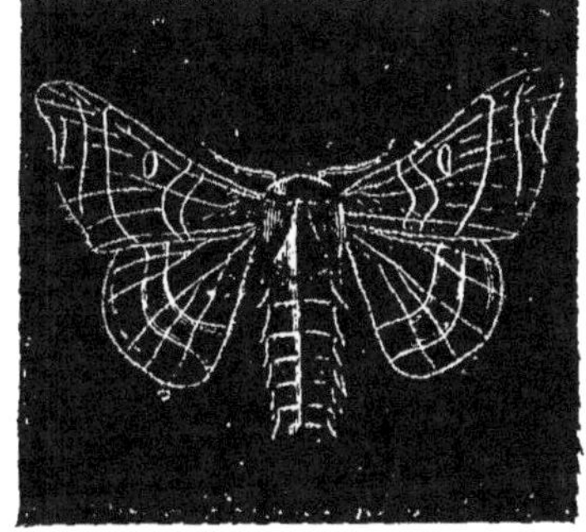

Fig 18 — Le papillon du ver à soie

PAUL. — Sans doute, il en sortira. Toute créature n'a-t-elle pas ses ressources dans les moments difficiles de la vie ? Pour briser la coque de l'œuf qui le retient prisonnier, le tout petit poulet a sur le bout du bec un petit durillon fait exprès, et le papillon n'aurait rien pour ouvrir son cocon ! Oh ! que si. Mais vous ne sauriez soupçonner le singulier outil dont il va se servir. Il va se servir de ses yeux...

CLAIRE. — De ses yeux ?

PAUL. — Oui. Les yeux des insectes sont recouverts d'une calotte de corne transparente, dure et taillée à facettes. Il faut un verre grossissant pour distinguer ces facettes, tant elles sont fines ; mais, si fines qu'elles soient, elles n'ont pas moins de vives arêtes dont l'ensemble constitue au besoin une râpe. Le papillon commence donc par humecter avec une goutte de salive le point du cocon qu'il veut attaquer ; et puis, appliquant un œil sur l'endroit ainsi ramolli, il tourne sur lui-même, il cogne, il gratte, il lime. Un à un, les fils de soie cèdent à la râpe. Le trou est fait, le papillon sort du cocon. Que vous en semble ? Les bêtes parfois n'ont-elles pas de l'esprit comme quatre ? Qui de nous se serait avisé de forcer les murs d'une prison en les cognant de l'œil !

EMILE. — Le papillon doit avoir bien cherché pour arriver à ce moyen ingénieux ?

PAUL. — Le papillon ne cherche pas, ne réfléchit pas. Il sait immédiatement faire et très-bien faire ce qui le concerne. Un autre a réfléchi pour lui.

EMILE. — Et qui ?

PAUL. — Dieu lui-même ! Dieu, le grand savant.

Le papillon du ver à soie n'a rien de gracieux. Il est blanchâtre, ventru, lourd. Il ne vole pas, comme les autres, de fleur en fleur, car il ne prend aucune nourriture. Aussitôt sorti du cocon, il se met à pondre des œufs ; puis il meurt. Les œufs du ver à soie s'appellent vulgairement graines, expression fort juste, car l'œuf est la graine de l'animal comme la graine est l'œuf de la plante. Œuf et graine se correspondent. On n'étouffe pas tous les cocons à la vapeur pour les dévider après ; on en garde un certain nombre

afin d'obtenir des papillons, et, par suite, des œufs
ou des graines. Ce sont ces graines qui, l'année suivante, produisent la nouvelle chambrée de vers.

Tous les insectes à métamorphoses passent par les
quatre états que je viens de vous faire connaître :
œuf, larve, chrysalide ou nymphe, insecte parfait.
L'insecte parfait pond ses œufs, et la série des trans-
formations recommence.

XXV. — Les araignées.

Un matin, mère Ambroisine hachait des herbes et
des pommes de terre cuites pour une couvée de poussins éclos depuis peu. Une grosse araignée grise, se
laissant glisser le long de son fil, descendit du plafond
sur l'épaule de la bonne femme. A la vue de la bête
aux longues pattes velues, mère Ambroisine ne put
retenir un cri de frayeur, et, secouant l'épaule, elle
fit tomber l'animal, qu'elle écrasa sous le pied.
Araignée le matin, chagrin ! se disait-elle. En ce
moment, maître Paul et Claire entrèrent.

— Non, monsieur, ce n'est pas juste, dit mère Ambroisine, que les pauvres gens se donnent tant de
peine inutilement. Douze poussins nous sont éclos,
roux comme l'or ; et, au moment où je leur prépare
du manger, une vilaine araignée me tombe sur l'é-
paule.

Et mère Ambroisine montrait du doigt la bête
écrasée, dont les pattes tremblotaient encore.

PAUL. — Je ne vois pas ce que les poussins ont à
craindre de l'araignée.

MÈRE AMBROISINE. — Oh ! rien, monsieur : l'affreuse bête est morte. Mais vous savez le proverbe :
Araignée le matin, chagrin ; araignée le soir, espoir.
Il est au su de tout le monde qu'une araignée vue
dans la matinée est signe de malheur. Nos poussins
sont en danger, les chats nous en grifferont. Vous
verrez, monsieur, vous verrez.

Une larme d'émotion venait aux yeux de mère
Ambroisine.

PAUL. — Mettez les poussins en lieu sûr, surveillez
les chats, et je vous réponds du reste. Le proverbe de
l'araignée n'est qu'un sot préjugé.

Mère Ambroisine ne dit plus mot. Elle savait que
maître Paul trouvait une raison à tout, et qu'au besoin il était capable de faire l'éloge de l'araignée.
Claire, qui voyait venir cet éloge, hasarda une question.

CLAIRE. — Je le sais : à vos yeux, toutes les bêtes,
si hideuses qu'elles soient, ont d'excellentes excuses
à faire valoir; toutes méritent considération; toutes
accomplissent un rôle réglé par la Providence ; toutes
sont intéressantes à observer, à étudier. Vous êtes
l'avocat des bêtes du bon Dieu, vous plaideriez en
faveur du crapaud. Mais, permettez à votre nièce de
ne voir là qu'un mouvement de votre bon cœur, et
non la vérité vraie. Que pourriez-vous dire à la
louange de l'araignée, l'affreuse bête, qui a du venin
et qui salit le plafond de ses toiles?

PAUL. — Ce que je pourrais dire ! Beaucoup, ma
chère enfant, beaucoup. En attendant, donnez à manger aux poussins et méfiez-vous des chats, si vous voulez faire mentir le proverbe de l'araignée.

Le soir, mère Ambroisine, ses grosses lunettes
rondes sur le nez, tricotait des bas. Sur ses genoux,
le chat sommeillait et mêlait son ronron au tic-tac des
aiguilles. Les enfants attendaient l'histoire des
araignées. L'oncle commença.

PAUL. — Qui de vous trois me dira ce que les
araignées font de leurs toiles, ces fines toiles tendues
dans les recoins du grenier ou entre deux arbustes
du jardin?

ÉMILE. — C'est leur nid, mon oncle, leur habitation, leur cachette.

JULES. — Cachette, oui; mais je crois qu'il y a
plus. Un jour, entre les branches du lilas, j'entendais

un petit bruit aigu, hi-i-i-i-i-i! Une mouche bleue
était empêtrée dans une toile et s'efforçait de s'é-
chapper. C'était elle qui produisait ce bruit en se tré-
moussant. Une araignée accourut du fond d'un
entonnoir de soie, saisit la mouche et l'emporta dans
son trou, sans doute pour la manger. J'ai cru depuis
que les toiles des araignées étaient des filets de
chasse..

PAUL. — C'est cela même. Toutes les araignées
vivent de proies vivantes ; elles font une continuelle
guerre aux mouches, aux cousins et autres insectes.
Si vous craignez les cousins, ces insupportables mou-
cherons qui nous piquent la nuit jusqu'au sang, bénissez l'araignée, car elle fait de son mieux pour nous
en débarrasser. Pour prendre le gibier, il faut un filet.
Or, le filet à prendre les mouches dans leur vol est
une toile tissée avec de la soie, que l'araignée produit
elle-même.

Dans le corps de l'animal, la matière à soie est,
comme dans les chenilles, un liquide visqueux, semblable à de la colle ou de la gomme. Dès qu'elle
apparaît à l'air, cette matière se fige, durcit et devient un fil sur lequel l'eau n'a plus de prise. Quand
l'araignée veut filer, le liquide à soie suinte par
quatre mamelons, appelés filières, placés au bout
du ventre. Ces mamelons sont percés à leur extrémité d'une foule de trous, en manière de pomme
d'arrosoir. On évalue à un millier le nombre de ces
trous pour l'ensemble des mamelons. Chacun laisse
écouler son mince jet liquide, qui, aussitôt durcit et devient fil ; et des mille fils agglutinés en un
tout commun résulte le fil définitif employé par
l'araignée. Pour désigner quelque chose de très-fin,
nous n'avons pas de meilleur terme de comparaison
que le fil de l'araignée. Il est si délicat, en effet, que
tout juste il se voit. Nos fils de soie, les fils de nos plus
fins tissus, à côté de lui sont des câbles grossiers, des
câbles à deux, à trois, à quatre brins, tandis que lui,

dans sa ténuité sans égale, en contient mille. Pour faire la grosseur d'un cheveu, combien faut-il de fils d'araignée? Pas bien loin d'une dizaine. Et combien de fils élémentaires, tels qu'ils s'échappent des divers trous de la filière? Dix mille alors. A quel degré de ténuité peut donc se réduire cette matière à soie, qui s'étire en fils dont il faudrait dix mille pour égaler la grosseur d'un cheveu! Que de merveilles, mes enfants, rien que pour prendre une mouche qui doit servir au dîner de l'araignée!

XXVI. — Le pont de l'épeire.

Ici maître Paul surprit Claire, qui le regardait pensive. En son esprit, c'était visible, un changement se faisait : l'araignée n'était plus la bête repoussante, indigne de nos regards. L'oncle continua.

PAUL. — Avec ses pattes, armées de griffettes dentelées à la manière des peignes, l'araignée tire le fil de ses mamelons à mesure qu'elle en a besoin. Si elle veut descendre, comme celle qui ce matin est venue du plafond sur l'épaule de mère Ambroisine, elle colle le bout du fil au point de départ et se laisse tomber d'aplomb. Le fil s'échappe des filières par le poids seul de l'araignée, et celle-ci, mollement suspendue, descend à telle profondeur qu'elle veut, avec telle lenteur qui lui convient. Pour remonter, elle grimpe le long du fil en le pliant à mesure en écheveau entre ses pattes. Pour une seconde descente, l'araignée n'a qu'à laisser dévider peu à peu son paquet de soie.

Pour ourdir sa toile, chaque espèce d'araignée a sa manière de faire, suivant la nature du gibier qu'elle doit chasser, suivant les lieux qu'elle fréquente, suivant enfin ses inclinations particulières, ses goûts, ses instincts. Je me bornerai à vous dire quelques mots des épeires, grosses araignées magnifiquement bariolées de jaune, de noir et de blanc argenté. Ce

sont des chasseurs de fort gibier : demoiselles vertes
ou bleues qui fréquentent les cours d'eau, papillons,
grosses mouches. Elles tendent leur filet verticalement
entre deux arbres, et même d'une rive à l'autre d'un
ruisseau. Examinons ce dernier cas.

Une épeire a reconnu un bon endroit pour la chasse :
les libellules ou demoiselles bleues et vertes vont et
viennent d'une touffe de roseaux à l'autre, tantôt remontant, tantôt redescendant le cours d'eau; il passe
aussi des papillons, des taons ou grosses mouches qui
sucent le sang des bœufs. L'emplacement est bon, vite
à l'ouvrage. L'épeire grimpe au haut d'un saule placé
tout au bord de l'eau. Là, elle médite son plan, un
plan audacieux, dont l'exécution paraît impossible. Il
faut établir d'une rive à l'autre un pont suspendu,
un câble qui serve de support à la toile future. Et remarquez, mes enfants, que l'araignée ne peut traverser
le ruisseau en nageant; elle périrait noyée pour peu
qu'elle s'aventurât sur l'eau. Il faut que du haut de sa
branche, sans changer de place, elle établisse son
câble, son pont. Jamais ingénieur ne s'est trouvé
devant pareille difficulté. Comment fera la bestiole?
Combinez vos idées, mes enfants; j'attends votre
avis.

JULES. — Sans traverser l'eau, sans remuer de place,
établir un pont d'une rive à l'autre? Si l'araignée le
fait, elle en sait plus long que moi.

EMILE. — Et que moi aussi.

CLAIRE. — Si je ne savais d'avance, puisque vous
nous l'annoncez, que l'araignée se tirera d'affaire, je
dirais que son pont est impossible.

Mère Ambroisine ne disait rien, mais au ralentis-
sement du tic-tac de ses aiguilles, il n'échappait à
personne que le pont de l'araignée la préoccupait vivement.

— Les bêtes bien souvent ont plus d'esprit que nous,
reprit l'oncle; l'épeire va nous le prouver. Avec ses
pattes postérieures, elle tire un fil de ses filières. Le

fil s'allonge, s'allonge toujours; il flotte du haut de la branche. L'araignée tire encore, et puis encore un peu; enfin, elle s'arrête. Le fil est-il assez long? est-il trop court? C'est ce qu'il faut voir. Trop long, il ferait dépenser inutilement le précieux liquide à soie; trop court, il ne remplirait pas les conditions voulues. Un coup d'œil est jeté sur la distance à franchir, coup d'œil juste, n'en doutez pas. Le fil est trouvé trop court. L'araignée l'allonge en filant encore un peu. Maintenant, tout va bien: le fil a la longueur voulue. Et c'est fini. L'épeire attend du haut de sa branche: le reste se fera tout seul. De temps en temps, elle pèse avec ses pattes sur le fil pour s'informer s'il résiste. Ah! il résiste, le pont est établi! L'araignée traverse le ruisseau sur son pont suspendu! Qu'est-il donc arrivé? Voici. — Le fil flottait du haut du saule. Un souffle d'air est venu qui a chassé le bout libre du fil dans les branchages de la rive opposée. Ce bout s'y est entortillé, et tout le mystère est là. L'épeire n'a plus qu'à tirer le fil à elle pour le tendre convenablement et en faire un pont suspendu.

JULES. — Oh! comme c'est simple, et pourtant aucun de nous n'y avait songé.

PAUL. — Oui, mon ami, c'est très-simple, mais en même temps très-ingénieux. Il en est ainsi de toute œuvre: la simplicité des moyens employés est signe d'excellence. Simplifier, c'est savoir; compliquer, c'est ignorer. L'épeire, en son genre de construction est d'une science consommée.

CLAIRE. — D'où lui vient cette science, mon oncle; les bêtes n'ont pas de raison? Qui donc enseigne à l'épeire à construire ses ponts suspendus?

PAUL. — Personne, ma chère enfant; son savoir lui vient de naissance. Elle a pour elle l'instinct, l'infaillible inspiration du Père de toute chose, qui suscite en ses moindres créatures, pour leur conservation, des moyens d'agir devant lesquels notre raison souvent reste confondue. Quand l'épeire du haut du saule s'apprête à ourdir sa toile, qui lui inspire l'audacieux projet du pont; qui lui donne patience pour attendre que le bout flottant du fil s'enlace dans la ramée de l'autre rive; qui lui affirme le succès d'un travail qu'elle fait peut-être pour la première fois, et qu'elle n'a jamais vu faire? C'est la Raison universelle qui veille sur la Création, et prend parmi les hommes le nom trois fois saint de Providence.

Maître Paul avait gagné son procès : aux yeux de tous, même aux yeux de mère Ambroisine, les araignées n'étaient plus des bêtes aussi affreuses.

XXVII. — La toile.

Le lendemain, les poussins étaient au complet, tous bien portants. La poule les avait conduits dans la cour, et, grattant le sol, gloussant, elle déterrait de menus grains que les petits venaient prendre sous le bec de leur mère. A la moindre apparence de danger, la poule rappelait la couvée et tous accouraient se blottir sous ses ailes gonflées. Les plus hardis bientôt mettaient la tête à l'air, leur jolie petite tête jaune encadrée dans les plumes noires de la mère. L'alerte passée, la poule se remettait à gratter en gloussant, et les petits à trottiner autour d'elle. Complétement rassurée, mère Ambroisine renonçait à tout jamais à son proverbe de l'araignée. Le soir, l'oncle reprit l'histoire de l'épeire.

Paul. — Comme il doit servir de support au réseau de soie, le premier fil tendu d'une rive à l'autre exige une solidité exceptionnelle. L'épeire commence donc par bien en fixer l'un et l'autre bout; puis, allant et revenant sur le fil d'une extrémité à l'autre toujours en filant, elle le double, le triple et agglutine les brins en un câble commun. Un second câble pareil est nécessaire, placé au-dessous du premier dans une direction à peu près parallèle. C'est entre les deux que la toile doit être ourdie.

A cet effet, de l'une des extrémités du câble déjà construit, l'épeire se laisse tomber d'aplomb, suspendue au fil qui s'échappe de ses filières. Elle atteint un rameau inférieur, y fixe solidement le fil et remonte sur le pont de communication par le fil vertical qui lui a servi à descendre. L'araignée gagne alors l'autre rive tout en continuant de filer, mais sans coller au câble le nouveau brin de soie. Parvenue à l'autre bord, elle se laisse glisser sur un rameau convenablement placé et y fixe l'extrémité du brin qu'elle a filé dans son trajet d'une rive à l'autre. Cette seconde maîtresse pièce de la charpente devient câble par l'addition de nouveaux fils. Enfin les deux câbles parallèles sont consolidés à chaque bout par divers fils qui en partent en tous sens et viennent se rattacher à la ramée. D'autres fils vont d'ici et de là d'un câble à l'autre, en laissant entre eux, tout au milieu de la construction, un grand espace libre à peu près circulaire, destiné au réseau.

Jusqu'ici, l'épeire n'a construit que la charpente de son édifice, charpente grossière, mais solide ; maintenant le travail de fine précision commence. Il s'agit de tisser le réseau. A travers l'espace circulaire libre que les divers cordons de la charpente laissent entre eux, un premier fil est tendu. L'épeire vient se placer juste au milieu de ce fil, point central de la toile à construire. De ce centre, de nombreux fils doivent partir, également éloignés l'un de l'autre et rattachés à la circonférence par l'autre bout. On les nomme rayons. L'épeire colle donc un fil au centre, et remontant par le fil transversal déjà tendu, va fixer à la circonférence le bout du rayon. Cela fait, elle retourne au centre par le rayon qu'elle vient de tendre; elle y colle un second fil et immédiatement regagne la circonférence, où elle fixe le bout du second rayon à peu de distance du premier. En allant ainsi tour à tour du centre à la circonférence et de la circonférence au centre par le chemin du dernier fil qu'elle

vient de tendre, l'araignée remplit l'espace circulaire de rayons si régulièrement espacés, qu'on les dirait tracés avec la règle et le compas par une main
savante.

Quand les rayons sont terminés, il reste encore à
l'araignée le travail le plus délicat de tous. Il faut
relier ces rayons par un fil qui, partant de la circonférence, tourne et retourne en ligne spirale autour
du centre, où il se termine. L'épeire part du haut
de la toile, et, dévidant son fil, elle le colle d'un
rayon à l'autre parallèlement au fil extérieur. En
tournant ainsi, toujours à la même distance du fil
qui précède, l'araignée aboutit au centre des rayons.
Le réseau est alors terminé.

Il convient maintenant de se ménager un lieu d'embuscade d'où l'épeire puisse surveiller sa toile, un
appartement de repos où elle trouve abri contre la
fraîcheur de la nuit et la chaleur du jour. Entre
quelques feuilles rapprochées, l'araignée se construit
une loge de soie, espèce d'entonnoir en tissu serré.
C'est là son habitation ordinaire. Si le temps est
propice, si le passage du gibier est abondant, le matin et le soir surtout, l'épeire quitte sa loge et vient
se poster, immobile, au centre de la toile, pour surveiller de plus près les événements et courir sur le
gibier assez à temps pour ne pas le laisser échapper.
L'araignée est à son poste, au centre du réseau, ses
huit pattes largement étalées. Elle ne bouge pas, elle
fait la morte. Jamais chasseur à l'affût ne disposa de
telle patience. Faisons comme elle, attendons que le
gibier arrive.

Les enfants étaient désappointés : au moment où
l'histoire devenait le plus intéressante, l'oncle Paul
suspendait son récit.

Jules. — L'épeire m'a bien amusé, mon oncle. Le
pont sur le ruisseau, la toile avec les rayons réguliers
et le fil qui tourne en se rapprochant toujours du
centre, la chambre d'embuscade et de refuge, tout

cela est bien étonnant de la part d'une bête qui
fait ces merveilleuses choses sans les avoir jamais
apprises. La prise du gibier doit être encore plus curieuse.

PAUL. — Très-curieuse, en effet ; aussi, au lieu
de vous raconter la chasse, je préfère vous la montrer. En traversant le pré, j'ai vu hier une épeire
qui construisait sa toile entre deux arbres sur le petit
ruisseau où l'on pêche de si belles écrevisses. Qu'on
se lève matin et nous irons la voir chasser.

XXVIII. — La chasse.

Qu'on se lève matin, avait dit l'oncle. Personne ne
se fit prier. On dort peu quand on doit aller voir une
épeire chasser. Vers les sept heures, par un magnifique soleil, on était au bord du ruisseau. La toile
était finie. Quelques gouttes de rosée appendues aux
fils reluisaient comme des perles. Aussi l'araignée
n'était pas encore au centre du réseau ; elle attendait
sans doute, pour descendre de sa chambre, que le
soleil eût dissipé l'humidité du matin. On s'assit sur
l'herbe pour déjeuner, au pied même de l'aune où
étaient attachés les câbles du filet. Des demoiselles
bleues voletaient d'une touffe de joncs à l'autre et se
poursuivaient en jouant. Gare aux étourdies qui ne
sauront pas éviter la toile, en passant par-dessus ou par-
dessous ! Ah ! c'est fait ; tant pis pour elle : quand on joue
follement avec ses compagnes, faut-il au moins regarder
où l'on va. Une libellule s'est prise dans les mailles
du filet. D'une aile encore libre, elle se démène pour
s'échapper. Elle ébranle la toile, mais les câbles tiennent bon malgré les secousses. Des fils en communication avec la chambre de repos avertissent l'épeire,
par leurs ébranlements, des choses graves qui se passent dans le filet. L'araignée descend à la hâte, mais
elle n'arrive pas à temps. D'un coup d'aile désespéré,

6

la libellule se délivre et s'échappe en faisant au réseau une large déchirure.

JULES. — Oh! comme elle vient de l'échapper belle! Encore un peu et la pauvrette était mangée vivante. As-tu vu, Emile, comme l'araignée est vite descendue de sa cachette quand elle a senti la toile remuer? La chasse commence mal : le gibier s'échappe et le filet est déchiré.

PAUL. — Oui, mais l'araignée va le réparer.

Et, en effet, aussitôt remise de sa mésaventure, l'épeire, avec une délicate dextérité, renouvelle les fils rompus. La reprise faite, le dégât se connaît à peine. L'araignée maintenant s'établit au centre du réseau : le bon moment de la chasse est venu, paraît-il, et il convient de se précipiter au plus vite sur le gibier, pour éviter d'autres mésaventures. Elle étale en rond ses huit pattes, pour recueillir le moindre ébranlement qui surviendrait en un point quelconque de la toile, et, dans une immobilité complète, elle attend.

Les libellules continuent leurs évolutions. Aucune ne se prend : l'alerte précédente les a rendues circonspectes, elles contournent la toile pour passer au delà. Oh! oh! quel est celui-ci qui vient si étourdiment se cogner la tête contre le réseau? C'est un petit bourdon, tout velu, noir, avec le ventre roux. Il est pris, bien pris. L'épeire accourt. Mais la capture est vigoureuse, elle est à craindre, peut-être elle possède un aiguillon. L'araignée se méfie. Elle tire un fil de sa filière et le passe prestement sur le bourdon. Un second lacet de soie, un troisième, un quatrième, ont bientôt maîtrisé les efforts désespérés du captif. Voilà le bourdon garrotté, mais toujours plein de vie et menaçant. Le saisir en cet état serait grave imprudence : il y va de la vie de l'épeire. Comment faire pour n'avoir rien à redouter de ce dangereux gibier? L'araignée possède, repliés sous sa tête, deux crocs très-pointus, qui laissent suinter une gouttelette de

venin par un trou dont leur extrémité est percée.
C'est là son arme de chasse. L'épeire s'approche
avec prudence, ouvre ses crocs, pique le bourdon et se
retire aussitôt à l'écart. En un clin d'œil, c'est fait.
A l'instant même le poison agit : le bourdon tremblote, il raidit ses pattes, il est mort. L'araignée
l'emporte dans sa chambre de soie pour le sucer à
l'aise. Quand il ne restera plus que la peau, l'araignée
rejettera les débris du bourdon loin de son domicile,
pour ne pas souiller sa toile d'un cadavre qui pourrait
donner l'épouvante au gibier.

JULES. — Cela s'est fait si vite, que je n'ai pas vu
les crocs empoisonnés de l'araignée. Si nous atten-
dions encore un peu, un autre bourdon viendrait peut-
être et alors je verrais mieux.

PAUL. — Il est inutile d'attendre. En s'y prenant
avec adresse, on peut faire recommencer à l'araignée
ses manœuvres de chasse. Regardez bien tous.

L'oncle chercha un moment sur les fleurs de la prai-
rie et prit une grosse mouche ; puis, la tenant par une
aile, il l'approcha de la toile. L'insecte, en se débat-
tant, s'emmêle dans les fils. La toile s'ébranle, l'araignée quitte son bourdon et accourt, très-satisfaite de
l'heureuse chance qui, coup sur coup, lui amène du
gibier. Les mêmes manœuvres recommencent. La
mouche est d'abord garrottée ; l'épeire ouvre ses
tenailles pointues, en pique la mouche un peu, à peine,
et c'est fini. La victime tremble, s'étire et ne bouge
plus.

JULES. — Ah ! cette fois, j'ai bien vu.

EMILE. — Claire, as-tu remarqué la finesse des
crocs de l'araignée ? Je suis sûr que dans ton étui
tu n'as pas des aiguilles aussi pointues.

CLAIRE. — Je le crois bien. Pour moi, ce qui me
surprend le plus, ce n'est pas la finesse des crochets de
l'araignée, mais la promptitude de la mort du gibier.
Il me semble qu'une mouche, fût-elle moins grosse
que celle de maintenant, ne périt pas avec cette rapi-

dité, même par la piqûre grossière de nos aiguilles.

PAUL. — Rien de plus juste. Un insecte transpercé d'une épingle vit longtemps encore ; et, s'il est simplement piqué par la fine pointe des crochets de l'araignée, il périt presque à l'instant. Mais aussi, l'araignée a le soin d'empoisonner son arme. Ses crocs sont venimeux ; ils sont percés d'un fin canal par où l'araignée laisse suinter à volonté une gouttelette à peine visible d'un liquide appelé venin, que la bête fabrique elle-même comme elle fabrique le liquide à soie. Le venin est tenu en réserve dans une délicate poche placée à l'intérieur des crocs. Quand l'araignée pique sa proie, elle fait passer un peu de ce liquide dans la blessure, et cela suffit pour amener promptement la mort de l'insecte blessé. La victime meurt, non de la piqûre elle-même, mais des foudroyants ravages que fait le venin versé dans la plaie.

Ici l'oncle Paul, pour mieux montrer les crochets venimeux à son auditoire, prit l'épeire du bout des doigts. Claire jeta un cri d'effroi.

— Ne faites pas cela, mon oncle, disait-elle ; si l'araignée vous pique, quel affreux malheur !

PAUL. — Rassurez-vous, ma chère enfant : le venin qui tue une mouche respectera la peau dure de l'oncle Paul.

Et s'aidant d'une épingle, il ouvrait les crocs de la bête pour les montrer en détail aux enfants, tout juste rassurés.

PAUL. — Il ne faudrait pas s'effrayer plus qu'il ne convient de la mort si prompte de la mouche et du bourdon, et regarder les araignées comme des animaux redoutables pour nous. Les crochets de la plupart auraient bien de la peine à nous entamer la peau. De courageux observateurs se sont fait mordre par les diverses araignées de nos pays. La piqûre n'a jamais produit de sérieux accident ; tout se bornait à une rougeur moins douloureuse que celle que produit la piqûre du cousin. Toutefois, les personnes à peau déli-

cate doivent se méfier des grosses espèces, ne serait-ce
que pour s'épargner une passagère douleur. On évite
le dard bien autrement douloureux de la guêpe, sans
trop s'en préoccuper ; évitons de même les crochets
des araignées sans jeter les hauts cris à la vue de l'un
de ces animaux. Nous reviendrons sur les insectes
venimeux ; mais il se fait tard, partons.

XXIX. — Les insectes venimeux.

PAUL. — Vous avez entendu dire que certains animaux jettent du venin, c'est-à-dire lancent à distance
sur la figure et les mains de ceux qui s'en approchent,
un liquide capable de donner la mort, ou pour le moins
d'aveugler, de faire venir du mal. La semaine passée,
Jules avait trouvé sur les feuilles des pommes de
terre une grosse chenille armée d'une corne recourbée.

JULES. — Je sais, je sais. C'est la chenille qui,
m'avez-vous dit, devient un magnifique papillon appelé sphinx Atropos. Ce papillon, grand comme la
main, a sur le dos une tache blanche qui effraye bien
des gens, car elle a une vague ressemblance avec une
tête de mort. Et puis, ses yeux reluisent dans l'obscurité. Vous avez ajouté que c'est une fort innocente
bête dont il serait déraisonnable d'avoir peur.

PAUL. — Jacques, qui sarclait les pommes de terre,
fit tomber des mains de Jules la chenille du sphinx, et
de son gros sabot s'empressa de l'écraser. « C'est fort
dangereux, ce que vous faites là, disait le brave Jacques. Manier des bêtes venimeuses, cela se peut-il !
Voyez-vous le venin tout vert. N'approchez pas trop,
la bête n'est pas bien morte, elle pourrait encore vous
lancer son poison. » Le digne homme prenait pour venin
les entrailles vertes de la chenille écrasée. Ces entrailles pourtant ne contenaient rien de dangereux ;
elles étaient vertes, parce qu'elles étaient gonflées du
suc des feuilles que la pauvre bête venait de manger.

6.

Bien des personnes sont de l'avis de Jacques : elles s'effrayent d'une chenille et du contenu vert de ses entrailles. Elles pensent que certaines bêtes empoisonnent ce qu'elles touchent et qu'elles lancent du venin. Eh bien, mes chers enfants, il faut se mettre ceci dans l'esprit, car c'est chose très-importante, qui nous délivre de sottes frayeurs et nous met en garde contre le péril réel : aucune espèce animale, absolument aucune, ne lance du venin et ne peut à distance nous faire du mal. Il suffit de savoir ce que c'est que le venin pour en être convaincu.

Divers animaux, grands ou petits, sont doués d'une arme envenimée, qui leur sert soit pour se défendre, soit pour attaquer et tuer leur proie. L'abeille est pour nous l'animal venimeux le mieux connu.

Emile. — Comment ! l'abeille est venimeuse, l'abeille qui nous fait le miel ?

Paul. — Oui, l'abeille ; l'abeille à qui l'on doit ces bonnes tartines que distribue mère Ambroisine quand on est bien sage. On ne se rappelle donc plus les piqûres qui faisaient tant pleurer ?

Emile devint tout rouge : l'oncle venait d'éveiller de fâcheux souvenirs. En franc étourdi, il voulut un jour voir de trop près ce que faisaient les abeilles. On dit même qu'il introduisit une baguette dans la petite porte d'entrée de la ruche. Les abeilles se fâchèrent de cette indiscrétion. Trois ou quatre piquèrent le pauvre garçon, qui aux joues, qui aux mains. Il jetait des cris à fendre l'âme, il se croyait perdu. L'oncle eut toutes les peines du monde à le consoler. Des compresses d'eau fraîche finirent par calmer ses cuisantes douleurs.

Paul. — L'abeille est venimeuse ; Emile pourrait le dire.

Jules. — La guêpe alors aussi ? Une m'a piqué dans le temps, comme je voulais la chasser d'une grappe de raisin. Je n'en ai rien dit, mais c'est égal, je n'étais pas à mon aise. Est-il possible qu'une bête aussi petite vous fasse tant de mal ! Il me semblait avoir le feu dans les mains.

Paul. — Effectivement, la guêpe est venimeuse ; plus encore que l'abeille, en ce sens que sa piqûre cause une plus vive douleur. Les bourdons le sont encore, ainsi que les frelons, ces grosses guêpes roussâtres, d'un pouce de long, qui viennent parfois ronger les poires du verger. C'est des frélons surtout, mes petits amis, qu'il faut se méfier. Une de leurs piqûres, une seule, vous rendrait des heures durant fous de douleur.

Tous ces insectes ont, pour leur défense, une arme empoisonnée construite de la même manière. On l'appelle dard ou aiguillon. C'est une menue lame dure et très-pointue, une espèce de poignard plus fin que la plus fine aiguille. Le dard est placé au bout du ventre de l'animal. A l'état de repos, il ne se voit pas ; il est caché dans une gaîne qui rentre dans le corps de la bête. Pour se défendre, l'insecte le sort de son étui et en plonge la pointe dans le doigt imprudent qui se trouve à portée.

Or ce n'est pas précisément la blessure faite par le dard qui provoque la cuisante douleur que vous savez. Elle est si légère, cette blessure, si subtile, que nous ne pouvons la voir. A peine la ressentirions-nous si elle était faite par une aiguille ou par une épine aussi menue que le dard. Mais l'aiguillon est en communication avec une poche à venin logée dans le corps de la bête, et, au moyen d'une rigole dont il est creusé, il conduit au fond de la blessure une gouttelette du redoutable liquide. L'aiguillon est alors retiré. Quant au venin, il reste dans la blessure et c'est lui, uniquement lui, qui est cause de ces douleurs lancinantes dont Emile, au besoin, nous donnerait des nouvelles.

A cette seconde attaque de l'oncle, qui insistait sur sa mésaventure pour le blâmer de sa conduite d'étourdi à l'égard des abeilles. Emile se moucha, bien qu'il n'en eut pas besoin. C'était une manière de dissimuler sa confusion. L'oncle n'eut pas l'air de s'en apercevoir et continua.

PAUL. — Les savants qui se sont occupés de cette curieuse question nous parlent de l'expérience suivante, pour établir que c'est bien le liquide venimeux introduit dans la blessure, et non la blessure elle-même, qui est cause de la douleur. Quand on se pique légèrement avec une aiguille très-fine, le mal est bien peu de chose et passe presque aussitôt. Je suis sûr que Claire ne s'effraye pas beaucoup d'une piqûre d'aiguille lorsqu'elle s'en fait une en cousant.

CLAIRE. — Oh ! non. Cela passe si vite, même quand le sang vient.

PAUL. — Eh bien, la piqûre d'une aiguille, insignifiante par elle-même, peut donner lieu à de très-vives douleurs si la petite plaie est empoisonnée avec du venin d'abeille ou de guêpe. Les savants dont je vous parle trempent la pointe de l'aiguille dans la poche à venin de l'abeille, et de cette pointe ainsi humectée de liquide venimeux se font une légère piqûre. La douleur est maintenant de longue durée et très-forte, encore plus que si l'insecte avait lui-même piqué l'expérimentateur. Ce surcroît de douleur provient de ce que l'aiguille, comparativement grossière, introduit dans la plaie bien plus de venin que ne peut le faire le délicat aiguillon de l'abeille. Vous le comprenez maintenant, je l'espère : c'est l'introduction du venin dans la blessure qui est cause de tout le mal.

JULES. — C'est visible. Mais, dites-moi, mon oncle, pourquoi ces savants s'amusent-ils à se piquer avec des aiguilles trempées dans le venin de l'abeille? C'est un passe-temps singulier que de se faire du mal pour rien.

PAUL. — Pour rien, monsieur l'étourdi? Comptez-vous pour rien ce que je viens de vous apprendre ? Si je le sais moi-même, ne faut-il pas que d'autres me l'aient appris? Ces autres, qui sont-ils? Ce sont les vaillants chercheurs qui s'informent de tout, observent tout, étudient tout, pour alléger nos misères. Quand ils se font volontairement des piqûres envenimées, ils se proposent d'étudier sur eux-mêmes, à leurs risques et périls, l'action du venin, pour nous apprendre à combattre ses effets parfois si redoutables. Qu'une vipère, qu'un scorpion viennent à nous piquer, et notre vie est en péril. Ah! c'est alors qu'il importe de savoir au juste de quelle façon agit le venin et comment il faut s'y prendre pour en arrêter les ravages ; c'est alors que l'on apprécie les savantes recherches où Jules ne voit qu'un singulier passe-temps. La science, mon petit ami, a de saints enthousiasmes, qui ne reculent devant aucune épreuve pour élargir le cercle de nos connaissances et diminuer les misères de l'humanité.

Jules, confus de son expression malencontreuse, baissait la tête et ne disait mot. L'oncle était sur le point de se fâcher. Mais la paix fut bientôt faite et maître Paul continua l'histoire des bêtes venimeuses.

XXX. — Le venin.

PAUL. — Tous les animaux venimeux agissent à la manière de l'abeille, de la guêpe et du frelon. Avec une arme spéciale, aiguillon, croc, dard, lancette, placée tantôt en un point du corps, tantôt en un autre, suivant l'espèce, ils font une légère blessure dans laquelle s'infiltre une goutte de venin. L'arme n'a d'autre effet que d'ouvrir une route au liquide venimeux, et c'est celui-ci qui provoque les ravages. Pour que le venin agisse en nous, il faut qu'il soit mis en contact avec notre sang par une blessure qui lui ouvre le chemin. Mais il ne produit absolument rien sur la peau, à moins qu'il n'y ait déjà une entaille, une simple égratignure qui lui permette de s'infiltrer dans les

chairs et de se mélanger avec le sang. Le venin le
plus terrible peut être manié sans péril aucun, si la
peau ne présente pas d'écorchure. Bien plus, on peut
le mettre sur les lèvres, sur la langue, l'avaler même
sans qu'il en résulte rien de fâcheux. Déposé sur les
lèvres, le venin du frelon ne produit pas plus d'effet
que l'eau claire; mais la douleur est atroce si le point
touché a la moindre écorchure. Le venin de la vipère
est tout aussi inoffensif tant qu'il ne peut se mélanger avec le sang. Il s'est trouvé de courageux expéri-

Fig. 19. — La vipère se déroule, se débande avec la brusquerie
d'un ressort, et, de sa gueule largement ouverte, vous frappe
à la main.

mentateurs qui l'ont goûté, qui l'ont avalé, et qui
après ne se portaient pas plus mal qu'auparavant.

CLAIRE. — Est-ce vrai, mon oncle! des personnes
ont eu le courage d'avaler du venin de vipère? Ah!
ce n'est pas moi qui aurais eu cette témérité.

PAUL. — Il est heureux, ma fille, que d'autres l'aient
eue pour nous; et nous devons leur en être très-re-
connaissants, car ils ont appris ainsi, comme vous allez le voir, le moyen le plus prompt et l'un des plus
efficaces à employer en cas d'accident.

CLAIRE. —Ce venin de vipère, qui ne fait rien sur la main, rien sur les lèvres et sur la langue, est-il bien à redouter lorsqu'il se mélange avec le sang?

PAUL.—C'est terrible, mademoiselle, et j'allais vous en parler. Supposons que quelque imprudent vienne à troubler le redoutable reptile sommeillant au soleil. Soudain, l'animal se déroule en cercles superposés, se débande avec la brusquerie d'un ressort, et, de sa gueule largement ouverte, vous frappe à la main. C'est l'affaire d'un clin d'œil. Avec la même rapidité, la vipère replie sa spirale et se retire, continuant à vous menacer de sa tête, placée au centre de l'enroulement. Vous n'attendez pas une seconde attaque, vous fuyez; mais, hélas! le mal est fait. Sur la main blessée, deux petits points rouges se voient, presque insignifiants, vraies piqûres d'aiguille. Ce n'est pas bien alarmant; vous vous rassurez si vous êtes dans l'ignorance des choses que j'ai tant à cœur de vous apprendre. Innocuité trompeuse! Voici que les points rouges s'entourent d'un cercle livide. Avec de sourdes douleurs, la main s'enfle, et, de proche en proche, le bras. Bientôt des sueurs froides et des nausées surviennent; la respiration se fait pénible, la vue se trouble, l'intelligence s'engourdit, une jaunisse générale se déclare, accompagnée de convulsions. Si l'on n'est pas secouru à temps, la mort peut arriver.

JULES. — Vous nous faites venir la chair de poule, mon oncle. Que ferions-nous, misérables, si pareil malheur nous arrivait loin de vous, loin de la maison! On dit qu'il y a des vipères dans les broussailles des collines voisines.

PAUL. — Dieu vous garde d'un tel malheur, mes pauvres enfants! Mais, enfin, s'il vous arrivait, il faudrait serrer, lier même, le doigt, la main, le bras, au-dessus de la partie blessée pour entraver la diffusion du venin dans le sang; il faudrait faire saigner la plaie en exerçant des pressions tout autour; il faudrait la sucer énergiquement pour en extraire le li-

quide venimeux. Je vous l'ai dit, le venin n'agit pas
sur la peau. La succion est donc sans danger aucun si
la bouche n'a pas d'écorchure. Il est visible que si, par
une succion énergique et par une pression qui fait
écouler le sang, on parvient à extraire tout le venin
de la plaie, la blessure est désormais sans gravité.
Pour plus de sûreté, dès que c'est possible, on cauté-
rise la plaie avec un liquide corrosif, eau-forte ou am-
moniaque, ou même avec un fer rouge. La cautérisa-
tion a pour effet de détruire la matière venimeuse.
C'est douloureux, j'en conviens, mais encore faut-il
s'y résigner pour éviter un mal plus grand. La cauté-
risation est l'affaire du médecin. Les précautions
préliminaires, ligature pour empêcher la diffusion du
venin, pression pour faire écouler le sang empoisonné,
succion énergique pour extraire le liquide venimeux,
nous concernent personnellement, et tout cela doit
être fait à l'instant même. Plus on tarde, plus le mal
s'aggrave. Quand ces précautions sont prises assez tôt,
il est rare que la morsure d'une vipère ait des conséquences fâcheuses,

JULES. — Vous me rassurez, mon oncle. Ces précautions ne sont pas difficiles à prendre, si l'on conserve sa présence d'esprit.

PAUL. — Aussi nous importe-t-il à tous de nous ha-
bituer à raisonner le péril et à ne pas nous laisser
gagner par des frayeurs déréglées. L'homme maître
de lui-même est à demi maître du danger.

XXXI. — La vipère et le scorpion.

EMILE. — Vous venez de dire, mon oncle, morsure
de vipère et non piqûre. Alors les serpents mordent et
ne piquent pas. Je croyais le contraire. J'ai toujours
entendu dire qu'ils ont un aiguillon, un dard. Jeudi
passé, Louis le Boiteux, qui n'a peur de rien, avait
pris un serpent dans un trou de vieux mur. Il était
avec deux de ses camarades. On lia la bête par le cou

avec un jonc. Je passais, on m'appela. Le serpent dar-
dait de sa gueule quelque chose de noir, de pointu, de
flexible, qui allait et venait avec rapidité. Je croyais
que c'était le dard et j'en avais une belle frayeur.
Louis riait. Il disait que ce que je prenais pour un aiguillon était la langue de la bête ; et, pour me le prouver, il en approcha le doigt.

PAUL. — Louis avait raison. Tous les serpents dar-
dent entre leurs lèvres, avec une extrême vélocité,
un filament noir, très-flexible et fourchu. Pour beaucoup, c'est l'arme du reptile, le dard ; mais en réalité

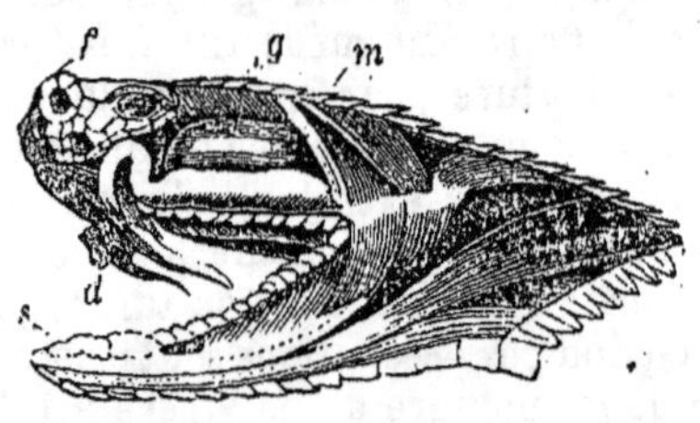

Fig. 20. — Appareil venimeux de la vipère. Les deux
dents longues et pointues marquées *d* sont les crochets venimeux ; *g* est la poche à venin avec un canal
qui aboutit dans le creux de la dent correspondante ;
en *m* sont les muscles qui compriment la poche au
moment où l'animal mord et en font sortir le venin ;
enfin en *s* suinte la salive.

ce filament n'est autre chose que la langue, langue
tout à fait inoffensive, dont l'animal se sert pour hap-
per les insectes et pour exprimer à sa manière les pas-
sions qui l'agitent en la passant rapidement entre les
lèvres. Tous les serpents, sans exception, en ont une :
mais, dans nos contrées, la vipère seule possède le terrible appareil à venin.

Cet appareil se compose d'abord de deux crochets
ou dents longues et aiguës placées à la mâchoire supérieure. Ces crochets sont mobiles. A la volonté de
l'animal, ils se dressent pour l'attaque ou se couchent

dans une rainure de la gencive, et s'y tiennent inoffensifs comme un stylet dans son fourreau. De la sorte
le reptile ne court pas le risque de se blesser lui-
même. Ils sont creux et percés vers la pointe d'une
fine ouverture par laquelle le venin se déverse dans la
plaie. Enfin, à la base de chaque crochet se trouve une
petite poche pleine de liquide venimeux. C'est une
humeur d'innocent aspect, sans odeur, sans saveur;
on dirait presque de l'eau. Quand la vipère frappe de
ses crochets, la poche à venin chasse une goutte de

Fig. 21. — La couleuvre à collier, ainsi appelée à cause
de la tache noire qu'elle a sur la nuque. Elle est inoffensive.

son contenu dans le canal de la dent, et le terrible
liquide s'infiltre dans la blessure.

La vipère habite de préférence les collines chaudes
et rocailleuses; elle se tient sous les pierres et dans les
fourrés de broussailles. Sa couleur est brune ou roussâtre. Elle a sur le dos une bande sombre en zigzag
et sur chaque flanc une rangée de taches. Son ventre
est d'un gris ardoisé. Sa tête est un peu triangulaire,
plus large que le cou, obtuse et comme tronquée en
avant. La vipère est timide et peureuse, elle n'attaque l'homme que pour sa défense. Ses mouvements
sont brusques, irréguliers, pesants.

Les autres serpents de nos pays, serpents que l'on désigne par le nom général de couleuvres, n'ont pas les crochets venimeux de la vipère. Leur morsure est donc sans gravité, et la répugnance qu'ils nous inspirent n'est en rien motivée.

Après la vipère, il n'y a pas en France d'animal venimeux plus à craindre que le scorpion. C'est une fort laide bête qui marche sur huit pattes. Il a en avant deux pinces semblables à celles de l'écrevisse, et en arrière une queue noueuse, recourbée, se terminant par un aiguillon. Les pinces sont inoffensives

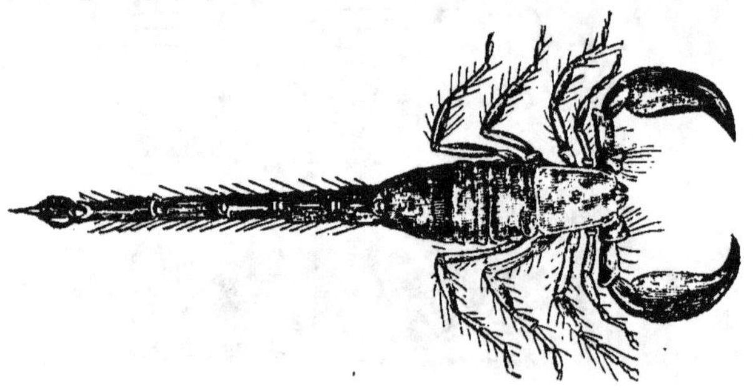

Fig. 22. — L'aiguillon venimeux du scorpion est au bout de la queue; les pinces sont inoffensives.

malgré leur menaçant aspect; c'est l'aiguillon dont le bout de la queue est armé qui est venimeux. Le scorpion en fait usage pour se défendre et pour tuer les insectes dont il se nourrit. On trouve dans les départements méridionaux de la France deux scorpions d'espèce différente. L'un, d'un noir verdâtre, fréquente les lieux sombres et frais, et s'établit jusque dans les maisons. Il ne sort de sa retraite que la nuit. On le voit alors courir, sur les murs humides et crevassés, à la recherche des cloportes et des araignées sa proie habituelle. L'autre, beaucoup plus gros, es d'un jaune pâle. Il se tient sous les pierres des collines chaudes et sablonneuses. La piqûre du scorpion noir n'amène pas d'accidents sérieux, celle du scorpion jaune peut être mortelle. Quand on irrite un de ces animaux, on voit une fine gouttelette de liquide perler à l'extrémité de l'aiguillon prêt à frapper. C'est la goutte de venin que le scorpion introduit dans la piqûre.

Il y aurait encore bien des choses importantes à vous dire sur les animaux venimeux des pays étrangers, sur divers serpents dont la morsure provoque une mort foudroyante; mais j'entends mère Ambroisine qui nous appelle pour le dîner. Résumons vite ce que je viens de vous raconter. — Aucun animal, si hideux qu'il soit, ne lance du venin et ne peut nous faire du mal à distance. Toutes les espèces venimeuses agissent d'une manière semblable : avec une arme spéciale, une légère blessure est faite; et dans cette blessure s'introduit une goutte de venin. Par elle-même, la blessure n'est rien; c'est le liquide introduit qui la rend douloureuse et parfois mortelle. L'arme à venin sert à l'animal pour la chasse et pour la défense. Elle est placée en un point du corps variable suivant l'espèce. Les araignées ont un double croc replié à l'entrée de la bouche; les abeilles, les guêpes, les frêlons, les bourdons ont un dard situé au bout du ventre et maintenu invisible dans sa gaîne pendant le repos; la vipère et tous les serpents venimeux ont deux longues dents creuses à la mâchoire supérieure; le scorpion porte un aiguillon au bout de la queue.

JULES. — Je regrette bien que Jacques n'ait pas entendu votre histoire des bêtes venimeuses; il aurait compris que les entrailles vertes des chenilles ne sont pas du venin. Je lui raconterai toutes ces choses; et si je trouve encore une belle chenille de sphinx, il ne l'écrasera plus.

XXXII. — L'ortie.

Après le dîner, pendant que l'oncle lisait sous le marronnier, les enfants se dispersèrent dans le jardin. Claire soignait ses boutures, Jules arrosait ses vases, et Emile... Ah! l'étourdi! Ne vient-il pas encore de lui arriver une mésaventure! — Un grand papillon vole sur les mauvaises herbes qui croissent au pied du mur. Oh! le magnifique papillon! En dessus, les ailes sont rouges, frangées de noir, avec de grands yeux bleus; en-dessous, elles sont brunes, avec des lignes

Fig. 23. — Oh! le magnifique papillon! Son nom est la vanesse Io.

ondées. Il se pose. Bien. Emile se fait petit, s'approche tout doucement sur le bout des pieds, avance la main, et crac! le papillon est manqué. Mais voici bien une autre affaire! Emile retire vivement la main; elle lui cuit, elle est rouge. La douleur gagne et devient si vive, que le pauvre garçon accourt vers son oncle, les yeux gonflés de pleurs.

Emile. — Une bête venimeuse m'a piqué! Voyez ma main, mon oncle! Elle me cuit... oh! mais elle me cuit! Quelque vipère m'a mordu!

A ce mot de vipère, l'oncle Paul tressaille. Il se lève et examine la main endommagée. Un sourire lui vient aux lèvres.

Paul. — Impossible, mon petit ami; il n'y a pas de vipères dans le jardin. Quelle sottise venez-vous de commettre? Voyons, d'où venez-vous?

Emile. — Je courais après un papillon. En lançant la main pour le prendre sur les mauvaises herbes du pied du mur, quelque chose m'a piqué... et voilà !

Paul. — Ce n'est rien, mon pauvre Emile; allez plonger votre main dans l'eau fraîche de la fontaine, la douleur passera.

Un quart d'heure après, on causait de l'accident d'Emile, tout consolé de sa mésaventure.

Paul. — Maintenant que la douleur est passée, Emile ne désire-t-il pas savoir ce qui l'a piqué?

Emile. — Il faut bien que je le sache pour ne pas m'y laisser prendre une autre fois.

Paul. — Eh bien, c'est une plante qu'on nomme ortie. Ses feuilles, ses tiges, ses moindres rameaux sont hérissés d'une infinité de poils, raides, creux et remplis d'une liqueur venimeuse. Lorsqu'un de ces poils pénètre dans la peau, la pointe se casse, la petite fiole à venin s'ouvre et verse son contenu dans la blessure. De là résulte une douleur cuisante, mais sans gravité. Vous le voyez, les poils de l'ortie agissent comme les armes des animaux venimeux. C'est toujours une pointe creuse qui fait une fine blessure dans la peau, et y glisse une goutte d'un liquide, cause de tout le mal. L'ortie est donc une plante venimeuse.

J'apprendrai encore à Emile que le beau papillon pour lequel il a étourdiment plongé la main dans une touffe d'orties s'appelle la vanesse Io. Sa chenille est d'un noir velouté, avec des points blancs. Elle est en outre hérissée d'épines. Elle ne fait pas de cocon. Sa chrysalide, ornée de bandes qui reluisent comme de l'or, est suspendue en l'air par le bout de la queue.

La chenille vit sur l'ortie, dont elle mange les feuilles, malgré leurs poils à venin.

CLAIRE. — Comment, en broutant la plante venimeuse, la chenille ne s'empoisonne-t-elle pas?

PAUL. — Vous confondez, ma chère enfant, venimeux avec vénéneux. Venimeux se dit d'une chose qui, introduite dans le sang au moyen d'une blessure quelconque, provoque des ravages à la manière du venin de la vipère. Vénéneux se dit d'une chose qui, avalée, introduite dans l'estomac, peut donner la mort. Les poisons sont vénéneux : ils tuent quand on les mange, quand on les boit. Le liquide qui suinte des crochets de la vipère et du dard du scorpion est venimeux : il tue quand il se mélange avec le sang; mais il n'est pas vénéneux, car on peut impunément l'avaler. Il en est de même du venin de l'ortie. Aussi mère Ambroisine donne-t-elle à la volaille des orties hachées, aussi la chenille de la vanesse se nourrit-elle sans danger de la plante qui, un

Fig. 24. — La chenille de la vanesse Io vit sur l'ortie.

peu plus, faisait pleurer Emile de douleur. En plantes venimeuses, nous n'avons, dans nos pays, que les orties; mais nous avons beaucoup de plantes vénéneuses, de plantes qui rendent malades, tuent même quand on les mange. Il faudra bien que je vous en parle un jour pour vous apprendre à les éviter.

Les poils de l'ortie me font penser aux poils des chenilles. Beaucoup de chenilles ont la peau toute nue. Elles sont alors parfaitement inoffensives. On peut

les manier sans danger aucun, si grosses qu'elles
soient, même celles qui portent une corne au bout
postérieur. Elles ne sont pas plus à craindre que le
ver à soie. D'autres ont le corps hérissé de poils, parfois très-aigus et barbelés, qui peuvent s'implanter
dans la peau, y laisser leurs pointes, et donner ainsi
lieu à de vives démangeaisons ou même à de doulou-
reuses enflures. Il convient donc de se méfier des chenilles velues, en particulier de celles qui vivent en
société sur les chênes et sur les pins, dans de grosses
bourses de soie, et qu'on nomme chenilles processionnaires. Mais voilà un mot qui appelle une histoire.

XXXIII. — Les chenilles processionnaires.

PAUL. — On voit fréquemment, à l'extrémité des
rameaux des pins, de volumineux paquets de soie
blanche entremêlée de feuilles. Ces paquets sont, en
général, renflés dans le haut et rétrécis dans le bas, à
la façon d'une poire. Leur grosseur atteint parfois le
volume de la tête. Ce sont des nids où vit en société
une espèce de chenille très-velue, à poils roux. Une
famille de chenilles, provenant des œufs pondus par le
même papillon, construit en commun le logement de
soie. Toutes prennent part au travail, toutes filent et
tissent dans l'intérêt général. L'intérieur du nid est
divisé, par de minces cloisons de soie, en une foule
d'appartements qui communiquent entre eux. Au gros
bout, parfois ailleurs, se voit une large ouverture en
forme d'entonnoir : c'est la grande porte d'entrée et
de sortie. D'autres portes, plus petites, sont réparties
çà et là. Les chenilles passent l'hiver dans leur nid,
bien à l'abri du mauvais temps. Dans la belle saison,
elles s'y réfugient la nuit et pendant les fortes
chaleurs.

Dès qu'il fait jour, elles en sortent pour se répandre
sur le pin et en brouter les feuilles. Repues, elles

rentrent dans leur demeure de soie, à l'abri des ardeurs du soleil.

Or, quand elles sont en campagne, soit sur l'arbre qui porte le nid, soit sur le sol pour passer d'un pin à l'autre, ces chenilles marchent d'une façon singulière, qui leur a valu le nom de *processionnaires*, parce que, en effet, elles défilent en procession, à la suite l'une de l'autre, et dans le plus bel ordre.

L'une d'elles, la première venue, car il y a entre elles égalité parfaite, l'une d'elles se met en route et sert de chef d'expédition. Une seconde la suit, sans intervalle entre les deux ; une troisième suit la seconde de la même façon ; et toujours ainsi, tant qu'il y a des chenilles dans le nid. La procession, au nombre de plusieurs centaines d'individus, est maintenant en marche. Elle défile sur une seule ligne, tantôt droite, tantôt sinueuse, mais toujours continue, car chaque chenille qui suit, touche de sa tête l'extrémité postérieure de la chenille qui précède. La procession figure sur le sol une longue et gracieuse guirlande, qui ondule à droite et à gauche sous des aspects d'un moment à l'autre changeants. Lorsque plusieurs nids s'avoisinent et que leurs processions viennent à se rencontrer, le spectacle atteint tout son intérêt. Alors les diverses guirlandes vivantes se croisent, s'emmêlent et se démêlent, se nouent et se dénouent, en formant les figures les plus capricieuses. La rencontre n'amène pas de confusion. Toutes les chenilles d'une même file marchent d'un pas uniforme et presque grave ; aucune ne se presse de devancer les autres, aucune ne demeure en arrière, aucune ne se trompe de procession. Chacune garde son rang et règle scrupuleusement sa marche sur celle qui précède. La chenille chef de file de la troupe dirige les évolutions. Quand elle tourne à droite, toutes les chenilles d'un même cordon, l'une après l'autre, tournent à droite ; quand elle tourne à gauche, toutes, l'une après l'autre, tournent à

7.

gauche. Si elle s'arrête, la procession entière s'arrête,
mais de proche en proche : la seconde d'abord, puis
la troisième, la quatrième, la cinquième, et ainsi de
suite, jusqu'à la dernière. On dirait des troupes bien
dressées qui, défilant en ordre, s'arrêtent au comman-
dement de halte et serrent les rangs.

L'expédition, simple promenade ou bien voyage à
la recherche des vivres, est maintenant terminée. On
est arrivé bien loin, fort loin du nid. L'heure presse
de retourner à la maison. Comment retrouver le gîte,
à travers les gazons, les broussailles et tous les accidents du chemin que l'on vient de parcourir ? Se
laissera-t-on guider par la vue, que borne une maigre
touffe d'herbe ; par l'odorat, que des émanations de
toute nature peuvent mettre en défaut ? Non,
non ! les chenilles processionnaires ont, pour se guider dans leurs voyages, mieux que la vue, mieux
que l'odorat. Elles ont l'instinct, qui leur inspire
des ressources infaillibles. Sans se rendre compte de
ce qu'elles font, elles mettent en œuvre des moyens
qui semblent dictés par la raison. Elles ne raisonnent
pas, sans doute, mais elles obéissent à la secrète im-
pulsion de l'éternelle Raison, en qui tout vit, par
qui tout vit.

Or, voici ce que font les chenilles processionnaires
pour ne pas s'égarer et retrouver leur domicile,
après une lointaine expédition. Nous pavons nos
routes de cailloux concassés, les chenilles mettent
plus de luxe dans leur voirie : elles étalent sur leur
chemin un tapis de soie, elles ne marchent que sur
la soie. Elles filent continuellement en voyage et
collent leur soie tout le long du chemin. On voit, en
effet, chaque chenille de la procession abaisser et
élever alternativement la tête. Dans le premier
mouvement, la filière, située à la lèvre inférieure,
colle le fil sur la voie que suit la procession ; dans
le second, la filière laisse couler le fil, tandis que la
chenille fait quelques pas. La tête alors s'abaisse en-

core, puis elle se relève, et une seconde longueur de
fil est mise en place. Chaque chenille qui suit chemine
sur les fils laissés par celles qui la précèdent, et
ajoute son propre fil à la voie, si bien que, dans toute
sa longueur, le chemin parcouru se trouve tapissé
d'un ruban soyeux. C'est en suivant ce ruban conducteur que les processionnaires reviennent à leur gîte,
sans jamais s'égarer, si tortueuse que soit la voie
suivie.

Veut-on mettre la procession dans l'embarras, il
suffit de passer le doigt sur la trace pour couper le
chemin de soie. La procession s'arrête devant la
coupure avec tous les signes de la crainte et de la dé-
fiance. Passera-t-on? ne passera-t-on pas? Les têtes
s'élèvent et s'abaissent avec anxiété, recherchant les
fils conducteurs. Enfin, une chenille plus hardie que
les autres, ou peut-être plus impatiente, franchit le
mauvais pas et tend son fil d'un bout de la coupure à
l'autre. Une seconde, sans hésitation, s'engage sur
le fil laissé par la première, et, en passant, ajoute
son propre fil au pont. A tour de rôle, les autres en
font autant; bientôt, le chemin rompu est réparé et
le défilé de la procession se continue.

La chenille processionnaire du chêne marche dans
un autre ordre. Elle est hérissée de poils blancs, re-
courbés en arrière et très-longs. Un même nid contient de sept à huit cents individus. Quand une expédition est résolue, une chenille sort du nid et fait
une pause à une certaine distance, pour donner aux
autres le temps de prendre rang et de former le bataillon. Cette première chenille doit ouvrir la marche.
A sa suite, d'autres se disposent, non une à une,
comme les processionnaires du pin, mais par rangées
de deux, de trois, de quatre, et davantage. La
troupe, au complet, se met en mouvement, subor-
donnée aux évolutions de son chef de file, qui marche
toujours seul en tête de la légion, tandis que les autres
chenilles s'avancent plusieurs de front, en observant

un alignement parfait. Les premiers rangs du corps
d'armée sont toujours disposés en angle, par suite de
l'accroissement graduel du nombre des chenilles qui
les composent ; le reste est tantôt plus, tantôt moins
développé. Il y a quelquefois des rangées de quinze
à vingt chenilles marchant d'un pas égal, comme
des soldats bien disciplinés, de manière que la tête de
l'une ne dépasse jamais la tête de l'autre. Il est bien
entendu que, tout en marchant, la troupe tapisse de
soie son chemin pour retrouver le nid au retour.

Les processionnaires, spécialement celles du chêne,
se retirent, pour changer de peau, dans leurs nids,
qui finissent par se remplir d'une fine poussière de
poils brisés. Quand on touche ces nids, la poussière de
poils s'attache aux mains, au visage, et cause une inflammation qui dure plusieurs jours, pour peu qu'on
ait la peau délicate. Il suffit même de se reposer au
pied d'un chêne où les processionnaires sont établies,
pour recevoir la poussière irritante secouée par le
vent, et éprouver de vives démangeaisons.

JULES. — Quel dommage que les processionnaires
aient leurs détestables poils ! autrement...

PAUL. — Autrement, Jules voudrait bien voir la
procession de chenilles. Qu'à cela ne tienne ; après
tout, le danger n'est pas si grand. Et puis, se gratte-
rait-on un peu, ce ne serait pas une telle affaire. D'ailleurs, nous nous adresserons à la processionnaire du
pin, moins à craindre que celle du chêne. Au fort de
la chaleur, nous irons chercher un nid de chenilles
dans le bois de pins ; mais nous irons seuls, Jules et
moi. Il ferait trop chaud pour Emile et pour Claire.

XXXIV. — L'orage.

Et, en effet, il faisait bien chaud quand l'oncle et
Jules partirent. Avec un soleil ardent, on était sûr de
trouver les chenilles dans leur bourse de soie, où elles

ne manquent pas de se réfugier pour se soustraire à
une lumière trop vive pour elles; plus tôt ou plus
tard, les nids pouvaient être vides, et la course devenait infructueuse.

Le cœur plein des naïves joies de son âge, l'esprit
préoccupé des chenilles et de leurs processions, Jules
marchait d'un bon pas, oubliant chaleur et fatigue. Il
avait dénoué la cravate et mis la blouse sur l'épaule.
Un bâton de houx, coupé par l'oncle dans la haie, lui
servait de troisième jambe.

Cependant, les grillons chantaient plus que d'habitude; les grenouil-
les coassaient dans
les mares; les mou-
ches devenaient ta-
quines, opiniâtres.
Parfois, un souffle
d'air courait tout à
coup sur la route et
soulevait une co-
lonne tournoyante
de poussière. Ces
signes échappaient
à Jules, mais non à
l'oncle qui, de
temps à autre, exa-
minait le ciel. Des
fumées rousses a-
massées au midi pa-

Fig. 25. — Les grenouilles coassaient
dans les mares.

raissaient le préoccuper. « Peut-être aurons-nous
de la pluie, fit-il ; il faudrait se dépêcher. »

Sur les trois heures, on était au bois de pins. L'oncle
coupa un rameau portant un nid magnifique. Il avait
rencontré juste : toutes les chenilles étaient rentrées
au logis, peut-être en prévision du mauvais temps.
Puis on s'assit à l'ombre d'un bouquet de pins, pour
se reposer un peu avant le retour. On parla naturellement chenilles.

Jules. — Les processionnaires, m'avez-vous dit, sortent de leurs nids pour se répandre sur les pins et en brouter les feuilles. Il y a, en effet, beaucoup de rameaux presque réduits à des bâtons de bois sec. Tenez, voyez ce pin qui est là, en face de mon doigt ; il est à demi dégarni de feuilles, comme si le feu y avait passé. J'aime bien la manière de voyager des processionnaires, mais je ne peux m'empêcher de plaindre ces beaux arbres qui dépérissent sous la dent de misérables chenilles, eux, si grands et si forts.

Paul. — Si le propriétaire de ces pins entendait mieux ses intérêts, il devrait en hiver, alors que les chenilles sont rassemblées dans leurs bourses de soie, faire récolter les nids et les brûler, pour détruire la détestable engeance qui doit ronger les jeunes pousses, brouter les bourgeons et arrêter l'arbre dans son développement. Le mal est bien plus grand encore dans nos vergers. Diverses chenilles vivent en société sur nos arbres fruitiers et filent des nids à la manière des processionnaires. Quand vient la belle saison, la famélique vermine se répand sur les arbres, détruisant feuilles, boutons, bourgeons. En quelques heures, le verger est tondu et la récolte est détruite en son germe. Aussi faut-il surveiller avec un soin scrupuleux les bourses à chenilles, les détacher de l'arbre avant le printemps et les détruire par le feu, afin que rien n'échappe : l'avenir de la récolte en dépend. Il est heureux que diverses espèces animales, les petits oiseaux surtout, nous viennent en aide dans cette guerre à mort entre l'homme et la chenille ; sinon le ver, plus fort que l'homme par son nombre infini, ravagerait nos cultures. Mais nous causerons une autre fois des petits oiseaux ; le temps menace, il faut partir.

Or, voici que les fumées rousses du midi, de moment en moment plus épaisses et plus sombres, sont devenues un grand nuage noir qui envahit à vue d'œil la partie du ciel encore claire. Le vent le précède, courbant comme un champ d'épis la cime des pins. Il s'élève du sol cette odeur de poussière que répand la terre altérée au début d'un orage.

PAUL. — Ne songeons plus à nous mettre en route. L'orage arrive ; en quelques minutes, il nous aura atteints. Trouvons au plus vite un abri.

La pluie forme au loin comme un rideau obscur, étendu d'un bord du ciel à l'autre. La nappe pluvieuse s'avance avec rapidité ; elle dépasserait le meilleur cheval de course. Elle arrive, elle est arrivée. De violents éclairs la sillonnent, la foudre gronde dans ses profondeurs.

A un coup de tonnerre plus retentissant que les autres, Jules tressaille. — Restons ici, mon oncle, dit l'enfant effrayé, restons sous ce grand pin touffu. Il ne pleut pas sous son abri.

— Non, mon enfant, répond l'oncle, qui se voit au cœur même de l'orage ; fuyons cet arbre dangereux.

Et prenant Jules par la main, il l'entraîne à la hâte à travers la grêle et la pluie. Hors du bois, Paul connaît une excavation creusée dans le roc. Ils y arrivent au moment où l'orage se déchaîne dans toute sa force.

Ils étaient là depuis un quart d'heure, silencieux devant le solennel spectacle de la tempête, quand un trait de feu, d'une aveuglante clarté, fendit en zig-zag la nuée ténébreuse, et atteignit un pin avec une détonation épouvantable, sans roulement, sans écho, mais si violente qu'on eût dit que le ciel s'écroulait. La formidable apparition eut la durée d'un clin d'œil. Effaré de terreur, Jules s'était laissé tomber à genoux, les mains jointes. Il pleurait et priait. L'oncle n'avait pas sourcillé.

Quand la première émotion fut passée : — Rassure-toi, mon pauvre enfant, fit Paul ; embrassons-nous et remercions Dieu de nous avoir sauvegardés. Nous venons de courir un bien grand péril : la foudre est tombée sur le pin où, peu s'en est fallu, nous allions nous abriter.

JULES. — Oh ! quelle frayeur, mon oncle ; je croyais en mourir. Quand vous avez insisté pour fuir malgré la pluie, vous saviez donc que la foudre tomberait sur cet arbre ?

PAUL. — Non, mon ami, je n'en savais rien, et personne ne le pouvait savoir ; seulement certaines raisons me faisaient redouter le voisinage du grand pin touffu, et la prudence exigeait la recherche d'un abri moins dangereux. Si j'ai obéi à mes appréhensions, si j'ai écouté la voix de la prudence, rendons-en grâces à Dieu, qui m'a donné en ce moment la présence d'esprit.

JULES. — Ces raisons, qui vous ont fait éviter l'abri périlleux de l'arbre, vous me les direz, n'est-ce pas?

PAUL. — Bien volontiers, mais quand nous serons tous réunis, afin que chacun en profite. Nul ne doit ignorer le danger que l'on court en s'abritant sous un arbre pendant un orage.

Cependant, la nuée pluvieuse avec ses éclairs et ses tonnerres s'est transportée plus loin. D'un côté, le soleil se couche radieux ; du côté opposé, dans les traînées de pluie, l'arc-en-ciel courbe son immense cintre de lumière de toutes couleurs. Paul et Jules se remettent en chemin, sans oublier le fameux nid de chenilles qui a failli leur coûter si cher.

XXXV. — L'électricité.

Jules raconta tout au long à sa sœur et à son frère les événements de la journée. Au récit du coup de tonnerre, Claire tremblait comme une feuille. « Je serais morte de peur, disait-elle, si j'avais vu le trait de feu tomber sur le pin. » Après l'émotion, la curiosité vint, et il fut convenu entre eux que l'on prierait l'oncle de raconter une histoire sur la foudre.

Le lendemain, en effet, Jules, Emile et Claire entouraient l'oncle Paul pour l'entendre parler du tonnerre.

JULES. — Maintenant que je n'ai plus peur, vous plairait-il de nous dire, mon oncle, pour quels motifs il ne faut pas se réfugier sous les arbres pendant l'orage? Emile, j'en suis sûr, ne demande pas mieux.

EMILE. — Moi, je voudrais, auparavant, savoir ce que c'est que le tonnerre.

CLAIRE. — Et moi aussi. Quand nous saurons un peu ce que c'est que le tonnerre, il nous sera bien plus facile de comprendre le danger que présentent les arbres.

PAUL. — Tout cela est fort juste. Voyons d'abord : aucun de vous ne sait-il rien sur le tonnerre?

EMILE. — Quand j'étais plus petit, je me figurais qu'il était produit par une grosse boule de fer roulant sur la voûte du ciel, faite d'un métal retentissant. Si la voûte crevait en un point, la lourde boule se précipitait à terre et le tonnerre tombait. Mais je ne crois plus à tout ça : je suis trop grand.

PAUL. — Trop grand, un marmot qui n'arrive pas au premier bouton de mon gilet! Dites plutôt que votre petite raison s'éveille et que la naïve explication de la boule de fer ne la satisfait plus.

CLAIRE. — Moi non plus, je ne suis pas satisfaite aujourd'hui des explications que je me donnais dans le temps. Pour moi, le tonnerre était un chariot lourdement chargé de ferraille. Il roulait sur une voûte sonore. Sous les roues, parfois une étincelle jaillissait, comme jaillit l'étincelle sous le sabot d'un cheval qui heurte un caillou : c'était l'éclair. La voûte était glissante, bordée de précipices. S'il arrivait que le char versât, la charge de ferraille tombait à terre, écrasant gens, arbres, habitations. Je ris aujourd'hui de mon explication, mais je ne suis pas plus avancée : j'ignore toujours ce que c'est que la foudre.

PAUL. — Vos deux tonnerres, variés suivant les convenances de vos imaginations enfantines, reposent sur une même idée, l'idée d'une voûte sonore. Eh bien, sachez-le une fois pour toutes : la voûte bleue du ciel est une simple apparence occasionnée par l'air qui nous enveloppe et qui, sous une grande épaisseur, est d'une belle couleur bleue. Autour de nous, il n'y a pas de voûte, il y a simplement une épaisse couche d'air; et, par delà cette couche d'air, il n'y a plus rien jusqu'à des distances prodigieuses, où commence la région des astres.

JULES. — Nous faisons bon marché de la voûte bleue. Emile, Claire et moi sommes persuadés qu'il n'y en a point. Après?

PAUL. — Après... Voilà où commence le difficile. Savez-vous, mes enfants, que vos questions sont parfois très-embarrassantes. Après? c'est bientôt dit; et, pénétrés d'une confiance sans bornes dans le savoir de votre oncle Paul, vous attendez la réponse, qui va, vous n'en doutez pas, satisfaire votre curiosité. Il faudrait cependant se bien mettre dans l'esprit qu'il y a une foule de choses au-dessus de votre intelligence, et pour lesquelles il faut attendre une raison plus mûre. Avec l'âge et l'étude, beaucoup de choses s'éclairciront, qui, pour le moment, sont ténèbres pour vous. De ce nombre est la cause du tonnerre. Je veux bien vous en dire quelques mots; mais, si vous ne comprenez pas tout à fait, prenez-vous-en à votre curiosité prématurée. C'est difficile pour vous, très-difficile.

JULES. — Dites toujours, nous écouterons bien.

PAUL. — Soit. L'air n'est pas visible, on ne peut le saisir; s'il était toujours en repos, vous n'en soupçonneriez peut-être pas encore l'existence. Mais, quand un vent violent courbe les hauts peupliers et fait tourbillonner les feuilles, quand il déracine les arbres et enlève les toitures des habitations, qui peut douter de l'existence de l'air, car le vent n'est autre chose que de l'air coulant avec force d'un pays dans un autre. L'air, si subtil, si caché à nos regards, si paisible au repos, est donc bel et bien une chose matérielle, une chose même très-brutale quand elle se meut violemment. C'est pour vous dire qu'une substance peut exister, dont rien parfois ne trahit la présence. Nous ne la voyons pas, nous ne la touchons pas, nous ne la sentons pas, et cependant elle est là, partout; nous en sommes entourés, nous vivons au milieu d'elle.

Eh bien, il y a une chose encore plus cachée que l'air, plus invisible que lui, plus difficile à soupçonner. Elle est partout, absolument partout, même en nous; mais elle se tient si tranquille, que jusqu'ici vous n'en avez pas entendu parler.

Emile, Claire et Jules se parlaient du regard, cherchant à deviner ce que pouvait être cette chose qui se trouvait partout et qu'ils ne connaissaient pas encore. Ils étaient à cent lieues de soupçonner ce que l'oncle avait en vue.

PAUL. — Vainement vous chercheriez seuls tout le jour, toute l'année, toute votre vie peut-être, vous ne trouveriez pas. C'est qu'elle est singulièrement bien cachée, voyez-vous, la chose dont je parle; il a fallu de la part des savants bien de délicates recherches pour entrer en connaissance avec elle. Servons-nous des moyens qu'ils nous ont appris pour la faire apparaître.

L'oncle prit dans son bureau un bâton de cire d'Espagne et la frotta vivement sur le drap de sa manche; puis il l'approcha d'une menue parcelle de papier. Les enfants étaient tout yeux. Voilà que le papier s'élance et vient se coller contre la cire d'Espagne. A plusieurs reprises, l'expérience est recommencée. Chaque fois, le papier se soulève seul, part et va se coller au bâton.

PAUL. — Le morceau de cire d'Espagne, qui tantôt n'attirait pas le papier, l'attire maintenant. Le frottement sur le drap a donc développé en lui quelque chose qu'on ne peut voir, car le bâton n'a en rien changé d'aspect; et cette chose invisible n'est pas moins très-réelle, puisqu'elle soulève le papier, l'attire sur la cire et l'y maintient collé. Cette chose se nomme électricité. Vous pouvez aisément la faire apparaître en frottant contre du drap, soit du verre, soit un bâton de soufre, soit de la résine, soit de la cire d'Espagne. Toutes ces matières, une fois frottées, auront la propriété d'attirer à elles les objets très-légers, comme de menus morceaux de paille, des parcelles de papier, des grains de poussière. Ce soir, le chat nous en apprendra plus long, s'il veut être sage.

XXXVI. — L'expérience du chat.

La brise soufflait froide et sèche. L'orage de la veille l'avait amenée. L'oncle prit ce prétexte pour faire allumer le poêle de la cuisine, malgré les observations de mère Ambroisine, qui se récriait sur l'inopportunité de faire du feu.

. — Allumer le poêle en été ! disait-elle ; cela s'est-il jamais vu ? Il n'y a que notre maître pour avoir de ces fantaisies-là. Nous allons être comme dans une étuve.

L'oncle laissait dire, il avait son idée. On se mit à table. Après avoir mangé sa pâtée, le gros chat, qui n'a jamais trop chaud, vint s'installer sur une chaise tout à côté du poêle, et bientôt, le râble tourné vers la tôle ardente, il se mit à ronronner de bonheur. Tout marchait à souhait, les projets de l'oncle prenaient une excellente tournure. On se plaignait bien un peu de la chaleur, mais Paul n'en tenait compte.

— Ah ! vous croyez que c'est pour vous que le poêle est allumé ? disait-il aux enfants. Détrompez-vous, mes petits amis : c'est pour le chat, uniquement pour le chat. Il est si frileux, le pauvret ; voyez comme il est bien sur sa chaise.

Emile était sur le point de rire des prévenances de l'oncle pour le matou, mais Claire, qui soupçonnait des desseins sérieux, le poussa du coude. Les soupçons de

Claire étaient fondés. Quand on eut soupé, la conversation revint sur le tonnerre.

Paul. — Je vous ai promis ce matin de vous faire montrer par le chat de très-curieuses choses. Le moment est venu de tenir parole, pourvu que Minet soit bien disposé.

L'oncle prit le chat, dont le poil était brûlant, et le mit sur ses genoux. Les enfants s'approchèrent.

Paul. — Jules, soufflez la lampe ; il faut que nous soyons dans l'obscurité.

L'obscurité faite, l'oncle se mit à passer et à repasser la main sur le dos du matou. Oh ! oh ! merveille ! Le poil de la bête ruisselle de perles lumineuses ; de petits éclairs d'une lueur blanche apparaissent, pétillent, et disparaissent à mesure que la main frictionne ; on dirait que les étincelles d'un feu d'artifice jaillissent de la fourrure. Tous sont en admiration devant les magnificences du matou.

Mère Ambroisine. — Il ne manquait plus que celle-là ! Voilà maintenant notre chat qui fait du feu !

Jules. — Ce feu brûle-t-il, mon oncle ? Le chat ne dit rien, et vous passez la main sans crainte.

Paul. — Ces étincelles ne sont pas du feu. Vous vous rappelez tous le bâton de cire d'Espagne, qui, une fois frotté sur du drap, attire les parcelles de paille et de papier. Je vous ai dit que l'électricité, suscitée par la friction, est la cause qui fait s'élancer le papier sur la cire. Eh bien, en frottant le dos du chat avec la main, je fais encore apparaître de l'électricité, mais en plus grande abondance, si bien qu'elle devient visible, d'invisible qu'elle était d'abord, et jaillit en étincelles.

Jules. — Puisque cela ne brûle pas, laissez-moi essayer.

Jules passa la main sur la fourrure du chat. Les perles lumineuses et leurs craquements recommencèrent de plus belle. Emile et Claire en firent autant.

Mère Ambroisine n'osa pas. La digne femme voyait peut-être quelque sortilége de magie dans les jets lumineux de son chat. Le matou fut alors lâché. L'expérience commençait d'ailleurs à l'ennuyer, et, si l'oncle ne l'avait tenu en respect, peut-être se serait-il permis un coup de griffe.

XXXVII. — L'expérience du papier.

Paul. — Puisque le chat menace de se fâcher, nous allons recourir à un autre moyen de produire de l'électricité.

On plie en deux, dans le sens de la longueur, une belle feuille de papier ordinaire ; puis on saisit la double bande par chaque extrémité. On la chauffe alors aussi fortement que possible, mais sans la brûler, au-dessus d'un poêle ou devant un foyer ardent. Plus la chaleur sera élevée, plus l'électricité se développera en abondance. Enfin, tenant toujours la bande, rien que par les extrémités, on la frotte vivement, dès qu'elle est bien chaude, sur un morceau d'étoffe en laine préalablement chauffé et tendu sur le genou. On peut se borner à la frotter sur son pantalon, s'il est en drap. La friction doit se faire avec rapidité, dans le sens de la longueur. Après une courte friction, la bande est brusquement soulevée d'une seule main, en ayant bien soin de ne pas laisser le papier toucher contre aucun objet, sinon l'électricité se dissiperait. Alors, sans tarder, on approche du centre de la bande l'articulation du doigt de la main libre, ou mieux le bout d'une clef ; et l'on voit s'élancer entre le papier et la clef, avec un léger pétillement, une brillante étincelle. Pour en obtenir de nouvelles, il faut chaque fois recommencer les mêmes opérations, car, à l'approche du doigt ou de la clef, la feuille de papier perd en entier son électricité.

Au lieu de faire jaillir l'étincelle, on peut présenter à plat la feuille électrisée au-dessus de petites parcelles de papier, de menus débris de paille, de fragments de barbes de plume. Ces corps légers sont attirés et repoussés tour à tour ; ils vont et viennent rapidement de la bande électrisée à l'objet qui leur sert de support, et de celui-ci à la bande.

Joignant l'exemple au précepte, l'oncle prit une feuille de papier, la doubla en une bande pour lui donner plus de résistance, la chauffa, la frictionna sur le genou et finalement en fit jaillir une étincelle à l'approche du bout d'une clef. Les enfants étaient émerveillés de l'éclair qui s'élance du papier avec un craquement. Les perles de feu du chat sont plus nombreuses, mais elles sont moins fortes et moins brillantes.

On dit que ce soir-là mère Ambroisine eut toutes les peines du monde à faire coucher Jules, qui, une fois au courant de l'opération, ne se lassait plus de chauffer et de frotter. Il fallut la haute intervention de l'oncle pour mettre fin aux expériences électriques.

XXXVIII. — Franklin et de Romas.

Le lendemain, Claire et ses deux frères n'eurent rien de plus pressé que de parler des expériences de la veille. Pendant tout le matin, ce fut le sujet de la conversation. Les perles de feu du chat, les éclairs du papier les avaient vivement frappés ; aussi l'oncle, pour profiter de cet éveil de l'attention, reprit-il au plus tôt sa causerie savante.

Paul. — Vous vous demandez tous les trois, j'en suis sûr, pour quels motifs, ayant à vous parler du tonnerre, je me suis mis à frictionner de la cire d'Espagne, une bande de papier, et le dos du chat. Vous allez le comprendre, mais auparavant écoutez une histoire.

Un magistrat de la petite ville de Nérac, nommé de Romas, s'avisa, il y a un peu plus d'un siècle, de

l'expérience la plus solennelle que la science ait enre-
gistrée dans ses annales. On le vit un jour s'achemi-
ner vers la campagne par un temps orageux, avec un
énorme cerf-volant de papier et un paquet de cordes.
Plus de deux cents personnes l'accompagnaient, vivement préoccupées. Qu'allait-il donc faire, le célèbre
magistrat? Oubliant ses graves fonctions, sé propo-
sait-il quelque divertissement indigne de lui ? Etait-ce
pour voir lancer un puéril cerf-volant que les curieux
affluaient de tous les points de la ville ? Non, non !
de Romas allait réaliser le plus audacieux projet que
le génie de l'homme ait jamais conçu ; il allait témé-
rairement provoquer la foudre au sein même des
nuages et faire descendre le feu du ciel à ses pieds.

Le cerf-volant qui devait recueillir la foudre au
milieu des nuées orageuses et l'amener sous les yeux
de l'intrépide expérimentateur, ne différait pas de
ceux qui vous sont connus ; seulement la corde en
chanvre était garnie d'un fil de cuivre dans toute sa
longueur. Le vent s'étant levé, on lança la machine
de papier, qui atteignit une hauteur d'environ deux
cents mètres. A l'extrémité inférieure de la corde, on
attacha un cordon de soie ; et ce cordon fut fixé lui-
même sous l'auvent d'une maison, à l'abri de la pluie.
Un petit cylindre de fer-blanc était appendu en un
point de la corde en chanvre, bien en rapport avec le
fil métallique qui la parcourait. Enfin, de Romas était
armé d'un cylindre pareil, emmanché à l'extrémité
d'un long tube en verre. C'est avec cet instrument ou
cet excitateur, tenu à la main par son manche de
verre, qu'il devait faire jaillir le feu des nuées, conduit
par le fil de cuivre de la corde du cerf-volant jusqu'au
cylindre métallique terminant ce fil. Le cordon de
soie et le manche en verre de l'excitateur avaient
pour effet de s'opposer à la propagation de la foudre,
soit dans le sol, soit dans le bras de l'expérimentateur,
car ces matières ont la propriété de ne pas livrer passage à l'électricité, lorsqu'elle n'est pas trop abon-

dante. Les métaux, au contraire, la laissent facilement circuler.

Telle était la simple disposition de l'appareil
imaginé par de Romas pour vérifier son audacieuse
prévision. Qu'attendre de ce jouet d'enfant lancé dans
les airs à la rencontre de la foudre? Ne vous paraît-il
pas insensé de croire qu'un tel jouet puisse diriger le
tonnerre et le maîtriser? Il faut cependant que le magistrat de Nérac, par de savantes méditations sur la
nature du tonnerre, ait acquis la certitude de réussir,
pour oser ainsi, devant des centaines de témoins, entreprendre cette tentative, dont l'insuccès le couvrirait
de confusion. Lé résultat de cette lutte terrible entre
la pensée et la foudre ne peut être douteux : la pensée, comme toujours, quand elle est bien dirigée, aura
le dessus.

Voici qu'en effet des nuées, avant-coureurs de
l'orage, passent à proximité du cerf-volant. De Romas
approche l'excitateur du cylindre de fer-blanc suspendu au bout de la corde, et soudain une lueur jaillit.
Elle est produite par une éblouissante étincelle, qui
s'élance sur l'excitateur, craque, jette un éclair et se
dissipe à l'instant.

JULES. — C'est tout juste ce que nous obtenions
hier au soir en approchant le bout d'une clef de la
bande de papier chauffée et frottée ; c'est ce que nous
montrait le dos du chat frictionné avec la main.

PAUL. — C'est en effet la même chose. La foudre,
les perles de feu du chat, les étincelles du papier sont
également le résultat de l'électricité. Mais revenons
à de Romas. Voilà l'électricité, voilà la substance de
la foudre dans la corde du cerf-volant. Elle est inoffensive encore, à cause de sa faible quantité ; aussi de
Romas n'hésite-t-il pas à la faire jaillir avec le doigt.
Chaque fois qu'il l'approche du cylindre, son doigt
reçoit une étincelle pareille à celle qu'a reçue l'excitateur. Les spectateurs, enhardis, viennent, à
son exemple, provoquer l'explosion électrique. On

s'empresse autour du cylindre merveilleux qui recèle maintenant le feu du ciel, appelé par le génie de l'homme ; chacun veut en tirer des éclairs, chacun veut voir étinceler entre ses doigts la substance fulminante descendue des nuages. On joue ainsi impunément une demi-heure avec le tonnerre, lorsque tout à coup une étincelle violente atteint de Romas et le renverse à demi. L'heure du péril est venue. L'orage s'approche, à chaque instant plus fort ; d'épais nuages planent au-dessus du cerf-volant.

De Romas rappelle toute sa fermeté ; il fait rapidement écarter la foule et reste seul à côté de son appareil, au centre du cercle des spectateurs, que l'épouvante commence à gagner. Alors, à l'aide de l'excitateur, il fait jaillir du cylindre métallique d'abord de fortes étincelles, capables de terrasser une personne sous la violence de la commotion ; puis des lames de feu qui serpentent comme la foudre et éclatent avec fracas. Ces lames mesurent bientôt une longueur de deux à trois mètres. Celui qu'elles atteindraient périrait infailliblement. De Romas, qui redoute d'un moment à l'autre quelque accident mortel, fait élargir davantage le cercle des curieux, et cesse la périlleuse provocation du feu électrique. Mais, bravant une mort imminente, il continue de près ses redoutables observations, avec le même sang-froid que s'il eût procédé à l'expérience la plus inoffensive. Autour de lui, quelque chose bruit comme le souffle continu d'une forge ; une odeur de soufre brûlé règne dans l'air ; la corde du cerf-volant se couvre d'une enveloppe lumineuse, et figure un ruban de feu joignant le ciel à la terre. Trois longues pailles, gisant par hasard sur le sol, se dressent debout, sautillent, s'élancent vers la corde, retombent, s'élancent encore, et pendant quelques minutes égayent les spectateurs de leurs évolutions désordonnées.

CLAIRE. — Hier au soir, les barbes de plume et les menus morceaux de paille sautaient de la même manière entre la feuille de papier électrisée et la table.

JULES. — C'est tout naturel, puisque l'oncle vient de nous dire que la feuille de papier frottée recèle, mais en petit, la substance même de la foudre.

PAUL. — Je suis heureux de vous voir saisir cette étroite ressemblance entre la foudre et l'électricité que nous faisons apparaître en frottant certains corps. De Romas faisait sa terrible expérience précisément pour constater cette ressemblance. J'ai dit terrible expérience ; vous allez voir, en effet, quel danger courait l'audacieux expérimentateur. Trois pailles, vous disais-je, sautillaient de la corde au sol et du sol à la corde, quand soudain tout le monde pâlit d'effroi : une violente explosion éclate et la foudre tombe en creusant un large trou dans le sol et soulevant un nuage de poussière.

CLAIRE. — Mon Dieu ! de Romas était mort ?

PAUL. — Non, de Romas était sauf, il rayonnait de joie : ses prévisions étaient vérifiées avec un succès qui tenait du prodige : il était démontré que la foudre peut être amenée des nuages à la portée de l'observateur; il était prouvé que le tonnerre a pour cause l'électricité. Ce n'était pas là, mes enfants, un mince résultat, propre uniquement à satisfaire notre curiosité : la foudre étant connue dans sa nature, il devenait possible de se garantir de ses ravages, comme je vous le dirai dans l'histoire du paratonnerre.

CLAIRE. — De Romas, qui faisait au péril de sa vie ces importantes expériences, dut être comblé d'honneurs et de richesses par ses contemporains.

PAUL. — Hélas! ma chère enfant, ce n'est pas ainsi que d'habitude les choses se passent. La vérité, pour s'établir, trouve rarement la place libre; elle doit lutter contre les préjugés et l'ignorance. La lutte est parfois si pénible, que les hommes de bonne volonté succombent à la tâche. De Romas, voulant répéter son expérience à Bordeaux, fut accueilli à coups de pierres par la foule, qui voyait en lui un homme dangereux, évoquant la foudre par des maléfices. Il dut fuir à la hâte en abandonnant ses appareils.

Un peu avant de Romas, Franklin faisait, aux Etats-Unis de l'Amérique du Nord, de semblables recherches sur la nature de la foudre. Benjamin Franklin était fils d'un pauvre fabricant de savon. Il trouva dans la maison paternelle tout juste les ressources nécessaires pour apprendre à lire, à écrire et à compter; et cependant il devint par sa science l'un des hommes les plus remarquables de son époque. Un jour d'orage, en 1752, il se rendit dans la campagne de Philadelphie, accompagné de son fils, qui portait un cerf-volant formé d'un tissu de soie noué par les quatre coins à deux baguettes de verre. Une tige de métal terminait l'appareil. Le cerf-volant fut lancé vers un nuage orageux. Rien au début ne vint confirmer les prévisions du savant Américain : la corde ne donnait aucun signe d'électricité. Une pluie survint. La corde mouillée laissa plus librement circuler l'électricité ; et Franklin, sans se préoccuper du danger qu'il courait et transporté de joie de dérober ainsi son secret à la foudre, fit jaillir avec le doigt de nombreuses étincelles, assez fortes pour enflammer de l'esprit-de-vin.

XXXIX. — La foudre et le paratonnerre.

PAUL. — Par leurs belles recherches, Franklin, de Romas et bien d'autres encore nous ont dévoilé la nature de la foudre; ils nous ont appris, en particulier, que la substance foudroyante, quand elle est en petite quantité, jaillit sans danger à l'approche du doigt, sous forme de vives étincelles pétillantes, et que tout corps qui en recèle attire à lui les corps légers voisins, comme la corde du cerf-volant attirait les pailles dans l'expérience faite par de Romas, comme la cire d'Espagne et le papier frottés attirent les barbes de plume. Ils nous ont appris, enfin, que la foudre a pour cause l'électricité.

Or, il y a deux électricités distinctes, qui, associées en quantités égales, existent dans tous les corps. Tant qu'elles sont réunies, rien n'en trahit la présence; elles sont comme si elles n'existaient pas. Mais une fois séparées, elles se recherchent à travers tous les obstacles, s'attirent et se précipitent au-devant l'une de l'autre avec explosion et jet de lumière. Puis, tout rentre dans un complet repos, jusqu'à ce que la séparation des deux principes électriques ait lieu de nouveau. Les deux électricités se complètent donc mutuellement et se neutralisent, c'est-à-dire forment quelque chose d'invisible, d'inoffensif, d'inerte, qu'on trouve partout et qu'on nomme électricité neutre. Electriser un corps, c'est en décomposer l'électricité neutre; c'est en désunir les deux principes, qui, mélangés, ne produisent rien, mais qui, séparés l'un de l'autre, apparaissent avec leurs merveilleuses propriétés et leur brutale tendance à la recombinaison. Le frottement est un moyen d'effectuer la séparation des deux principes électriques, mais il est loin d'être le seul. Tout changement profond qui survient dans la nature intime d'un corps fait apparaître aussi les deux électricités. Aussi les nuages, qui sont de l'eau changée en vapeur par la chaleur du soleil, se trouvent-ils souvent électrisés.

Quand deux nuages électrisés différemment viennent à se trouver en présence, aussitôt leurs électricités contraires accourent au-devant l'une de l'autre pour se recombiner, et jaillissent avec fracas sous forme d'un trait de feu qui jette une vive et subite lueur. Cette lueur, c'est l'éclair; ce trait de feu, c'est la foudre; le bruit de l'explosion, c'est le tonnerre. Enfin l'étincelle électrique peut jaillir entre un nuage électrisé d'une manière et un point du sol électrisé de l'autre.

En général, vous ne connaissez de la foudre que la subite illumination qu'elle produit et le fracas de son explosion. Pour voir la foudre elle-même, il faut vaincre une frayeur que rien ne motive et regarder attentivement les nuées, centre de l'orage. D'un moment à l'autre, on voit alors serpenter un trait éblouissant, simple ou ramifié, et d'une forme sinueuse très-irrégulière. La fournaise ardente, les métaux chauffés à blanc n'ont pas son éclat; seul, le soleil fournit un terme de comparaison digne de la souveraine splendeur de la foudre.

JULES. — Moi, j'ai vu la foudre quand elle est tombée sur le grand pin le jour de l'orage. Un moment je suis resté aveuglé par son éclat, comme si j'avais regardé le soleil en face.

EMILE. — Au prochain orage, je regarderai bien le ciel pour voir le ruban de feu, mais à la condition que l'oncle sera là. Seul, je n'oserais pas; c'est si terrible!

CLAIRE. — Moi aussi, je ferai de mon mieux pour vaincre ma frayeur, pourvu que l'oncle y soit.

PAUL. — J'y serai, mes enfants, si ma présence doit vous rassurer, car c'est bien le plus imposant spectacle que celui d'un ciel orageux, incendié des feux de l'éclair et plein du roulement du tonnerre. Et cependant, lorsque, au sein des nuées, flamboie le trait éblouissant de la foudre, et que l'étendue retentit du fracas de l'explosion, une folle frayeur vous domine; l'admiration n'a plus de place en votre esprit, et vos yeux terrifiés se ferment à la magnificence des phénomènes électriques de l'atmosphère, qui racontent avec tant d'éloquence la majesté des œuvres de Dieu. De votre cœur, glacé de crainte, aucun élan de reconnaissance ne monte, car vous ignorez qu'en ce moment, aux lueurs de l'éclair, au fracas de l'averse, du tonnerre et des vents déchaînés, un grand acte providentiel s'accomplit. La foudre, en effet, est une cause de vie bien plus qu'une cause de mort. Malgré les terribles mais rares accidents qu'elle occasionne, obéissant en cela aux décrets impénétrables de Dieu, elle est un des plus puissants moyens que la Providence emploie pour assainir l'atmosphère, pour débarrasser l'air que nous respirons des exhalaisons meurtrières engendrées par la pourriture. Nous brûlons des torches de paille et de papier dans les appartements dont il faut assainir l'air; avec ses immenses traits de feu, la foudre remplit un effet analogue dans l'étendue atmosphérique. Chacun de ces éclairs qui vous font tressaillir de frayeur, est un gage de salubrité générale; chacun de ces coups de tonnerre qui nous glacent de crainte est une preuve du grand travail de purification qui s'opère en faveur de la vie. Et qui ne sait avec quelles délices, après un orage, la poitrine s'emplit d'un air plus pur, alors que l'atmosphère, assainie par les feux de la foudre, donne une nouvelle vie à tout ce qui respire! Gardons-nous donc d'une folle terreur lorsqu'il tonne, mais élevons notre esprit vers Dieu, de qui le tonnerre et l'éclair ont reçu leur salutaire mission.

La foudre, comme toute chose en ce monde, accomplit un rôle ayant rapport au bien-être général; mais, comme toute chose encore, elle peut, suivant les vues secrètes de la Providence, à qui rien n'échappe, amener de rares accidents de détail qui nous font méconnaître l'immense service qu'elle nous rend. Rien n'arrive, ne l'oublions jamais, sans la permission de notre Père qui est dans les cieux. Une respectueuse crainte de Dieu doit, en nous, exclure toute autre crainte. Examinons alors de sang-froid le danger que la foudre nous fait courir. Rappelons-nous surtout que la foudre frappe de préférence les points les plus saillants du sol, car c'est là que l'électricité contraire, attirée par celle du nuage orageux, se porte en plus grande abondance pour se rapprocher de celle qui l'attire.

CLAIRE. — Les deux électricités qui se cherchent pour se recombiner vont au-devant l'une de l'autre autant que possible. Celle du sol gagne le sommet d'un arbre élevé pour se porter vers le nuage, celle du nuage se porte de son côté vers l'arbre. Puis un moment arrive où les deux électricités, s'attirant toujours et n'ayant plus devant elles un chemin qui leur permette de se rejoindre paisiblement, se précipitent avec fracas l'une vers l'autre. Alors, de toute nécessité, le trait de feu atteint l'arbre. Est-ce bien cela, mon oncle?

PAUL. — Ma chère enfant, je n'aurais pas mieux dit. Tel est, en effet, le motif pour lequel les édifices élevés, les tours, les clochers, les grands arbres, sont les points les plus exposés au feu du ciel. En rase campagne, il serait très-imprudent, pendant un orage, de chercher un refuge contre la pluie sous un arbre, surtout s'il est grand et isolé. Si la foudre doit tomber aux environs, ce sera de préférence sur cet arbre, qui forme un point élevé où l'électricité du sol doit s'accumuler, pour se rapprocher le plus possible de celle du nuage qui l'attire. Les tristes exemples de personnes foudroyées qu'on déplore chaque année se rapportent, pour la plupart, à de malheureux imprudents abrités de la pluie sous un grand arbre.

JULES. — Si vous n'aviez pas su ces choses, mon oncle, nous étions perdus le jour de l'orage, quand je voulais m'abriter sous le grand pin.

PAUL. — Il est fort douteux que la foudre, en ébranchant l'arbre, nous eût épargnés nous-mêmes. C'est témérité impie que de s'exposer sans motif au péril, et de s'en remettre ensuite à la Providence pour nous tirer du mauvais pas. Aide-toi, le ciel t'aidera. Nous nous sommes aidés en fuyant l'arbre dangereux, et nous sommes revenus saufs. Mais, pour s'aider efficacement, il faut connaître; aussi, pour bien graver ces choses dans votre esprit, j'insiste encore une fois sur le danger que présentent, en temps d'orage, les hautes tours, les clochers, les édifices élevés et surtout les grands arbres isolés. Quant aux autres précautions qu'on est dans l'habitude de recommander, comme de ne pas courir, lorsqu'on est surpris par l'orage, pour ne pas déplacer l'air violemment, et de fermer les portes et les fenêtres afin d'empêcher les courants d'air, elles n'ont aucune espèce de valeur: la direction que suit la foudre n'est en rien influencée

Fig. 26. — Le Paratonnerre.

par les mouvements de l'air. Les convois des chemins
de fer, qui marchent avec une grande vitesse et dé-
placent l'air avec tant de violence, ne sont pas plus
exposés à la foudre que les objets immobiles. L'expérience de chaque jour en fait foi.

ÉMILE. — Quand il tonne, mère Ambroisine se
hâte de fermer toutes les fenêtres, ainsi que les portes.

PAUL. — Mère Ambroisine est comme beaucoup
d'autres personnes, qui se croient en sûreté dès
qu'elles cessent de voir le péril. On s'enferme pour
ne pas entendre le tonnerre, pour ne pas voir l'éclair;
mais cela ne diminue en rien le danger.

JULES. — Il n'y a donc pas de précautions à
prendre?

PAUL. — Dans les circonstances habituelles, aucune, si ce n'est cette précaution par excellence : avoir
le cœur ferme et s'en remettre à la volonté de Dieu.

Pour protéger les édifices élevés, plus menacés que
les autres, on a le paratonnerre, merveilleuse invention due au génie de Franklin. Le paratonnerre se
compose d'une longue et forte tige de fer pointue, im-
plantée au sommet de l'édifice. De sa base part une
grosse tringle, également en fer, qui longe le toit et
les murs, où elle est fixée par des crampons, et plonge
dans le sol humide ou mieux dans l'eau d'un puits profond. Si la foudre éclate, elle tombe sur le paratonnerre, qui est l'objet le plus voisin du nuage et en
outre le plus apte à laisser circuler l'électricité à
cause de sa nature métallique. D'ailleurs, sa forme
pointue est pour beaucoup dans son efficacité protec-
trice. La foudre qui atteint le paratonnerre suit le
conducteur en métal et va se dissiper dans les profondeurs du sol sans produire de dégâts.

XL. — Effets de la foudre.

PAUL. — La foudre renverse, brise, déchire les
corps qui ne laissent pas l'électricité circuler librement. Elle fait voler les rochers en éclats et en pro-

jette les fragments à de grandes distances; elle enlève les toitures de nos habitations; elle fend le tronc des arbres et en divise le bois en menus filaments; elle renverse les murs, ou même les arrache de leurs fondations. En pénétrant dans le sol, elle fond le sable sur son trajet et produit des tubes irréguliers à parois vitreuses. Elle rougit, fond, réduit en vapeurs les corps de nature métallique, qui permettent à l'électricité de circuler aisément, comme les chaînes en métal, les fils de fer des sonnettes, les dorures des cadres. C'est, du reste, sur les objets métalliques qu'elle se porte de préférence. On a des exemples de coups de foudre réduisant en fumée, sur des personnes restées sauves, les divers objets métalliques qui se trouvaient sur elles, galons dorés, boutons en métal, pièces de monnaie. Elle enflamme les amas de matières combustibles, comme les tas de paille, les meules de fourrage sec.

Une faible étincelle électrique, comme celles que je vous ai appris à faire jaillir du papier, ne produit sur nous qu'un effet à peine sensible. Tout au plus éprouvons-nous, au point atteint, un léger picotement. Mais, à l'aide des appareils puissants dont la science dispose, le choc électrique est pénible et peut devenir dangereux et même mortel. Quand on est atteint par une étincelle un peu forte, on éprouve, aux articulations surtout, une brusque secousse qui vous fait tressaillir et ployer sur les jarrets. Avec une étincelle plus forte encore, tout le corps est saisi d'un ébranlement soudain si brutal, que les articulations semblent se disjoindre et qu'on est terrassé par la commotion. La science possède des appareils assez puissants pour tuer un bœuf par le choc électrique.

La foudre, étincelle incomparablement plus forte que celle de nos engins électriques, commotionne l'homme et les animaux avec une violence extrême; elle les renverse, les blesse et les frappe même instantanément de mort. Tantôt la personne foudroyée porte des traces plus ou moins profondes de brûlure;

tantôt elle n'a aucune blessure apparente, même des plus légères. La mort ne provient donc pas généralement des meurtrissures que la foudre peut produire, mais de la commotion soudaine et brutale qu'elle imprime au corps. Parfois, la mort n'est qu'apparente : la commotion électrique suspend simplement les fonctions fondamentales de la vie, la circulation du sang et la respiration. On peut combattre cet état, qui deviendrait mortel s'il se prolongeait, en donnant à la personne foudroyée les mêmes soins que l'on donne aux noyés, c'est-à-dire en cherchant à ranimer par des frictions le mouvement respiratoire de la poitrine. D'autres fois, enfin, la commotion électrique frappe de paralysie plus ou moins complète quelque partie du corps, ou bien ne produit qu'un désordre passager qui se dissipe de lui-même.

XLI. — Les nuages.

Pour compléter l'histoire du tonnerre, l'oncle raconta le lendemain l'histoire des nuages. L'occasion était, du reste, fort belle. Dans une partie du ciel s'étaient amoncelés de grands nuages blancs semblables à des montagnes de coton. L'œil était ravi des moelleux contours de cette ouate céleste.

PAUL. — Vous vous rappelez tous ces brouillards qui, dans les matinées humides d'automne et d'hiver, couvrent la terre d'un voile de fumée grise, cachent le soleil et nous empêchent de voir quelques pas en avant?

CLAIRE. — En regardant en l'air, on aperçoit flotter comme une fine poussière d'eau.

JULES. — Avec Emile, il nous est arrivé de jouer à cache-cache dans cette espèce de fumée humide. A quelques pas de distance, on ne peut plus se voir.

PAUL. — Eh bien, les nuages et les brouillards sont

même chose ; seulement les brouillards s'étalent autour de nous et se montrent tels qu'ils sont, gris, humides, froids, tandis que les nuages se tiennent plus ou moins élevés et prennent, avec l'éloignement, de riches apparences. Il y en a d'un blanc éblouissant, comme ceux que vous voyez là-bas ; il y en a de rouges, de couleur d'or et de feu ; il y en a de cendrés, de noirs. La coloration varie d'ailleurs d'un moment à l'autre. Au coucher du soleil, vous verrez tel nuage débuter par être blanc, puis se teindre d'écarlate, puis briller comme un entassement de braise, comme un lac d'or fondu, et enfin s'obscurcir et tourner au gris, au noir, à mesure que les rayons solaires lui arrivent en moindre abondance. Tout cela est affaire d'illumination par le soleil. En réalité, les nuages, si splendides qu'en soient les apparences, sont formés d'une fumée humide absolument pareille à celle des brouillards. On s'en assure en les visitant de près.

ÉMILE. — On peut donc monter jusqu'aux nuages, mon oncle ?

PAUL. — Mais sans doute. Il suffit d'avoir d'assez bonnes jambes pour atteindre le sommet d'une haute montagne. Assez souvent alors, on a les nuages sous les pieds.

ÉMILE. — Et cela vous est arrivé, de voir les nuages au-dessous de vous ?

PAUL. — Quelquefois.

ÉMILE. — Ce doit être bien beau.

PAUL. — Tellement beau que la parole ne peut le rendre. Mais on n'est pas précisément à la fête, si les nuages remontent et viennent à vous envelopper. On peut être fort contrarié par la seule obscurité du brouillard. On s'égare ; on s'engage, sans se douter du péril, dans les endroits les plus dangereux, au risque d'être précipité dans quelque abîme ; on perd de vue les guides, qui seuls connaissent les lieux et pourraient vous tirer du mauvais pas. Non, tout n'est pas roses au milieu des nuages. Vous l'apprendrez peut-être un jour à vos dépens. En attendant transportons-nous en imagination au haut d'une montagne visitée par les nuages. Si les circonstances sont favorables, voici ce que nous verrons.

Au-dessus de nos têtes, le ciel, d'une pureté parfaite, ne présente rien de particulier; le soleil y brille de tout son éclat. Là-bas, à nos pieds, presque dans la plaine, s'étalent des nuages blancs. Le vent les balaie devant lui et les entraîne vers le sommet. Les voilà qui roulent en remontant le flanc de la montagne. On dirait d'immenses flocons de coton poussés à contre-sens des pentes par quelque main invisible. Par moments, un rayon de soleil glisse dans leur épaisseur et leur communique l'éclat de l'or et du feu. Les nuages admirables derrière lesquels le soleil disparaît à son coucher, n'ont pas plus de richesse. Quelles vives teintes, quelle moelleuse souplesse! Ils montent, ils montent toujours. Maintenant ils s'enroulent, pareils à une ceinture éclatante de blancheur, autour du sommet de la montagne, et nous cachent la vue de la plaine. Le point où nous sommes domine seul au-dessus du rideau nuageux, comme un îlot au-dessus de la mer. Ce point est enfin envahi, nous sommes au sein même des nuages. Chaudes teintes, contours moelleux, éclatant aspect, tout a disparu. Ce n'est plus qu'un brouillard ténébreux qui nous pénètre d'humidité et nous porte la tristesse dans l'âme. Ah! si quelque coup de vent pouvait bientôt balayer les déplaisantes nuées!

Voilà, mes petits amis, ce qu'on ne manque pas de souhaiter lorsqu'on est dans les nuages, qui, si beaux à distance, n'en sont pas moins de près de bien tristes brouillards. Le spectacle des nuages doit être vu de loin. Quand notre curiosité veut examiner de trop près certaines apparences, nous les trouvons quelquefois trompeuses; mais nous trouvons aussi que, sous un éclat secondaire, objet d'ornement pour la terre, elles cachent des réalités d'une importance de premier ordre. Les merveilles des nuages ne sont qu'une apparence, qu'une illusion de lumière ; mais sous cette illusion se cachent les réservoirs de la pluie, cause de la fécondité du sol. Dieu, par qui les moindres détails de la création ont été réglés, a voulu que les substances les plus communes, mais les plus nécessaires, servissent à l'ornement de la terre malgré leur humble aspect réel ; et il les a revêtues d'un prestige calculé sur la distance à laquelle nous devons les contempler. Les fumées grises des nuages nous donnent la pluie. C'est là leur utilité capitale. Le soleil les illumine et cela suffit pour en faire une tenture céleste, où l'œil émerveillé trouve les magnificences de la pourpre, de l'or et du feu. C'est là leur rôle ornemental.

La hauteur à laquelle se tiennent les nuages est fort variable et n'atteint pas, en général, la valeur que vous pourriez supposer. Il y a des nuages qui traînent paresseusement à terre, ce sont les brouillards ; il y en a d'autres qui stationnent sur les flancs des montagnes médiocrement élevées ; d'autres qui en couronnent les sommets. La région où ils se trouvent communément est comprise entre 500 et 1500 mètres. Dans quelques cas assez rares, ils s'élèvent à près de quatre lieues de hauteur. Par delà règne une éternelle sérénité ; jamais les nuages n'y montent, jamais n'y gronde le tonnerre, et ne s'y forment la neige, la grêle et la pluie.

On appelle cirrus les nuages qui tantôt ont l'aspect de légers flocons pareils à des touffes de laine crépue, tantôt celui de filaments déliés d'une blancheur éclatante faisant un vif contraste avec le bleu foncé du ciel. De tous les nuages, ce sont les plus élevés. Ils atteignent souvent une lieue de hauteur. Quand les cirrus prennent la forme de petits nuages arrondis, disposés à côté l'un de l'autre en très-grand nombre de manière à reproduire l'aspect d'un troupeau de moutons vus par le dos, le ciel qui en est couvert est dit pommelé. C'est d'ordinaire un présage de changement de temps.

On donne le nom de cumulus à ces gros nuages blancs, à contours arrondis, qui s'entassent, pendant la chaleur de l'été, comme d'immenses montagnes d'ouate. Leur apparition présage l'orage.

JULES. — Les nuages que nous voyons là-bas du côté des montagnes sont alors des cumulus. Ils ressemblent à des amoncellements de coton. Nous amèneront-ils l'orage?

PAUL. — Je ne le pense pas. Le vent les pousse dans une autre direction. Toujours est-il qu'il fait un orage là où ils se trouvent. Ecoutez, en effet.

Une soudaine lueur venait de courir parmi les flocons du cumulus. Après une attente assez longue, le bruit du tonnerre arriva, mais très-affaibli par la distance. Les questions se pressaient sur les lèvres de Jules et d'Emile. Pourquoi pleut-il là-bas et non ici ; pourquoi le bruit du tonnerre arrive-il après l'éclair; pourquoi.....

PAUL. — Nous allons parler de tout cela, mais d'abord apprenons les autres formes des nuages. On nomme stratus les nuages disposés par bandes irrégulières étagées au bord du ciel au moment du lever ou du coucher du soleil. Ce sont des nuages qui, aux dernières lueurs du jour, surtout en automne, prennent les teintes ardentes des métaux fondus et de la flamme. Les stratus rouges du soir annoncent le beau temps, les stratus rouges du matin sont suivis de pluie ou de vent.

Enfin, on appelle nimbus un ensemble de nuages sombres, d'un gris uniforme, tellement confondus l'un dans l'autre qu'il est impossible de les distinguer. Ces nuages se résolvent ordinairement en pluie. Vus à distance, ils présentent souvent de larges bandes qui vont en ligne droite du ciel à la terre. Ce sont des traînées de pluie.

Emile maintenant peut faire ses questions.

XLII. — Vitesse du son.

EMILE. — Sous ce gros nuage blanc que vous appelez cumulus, il fait en ce moment un orage. Nous venons de voir l'éclair et d'entendre le tonnerre. Ici, au contraire, le ciel est bleu. Il ne pleut donc pas partout à la fois. Quand la pluie tombe en un pays, il fait beau temps en d'autres. Et pourtant, lorsqu'il se met à pleuvoir ici, le ciel entier est couvert de nuages.

PAUL. — Il suffit de la main mise devant les yeux pour nous cacher le ciel. Un nuage, bien plus éloigné, mais aussi bien plus grand, produit le même effet : il nous masque l'étendue environnante et la rend en entier nuageuse. Mais ce n'est qu'une apparence ; en dehors de la région que le nuage recouvre, le ciel peut être serein et le temps magnifique. Sous le cumulus où maintenant le tonnerre gronde, il pleut, c'est chose sûre, et le ciel paraît noir. Les gens qui se trouvent dans cette région n'aperçoivent autour d'eux qu'une étendue pluvieuse, parce qu'ils sont enveloppés par la nuée ; s'ils allaient ailleurs, en dehors du nuage, ils trouveraient le ciel serein que nous avons ici.

EMILE. — Avec un cheval qui marcherait bien, on pourrait alors sortir de dessous la nuée, quitter la pluie et venir au beau temps ; comme aussi l'on pourrait quitter le soleil et aller trouver la pluie sous le nuage.

PAUL. — Parfois ce serait possible, mais le plus souvent non, parce que les nuages peuvent recouvrir de très-grandes étendues. D'ailleurs ils voyagent, ils se transportent d'un pays à l'autre avec une telle vitesse, que le meilleur cavalier ne pourrait les suivre à la course. Vous avez tous vu l'ombre des nuages courir sur le sol quand souffle le vent. Collines, vallées, plaines, cours d'eau, forêts, tout est franchi en moins de rien. L'ombre d'un nuage passe sur vous au moment où vous atteignez le sommet d'une colline. Avant que vous ayez fait trois pas pour descendre dans la vallée, l'ombre, à pas de géant, remonte la colline opposée. Qui pourrait se flatter de suivre le nuage et de se maintenir sous son couvert?

Si la pluie tombe parfois sur de très-grandes étendues de pays, jamais du moins elle n'est générale, absolument jamais. Pleuvrait-il à la fois sur une province entière, qu'est l'étendue de cette province par rapport à la terre? Une motte par rapport à un vaste champ. Chassés par le vent, les nuages courent dans les immensités de l'air. Ils voyagent et sur leur parcours projettent l'ombre ou déversent la pluie. Il pleut où ils passent; partout ailleurs, non. En un même lieu, on peut même avoir la pluie ou le beau temps, suivant qu'on se trouve par-dessous ou pardessus le nuage. Vous savez qu'au haut d'une montagne, il arrive parfois d'avoir les nuages à ses pieds. La plaine située sous le nuage peut recevoir une forte averse, tandis qu'au sommet de la montagne le soleil brille sans une seule goutte de pluie.

JULES. — Tout cela se comprend sans peine. A mon tour maintenant, mon oncle, de vous faire une question. Du nuage orageux que nous voyons d'ici, l'éclair a d'abord jailli; puis, après un bon moment d'attente, le bruit du tonnerre est venu. Pourquoi le bruit et l'éclair ne vont-ils pas ensemble?

PAUL. — Deux choses nous avertissent de l'explosion de la foudre : la lumière et le bruit. La lumière est la lueur de l'éclair, le bruit est le tonnerre. De même quand on décharge une arme à feu, il y a la lueur produite par l'inflammation de la poudre et le bruit résultant de cette inflammation. Sur les lieux où l'explosion se fait, lumière et bruit éclatent au même instant; mais, pour des personnes éloignées, la lumière, incomparablement plus rapide dans sa marche, arrive avant le son, plus lent dans sa propagation. Si l'on prête attention à la décharge d'un fusil faite à une distance un peu considérable, on aperçoit d'abord l'éclair et la fumée de l'explosion, et l'on n'entend le bruit que quelque temps après, d'autant plus tard que le lieu de l'explosion est plus éloigné. La lumière parcourt un immense trajet dans un temps excessivement court. La lueur de l'explosion parvient donc à l'œil à l'instant même où elle jaillit. Si le son n'arrive qu'après, c'est qu'il est beaucoup moins rapide dans sa marche et que, pour franchir une distance un peu forte, il met un temps assez long, aisément mesurable. Supposons que dix secondes s'écoulent entre l'instant où apparaît l'éclair d'un coup de canon et l'instant de l'arrivée du bruit. On mesure la distance qui sépare le point où l'explosion a eu lieu et le point où on l'a entendue. On trouve 3400 mètres. Par conséquent, le son parcourt dans l'air, en une seule seconde, une distance de 340 mètres. C'est une belle rapidité, comparable à celle du boulet au sortir de la gueule du canon, mais, après tout, ce n'est rien par rapport à l'inconcevable vitesse de la lumière.

L'inégale rapidité de propagation du son et de la lumière nous rend compte du fait suivant. On regarde à distance un bûcheron qui fend du bois, un maçon qui taille une pierre. On voit la hache s'abattre sur le bois, on voit le maillet taper la pierre, et quelque temps après on entend le choc.

Jules. — Un dimanche, devant l'église, je regardais de loin sonner la grosse cloche. Je voyais le battant frapper et le son n'arrivait qu'après. J'en vois maintenant la cause.

Paul. — Si l'on compte le nombre de secondes qui s'écoulent entre l'instant de l'apparition de l'éclair et l'instant où le tonnerre commence à se faire entendre, on peut savoir à quelle distance on est du nuage orageux.

Émile. — Une seconde, est-ce bien long ?

PAUL. — C'est à peu près la valeur d'un battement du pouls. Il suffit d'ailleurs de compter un, deux, trois, quatre, etc., sans se presser, mais sans y mettre non plus trop de lenteur, pour avoir environ le nombre de secondes. Surveillez l'instant où un éclair luira dans le cumulus orageux, et comptez lentement jusqu'au moment où vous entendrez le tonnerre.

L'œil au guet, l'oreille attentive, tous se mirent en observation. Enfin un éclair apparut. On compta, l'oncle réglant la mesure. Un,... deux,... trois,... quatre,... cinq... A douze, le tonnerre gronda, mais si faiblement qu'on l'entendait tout juste.

PAUL. — Il a fallu douze secondes au bruit du tonnerre pour nous arriver. De quelle distance vient-il, sachant que le son franchit 340 mètres par seconde ?

CLAIRE. — Il faut répéter 12 fois 340 mètres, il faut multiplier 340 par 12.

PAUL. — Eh bien, mademoiselle, faites l'opération.

Claire fit le calcul. Le résultat était de 4080 mètres.

PAUL. — L'explosion de la foudre a eu lieu à 4080 mètres de distance ; nous sommes à une lieue et plus du nuage orageux.

ÉMILE. — Comme c'est facile, pourtant ! On compte un, deux, trois, quatre ; et, sans bouger de place, on sait à quelle distance la foudre vient d'éclater.

PAUL. — Plus il s'écoule de temps entre l'apparition de l'éclair et l'arrivée du bruit, plus loin est le nuage. Quand le bruit arrive en même temps que l'éclair, l'explosion a lieu tout près. Jules le sait très-bien depuis le jour de l'orage dans le bois de pins.

CLAIRE. — J'ai entendu dire qu'on ne risque plus rien quand on a vu l'éclair.

PAUL. — La foudre est aussi rapide que la lumière. L'explosion électrique est donc terminée une fois que l'éclair a lui, et tout danger est alors passé, car le bruit du tonnerre, si fort qu'il soit, ne peut faire aucun mal.

XLIII. — Expérience de la carafe d'eau fraîche.

L'oncle avait bien dit, la veille, que les nuages sont des brouillards nageant dans les hauteurs de l'air au lieu de s'épandre à terre, mais il n'avait pas dit de quoi se composent les brouillards et comment ils se forment. Le lendemain, il continua de la sorte l'histoire des nuages.

Paul. — Quand mère Ambroisine étale sur des cordes le linge qu'elle vient de laver, que se propose-t-elle? De faire sécher le linge, de faire partir l'eau dont il est imbibé. Eh bien, cette eau que devient-elle, s'il vous plaît?

Jules. — Elle s'en va, je le sais, mais je serais fort embarrassé de dire ce qu'elle devient.

Paul. — Cette eau se dissémine dans l'air, s'y dissout et devient invisible comme l'air lui-même. Quand on mouille un tas de sable aride, l'eau s'y insinue de partout et disparaît. Il est vrai que le sable prend alors un aspect différent : il était sec avant, il est humide après. Le sable boit l'eau en contact avec lui. Ainsi fait l'air, il boit l'humidité du linge en devenant lui-même humide ; et il la boit si bien, que le tout, air et eau, reste invisible comme si l'air ne renfermait rien d'étranger. On appelle vapeur l'eau devenue invisible, en quelque sorte aérienne, c'est-à-dire semblable à l'air ; et la réduction de l'eau en ce nouvel état se nomme évaporation. L'humidité du linge que l'on veut sécher s'évapore ; l'eau s'insinue dans l'air et devient ainsi vapeur invisible, qui se répand en tous sens au gré du vent. L'évaporation est d'autant plus prompte, plus abondante, qu'il fait plus chaud. N'avez-vous pas remarqué qu'un mouchoir mouillé se sèche très-vite par un soleil ardent, et ne perd son humidité qu'avec une lenteur extrême si le temps est couvert et froid?

Claire. — Aussi, mère Ambroisine est-elle bien

9.

contente lorsqu'elle rencontre une belle journée pour ses lessives.

PAUL. — Rappelez-vous encore ce qui se passe après l'arrosage du jardin. C'est bien une telle affaire quand, sur la fin d'une journée très-chaude, il s'agit de faire boire ces pauvres plantes qui se meurent de soif. La pompe coule à plein tuyau ; chacun de vous s'empresse avec son arrosoir ; qui va d'ici, qui va de là, distribuant de l'eau aux plantes souffreteuses, aux semis, aux pots de fleurs. Bientôt le jardin a copieusement bu. Comme c'est frais alors, comme les plantes fanées par la chaleur reprennent vigueur et se redressent heureuses ! On croirait les entendre chuchoter entre elles et se raconter les félicités de l'arrosage. Si cela pouvait se maintenir ainsi ! Mais, bah ! le lendemain la terre est encore sèche et il faut recommencer. Qu'est devenue l'eau de la veille ? Elle s'est évaporée, elle s'est dissoute dans l'air ; et maintenant elle voyage peut-être en des régions lointaines, à de grandes hauteurs, jusqu'à ce que, devenue lambeau de nuage, elle retombe en pluie. Quand Jules s'exténue à manœuvrer la pompe pour faire boire ses fleurs, a-t-il jamais songé que l'eau tirée du puits et répandue à terre, tôt ou tard se dissipe dans les immensités de l'air pour prendre sa modeste part à la formation des nuages ?

JULES. — En faisant boire mon jardin, je ne songeais pas que je faisais surtout boire l'air. Mais je le vois maintenant, l'air est le grand buveur. Du contenu d'un arrosoir, les plantes prennent peut-être le plein creux de la main ; l'air boit le reste. Et voilà pourquoi tous les jours il faut recommencer.

PAUL. — Et si l'on exposait au soleil une assiette pleine d'eau, qu'adviendrait-il à la fin ?

EMILE. — Je me charge de le dire. Peu à peu, l'eau s'en irait en vapeur invisible et il ne resterait rien dans l'assiette.

PAUL. — Ce qui se fait aux dépens de l'eau d'une

assiette, et de l'humidité du sol ou d'un linge mouillé, se fait aussi, dans des proportions immenses, sur la surface du monde entier. L'air est en contact avec le sol humide, avec d'innombrables nappes d'eau, lacs, marécages, fleuves, rivières, ruisseaux, avec la mer surtout, la mer immense, qui à elle seule occupe trois fois l'étendue de l'ensemble des terres. Le grand buveur, comme l'appelle Jules, l'air doit donc boire à satiété et contenir partout et toujours de l'humidité, tantôt plus, tantôt moins, suivant la chaleur.

L'air qui est là maintenant tout autour de nous, cet air invisible où l'œil ne distingue rien, contient cependant de l'eau, que l'on peut faire apparaître. Le moyen est très-simple : il suffit de refroidir un peu l'air. Quand on presse une éponge humide dans la main, on en fait suinter l'eau. Le froid agit sur l'air humide à peu près comme la pression de la main sur l'éponge : il en fait suinter l'humidité sous forme de fines gouttelettes. Si Claire veut aller à la pompe remplir une carafe d'eau bien fraîche, je vous montrerai cette curieuse expérience.

Claire se rendit à la cuisine et revint avec une pleine carafe d'eau le plus fraîche possible. L'oncle prit la carafe, l'essuya bien avec son mouchoir afin qu'il ne restât au dehors aucune trace d'humidité, et la plaça sur une assiette également bien essuyée.

Or voilà que la carafe, d'abord d'une limpidité parfaite, se couvre d'une espèce de brouillard qui en ternit la transparence ; puis des gouttelettes apparaissent, ruissellent sur ses flancs et descendent dans l'assiette. Au bout d'un quart d'heure, il s'était amassé dans l'assiette assez d'eau pour remplir un dé à coudre.

Paul. — Les gouttes d'eau qui maintenant ruissellent sur le dehors de la carafe ne proviennent pas, c'est tout clair, de l'intérieur, car le verre ne se laisse pas traverser par l'eau. Elles proviennent de l'air environnant, qui se refroidit au contact de la carafe et laisse alors suinter son humidité. Si la carafe était plus froide, si elle était pleine de glace, le dépôt de gouttelettes liquides serait plus abondant.

CLAIRE. — La carafe me rappelle quelque chose de semblable. Quand on remplit d'eau très-fraîche un verre d'une propreté parfaite, il arrive que le dehors du verre se ternit aussitôt et semble mal lavé.

PAUL. — C'est encore l'air environnant qui dépose son humidité sur la paroi froide du verre.

JULES. — Cette humidité invisible contenue dans l'air est-elle abondante ?

PAUL. — La vapeur invisible de l'air est toujours chose si subtile, si disséminée, qu'il en faudrait des volumes énormes pour faire une petite quantité d'eau. Pendant les chaleurs de l'été, alors que l'air renferme le plus de vapeur, il faudrait soixante mille litres d'air humide pour fournir un litre d'eau.

JULES. — C'est bien peu.

PAUL. — C'est beaucoup si l'on songe à l'immense étendue de l'air.

L'expérience de la carafe nous apprend deux choses : d'abord, il y a toujours de la vapeur invisible dans l'air ; en second lieu, cette vapeur devient visible et se change en brouillard, puis en gouttelettes d'eau, par le refroidissement. Ce retour de la vapeur invisible à l'état de vapeur visible ou de brouillard, puis à l'état d'eau, se nomme condensation. La chaleur réduit l'eau en vapeur invisible, et le froid condense cette vapeur, c'est-à-dire la ramène à l'état liquide ou pour le moins à l'état de vapeur visible ou de brouillard. A ce soir, le reste.

XLIV. — La pluie.

PAUL. — Les explications de ce matin nous rendent compte de la formation des nuages. Une évaporation continuelle a lieu, tant à la surface du sol humide qu'à la surface des différentes nappes d'eau, lacs, étangs, marécages, fleuves, et surtout de la mer. Les vapeurs formées s'élèvent dans l'air et se maintiennent invisibles tant que la chaleur est suffisante. Mais, comme la chaleur diminue à mesure que la hauteur augmente, un moment arrive où les vapeurs ne peuvent plus être tenues en dissolution complète et se résolvent en un amas de vapeurs visibles, en un brouillard ou nuage.

Quand, à la suite d'un refroidissement survenu dans les hauteurs de l'air, la brume du nuage atteint une certaine condensation, des gouttelettes d'eau se forment et tombent en pluie. D'abord fort petites, elles augmentent de volume en route par la réunion d'autres gouttelettes pareilles. Elles nous arrivent donc d'autant plus grosses qu'elles viennent de plus haut, sans dépasser cependant les limites convenables au rôle que la pluie doit remplir. Trop grosses, les gouttes de pluie tomberaient lourdement sur les plantes qu'elles doivent arroser, et les coucheraient à terre, toutes meurtries. Et que serait-ce si la condensation des vapeurs, au lieu de se faire d'une manière graduelle, avait lieu tout d'un coup? Il ne descendrait plus alors du ciel des gouttes de pluie, mais de pesantes colonnes d'eau qui, dans leur chute, ébrancheraient les arbres, écraseraient les récoltes et feraient crouler les toits de nos habitations. Mais, loin de prendre cette forme dévastatrice, la pluie tombe par gouttes, comme en passant à travers quelque crible disposé à dessein sur son trajet pour la diviser et en amortir le choc.

La pluie, rarement, il est vrai, nous arrive avec des caractères tellement étranges, qu'elle frappe de terreur l'homme non instruit. Qui peut se soustraire à l'épouvante lorsqu'il pleut du sang, lorsqu'il pleut du soufre?

Emile. — Que dites-vous là, mon oncle, des pluies de sang ou de soufre! Pour ma part, j'aurais une belle frayeur.

CLAIRE. — Et moi donc !

JULES. — Est-ce pour tout de bon ?

PAUL. — Pour tout de bon. Vous savez bien que je ne vous raconte que des histoires vraies. Il s'agit bel et bien de pluies de sang ou de soufre, du moins en apparence. Il est avéré qu'on a vu des averses dont chaque goutte laissait sur les murs, les chemins, les feuilles des arbres, les habits des passants, des taches rouges, pareilles à du sang. D'autres fois, avec la pluie, il est tombé du ciel une poussière fine, d'un beau jaune, ressemblant à du soufre. Pleuvait-il en effet du sang ? pleuvait-il en effet du soufre? Non : ces prétendues pluies de sang ou de soufre, objet de folles épouvantes, sont des pluies ordinaires souillées de diverses poussières enlevées au sol par le vent. Qu'un tourbillon de vent, après avoir balayé quelque part un terrain couvert d'une poussière rouge argileuse, vienne à transporter plus loin cette poussière au milieu de nuages se résolvant en pluie, et il tombera des gouttes de pluie rouge, ayant l'aspect du sang. Au printemps, lorsque, dans les contrées montagneuses, d'immenses forêts de sapins sont en floraison, chaque coup de vent emporte des nuages d'une fine poussière jaune contenue dans les petites fleurs des sapins. Vous pouvez voir une pareille poussière dans toutes les fleurs, et surtout dans celles du lis.

JULES. — C'est cette poussière qui vous barbouille le nez de jaune quand on flaire une fleur de lis de trop près.

PAUL. —Justement. On lui donne le nom de pollen. Eh bien, en retombant plus loin, tantôt seul, tantôt accompagné de pluie, le pollen enlevé aux forêts par un coup de vent donne naissance aux prétendues pluies de soufre.

CLAIRE. — Vos pluies de sang ou de soufre n'ont rien de bien terrible.

PAUL.—Sans doute, et cependant, pour des populations entières, le cœur s'est glacé d'épouvante devant la chute inoffensive d'un tourbillon de pollen ou de poussière rouge. On se croyait devant les fléaux précurseurs de la fin du monde. L'ignorance est bien misérable, mes chers enfants; et le savoir est une belle chose, ne servirait-il qu'à nous délivrer de stupides terreurs.

JULES. — Désormais, il peut pleuvoir du soufre ou du sang, si quelqu'un a peur, ce ne sera pas moi.

PAUL. — Il peut encore tomber du ciel, soit avec la pluie, soit isolément, des matières minérales fort diverses, du sable, par exemple, de la craie farineuse, de la poussière des grands chemins. On cite même des pluies de petits animaux, de chenilles, d'insectes, de

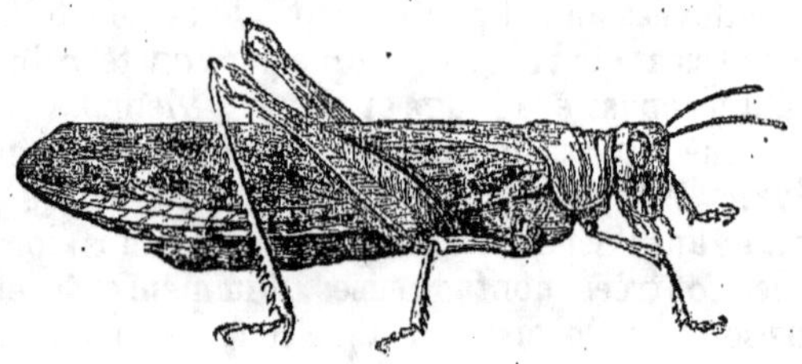

Fig. 27. — La sauterelle a mangé les récoltes.

tout jeunes crapauds. Le merveilleux de ces pluies disparaît, si l'on considère qu'un violent coup de vent peut emporter avec lui tout ce qu'il rencontre d'assez léger, et l'entraîner à de grandes distances avant de le laisser retomber.

D'autres fois, les pluies d'insectes sont dues à une autre cause que le transport par le vent. Quelques espèces de sauterelles, par exemple, se rassemblent en immenses essaims pour changer de contrée quand la nourriture vient à leur manquer. La bande émigrante s'envole, comme à un signal donné, et traverse les airs sous forme d'un grand nuage qui intercepte la clarté du jour. Le défilé dure des jours entiers, tant la troupe est nombreuse. Puis l'essaim vorace s'abat, ainsi qu'un orage vivant, sur les vertes cultures de quelque province éloignée. En peu d'heures, gazon, feuilles des arbres, blés, prairies, tout est brouté. Le sol, comme ravagé par le feu, ne conserve plus un brin d'herbe. Au moment où nous parlons, les populations de l'Algérie meurent de faim. La sauterelle a mangé les récoltes.

Les volcans donnent naissance aux pluies de cendres. On appelle cendres volcaniques des poussières calcinées que les volcans lancent à de grandes hauteurs, au moment de leurs éruptions. Ces matières pulvérulentes forment parfois des nuages énormes, qui produisent en plein jour une obscurité comparable à celle des nuits les plus sombres, et qui, en retombant plus ou moins loin à terre, étouffent les animaux et les plantes sous leurs averses de poussière.

XLV. — Les volcans.

JULES. — Il n'est pas encore tard, mon oncle ; vous devriez bien nous raconter l'histoire de ces terribles montagnes, de ces volcans, d'où proviennent les pluies de cendres.

À ce mot de volcan, Emile, qui déjà sommeillait, se frotta les yeux et rappela toute son attention. Il voulait, lui aussi, entendre la grande histoire. Comme toujours, l'oncle se laissa gagner.

PAUL. — Un volcan est une montagne qui rejette de la fumée, des poussières calcinées, des pierres ardentes et des matières fondues appelées laves. Le sommet est creusé d'une grande excavation, en forme d'entonnoir, dont le pourtour est parfois de plusieurs lieues. C'est ce qu'on nomme le cratère. Le fond du cratère communique avec un conduit tortueux ou cheminée, d'une profondeur impossible à évaluer. Les principaux volcans de l'Europe sont : le Vésuve, près de Naples ; l'Etna, en Sicile ; l'Hécla, en Islande. Le plus souvent, un volcan se tient en repos ou rejette un simple panache de fumée ; mais, de loin en loin, à des intervalles de temps qui peuvent être très-considérables, la montagne gronde, tremble et vomit des torrents de matières en feu. On dit alors qu'il y a éruption. Pour vous donner un aperçu des faits les plus remarquables que présente une éruption volcanique, je choisirai de préférence le Vésuve, le mieux connu des volcans de l'Europe.

L'approche d'une éruption est, en général, annoncée

Fig. 28. — L'intérieur du cratère du Vésuve.

par une colonne de fumée qui remplit l'orifice du cratère et s'élève tout droit, lorsque l'air est calme, jusqu'à près d'une lieue de hauteur. A cette élévation, elle s'étale en une couche interceptant les rayons du soleil. Quelques jours avant l'éruption, la gerbe de fumée s'affaisse sur le volcan, qu'elle recouvre d'un gros nuage noir. Mais alors la terre commence à trembler autour du Vésuve ; de sourdes détonations grondent sous le sol, et, de moment en moment plus fortes, dépassent bientôt en intensité les plus violents coups de tonnerre. On croirait entendre les canonnades d'une nombreuse artillerie détonant sans repos dans les flancs de la montagne.

Tout à coup, une gerbe de feu jaillit du cratère jusqu'à deux et trois mille mètres d'élévation. Le nuage qui plane sur le volcan s'allume des rougeurs de l'incendie, le ciel paraît s'embraser. Des millions d'étincelles s'élancent, comme des éclairs, jusqu'au sommet de la gerbe flamboyante, décrivent de grands arcs en laissant sur leur trajet des traînées éblouissantes et retombent en pluie de feu sur les flancs du volcan. Ces étincelles, si petites de loin, sont des blocs de pierre incandescents, parfois de quelques mètres de dimension, et de force à écraser dans leur chute les plus solides édifices. Quelle est la machine construite de nos mains qui pourrait lancer de pareils quartiers de roche à de telles hauteurs? Ce que tous nos efforts réunis ne sauraient faire une seule fois, le volcan l'accomplit sans relâche, comme en se jouant. Pendant des semaines, des mois entiers, ces blocs rougis sont lancés par le Vésuve, aussi nombreux que les étincelles d'un feu d'artifice.

Jules. — C'est terrible et beau tout à la fois. Oh! que j'aimerais à voir une éruption, mais de loin, bien entendu.

Emile. — Et ceux qui sont sur la montagne ?

Paul. — On se garde bien d'aller sur la montagne en ces moments-là ; on périrait étouffé par la fumée, écrasé par l'averse de pierres en feu.

Cependant, des profondeurs de la montagne, monte, par la cheminée volcanique, un flux de matières minérales fondues, ou laves, qui s'épanchent dans le cratère et forment un lac de feu aussi éblouissant que le soleil. Les spectateurs qui, de la plaine, suivent avec anxiété la marche de l'éruption, sont avertis de l'arrivée des laves par la pénétrante réverbération qu'elles jettent sur les fumées planant dans les hauteurs de l'air. Mais le cratère est plein; alors le sol s'ébranle soudain, se fend avec un bruit de tonnerre, et par les crevasses comme par dessus les bords du cratère, les laves s'épanchent en ruisseaux. Le courant de feu, formé d'une matière éblouissante et pâteuse, pareille à un métal en fusion, s'avance avec lenteur; le front de la coulée ressemble à un rempart incendié qui marche. On peut fuir devant lui, mais tout ce qui est fixé au sol est perdu. Les arbres flamboient un instant au contact des laves, et s'affaissent carbonisés; les murs les plus épais sont calcinés et s'écroulent; les roches les plus dures sont vitrifiées, fondues.

L'émission de la lave a, tôt ou tard, un terme. Alors les vapeurs souterraines, délivrées de l'énorme pression de la masse fluide, se dégagent avec plus de violence que jamais, entraînant avec elles des tourbillons de fine poussière, qui plane en sinistres nuées et s'abat sur la plaine environnante, ou même est poussée par les vents jusqu'à des centaines de lieues de distance. Enfin la terrible montagne s'apaise, et tout rentre dans le repos pour un temps indéterminé.

JULES. — S'il y a des villes à proximité des volcans, ces courants de feu ne peuvent-ils les atteindre? ces nuées de cendres ne peuvent-elles les ensevelir?

PAUL. — Tout cela est malheureusement possible, tout cela est arrivé. Je vous le raconterai demain, car il est temps d'aller dormir.

XLVI. — Catane.

PAUL. — Jules me demandait hier si les courants de laves ne pouvaient atteindre les villes placées à proximité des volcans. L'histoire suivante va répondre à sa question. Il s'agit d'une éruption de l'Etna.

CLAIRE. — L'Etna est bien ce volcan de la Sicile où se trouve le gros châtaignier aux cent chevaux?

PAUL. — Oui. Il faut vous dire qu'il y a aujourd'hui

deux cents ans, eut lieu, en Sicile, une des plus
terribles éruptions dont on ait conservé le souvenir.
Pendant la nuit, après un orage furieux, la terre se
mit à trembler avec tant de violence, que beaucoup
de maisons s'écroulèrent. Les arbres oscillaient comme
des joncs battus par le vent; les gens, fuyant éper-
dus dans la campagne pour éviter d'être écrasés
sous les ruines de leurs habitations, perdaient pied
sur le sol mouvant, trébuchaient et tombaient. En ce
moment, l'Etna se fendit sur une longueur de quatre
lieues, et sur cette fente se dressèrent diverses bouches volcaniques, vomissant, au milieu du fracas d'ef-
froyables détonations, des nuées de fumée noire et de
sable calciné. Bientôt sept de ces bouches se réuni-
rent en un gouffre, qui, pendant quatre mois, ne
cessa de tonner, de rugir, et de rejeter des cendres
et des laves. Le cratère de l'Etna, d'abord complète-
ment en repos comme si ses fournaises n'eussent eu
aucun rapport avec celles des nouvelles bouches volcaniques, s'éveilla quelques jours après et lança à une
prodigieuse hauteur une gerbe de flammes et de fumée; puis la montagne entière s'ébranla, et toutes
les crêtes qui dominaient son cratère s'éboulèrent
dans les abîmes du volcan. Le lendemain, quatre
montagnards osèrent gravir le haut de l'Etna. Ils
trouvèrent le cratère très-agrandi par les écroule-
ments de la veille : son orifice, dont le circuit mesurait d'abord une lieue, avait maintenant deux lieues
de tour.

Cependant, des torrents de laves s'épanchaient par
toutes les crevasses de la montagne et s'élançaient
dans la plaine, détruisant habitations, forêts, cultures. A quelques lieues du volcan, au bord de la
mer, se trouve Catane, grande ville entourée alors de
fortes murailles. Déjà le feu liquide avait dévoré plusieurs villages, lorsque le courant arriva devant les
murs de Catane et s'étendit dans la campagne. Là,
comme pour montrer sa force aux Catanais terrifiés,

il arracha une colline et la transporta à quelque distance ; il souleva en bloc un champ planté de vignes
et le laissa flotter quelque temps, jusqu'à ce que l'îlot
de verdure disparût carbonisé. Enfin, le courant de
feu atteignit une vallée large et profonde. Les Catanais se crurent sauvés : le volcan aurait sans doute
épuisé ses forces avant d'avoir comblé le vaste bassin
où la lave venait de s'engager. Mais quelle n'était pas
leur erreur ! Dans le court espace de six heures, la
vallée était remplie, et la lave, débordant, s'avançait
droit vers la ville en une coulée large d'une demi-
lieue et haute de dix mètres. C'en était fait de Catane si, par la plus heureuse des circonstances, un
autre courant, dont la direction croisait celle du premier, n'était venu heurter le fleuve de feu et le détourner de sa route. La coulée, ainsi déviée, côtoya
les remparts de la ville à une portée de pistolet, et se
dirigea vers la mer.

EMILE. — J'ai eu bien peur pour ces pauvres Catanais, quand vous avez parlé de cette muraille de feu,
haute comme une maison, qui s'avançait droit vers
la ville.

PAUL. — Tout n'est pas encore fini. La coulée, vous
disais-je, se dirigea vers la mer. Ce fut alors, entre
l'eau et le feu, une lutte formidable. La lave présentait un front perpendiculaire de quinze cents mètres
d'étendue et d'une douzaine de mètres d'élévation.
Au contact de cette muraille embrasée, qui plongeait
toujours plus avant dans les flots, d'énormes masses
de vapeur s'élevaient avec d'horribles sifflements,
obscurcissaient le ciel de leurs épais nuages, et re-
tombaient en pluie salée sur toute la contrée. En quelques jours, la lave avait reculé de trois cents mètres
les limites du rivage.

Malgré cela, Catane était encore menacée. La coulée, grossie par de nouveaux courants, s'élargissait de
jour en jour et se rapprochait de la ville. Du haut des
murs, les habitants suivaient avec terreur les pro-

grès implacables du fléau. La lave finit par atteindre les remparts. Le flot de feu montait lentement, mais il montait sans repos; d'heure en heure, on le trouvait un peu plus haut. Il touchait au sommet des murailles, quand celles-ci, cédant à la poussée, furent renversées sur une longueur d'une quarantaine de mètres, et le fleuve de feu pénétra dans la ville.

CLAIRE. — Jésus! mon Dieu! ces pauvres gens sont perdus.

PAUL. — Non, pas les gens, car la lave coule fort lentement, à cause de son état pâteux, et l'on peut très-bien se garer de devant; c'était la ville elle-même qui courait les plus grands périls. Les quartiers envahis par la lave étaient les plus élevés; le courant pouvait de là se répandre partout. Aussi Catane semblait vouée à une destruction totale, quand elle fut sauvée par le courage de quelques hommes qui tentèrent de lutter avec le volcan. Ils s'avisèrent de construire des murs en pierre qui, placés un peu de travers en avant de la coulée, devaient changer la direction du courant. Ce moyen réussit en partie, mais le plus efficace fut le suivant. Les coulées de lave s'enveloppent elles-mêmes d'une sorte de fourreau solide, s'encaissent dans un canal formé de blocs figés et soudés les uns aux autres. Sous cette enveloppe, la matière fondue conserve sa fluidité et va plus loin porter ses ravages. Ils pensèrent donc qu'en abattant ces digues naturelles sur un point bien choisi, ils ouvriraient à la lave une voie nouvelle à travers la campagne, et la détourneraient ainsi de la ville. Suivis d'une centaine d'hommes alertes et vigoureux, ils attaquèrent la coulée, non loin du volcan, à coups de barres de fer. La chaleur était si forte, que chaque travailleur pouvait à peine frapper deux ou trois coups de suite, et s'écartait aussitôt pour respirer. Cependant, ils parvinrent à faire une brèche au fourreau solide, et, conformément à leurs prévisions, la lave s'épancha par cette ouverture. Catane était sauvée, non sans de grandes pertes, car déjà le flot de lave avait brûlé dans l'enceinte de ses murs trois cents maisons, quelques palais et quelques églises. Hors de Catane, cette éruption, si tristement célèbre, couvrit cinq à six lieues carrées d'une couche de lave, épaisse en quelques points d'une trentaine de mètres, et détruisit les habitations de vingt-sept mille personnes.

JULES. — Sans ces hommes courageux qui n'hésitèrent pas, au risque d'être brûlés vivants, d'aller ouvrir un nouveau passage au courant de feu, Catane était bien perdue.

PAUL. — Catane brûlait en entier, ce n'est pas douteux. Aujourd'hui, ses ruines calcinées seraient ensevelies sous une couche de laves refroidies, et il ne resterait que le nom de la grande ville disparue. Trois ou quatre hommes de bonne volonté relèvent le courage de la population terrifiée ; ils espèrent que le ciel viendra en aide à leur dévouement, et, prêts au sacrifice de leur vie, ils empêchent l'épouvantable désastre. Ah ! Dieu vous fasse la grâce, mon cher enfant, de les imiter au moment du péril, car, voyez-vous, si l'homme est grand par l'intelligence, il est encore plus grand par le cœur. En mes vieux ans, quand j'entendrai parler de vous, je serai plus heureux du bien que vous aurez fait que du savoir que vous aurez acquis. Le savoir, mon petit ami, n'est qu'un moyen de mieux venir en aide aux autres. Mettez-vous bien cela dans l'esprit, et, quand vous serez homme, comportez-vous dans le danger comme ceux de Catane. C'est moi qui vous le demande, en dédommagement de mon amour et de mes histoires.

Jules s'essuyait furtivement une larme. L'oncle comprit qu'il venait de semer sa parole dans un bon terrain.

XLVII. — Le récit de Pline.

PAUL. — Pour vous apprendre ce que peuvent faire les cendres lancées par un volcan, je vais maintenant vous raconter une histoire bien vieille, telle que nous l'a transmise un écrivain célèbre de ces temps reculés. Cet écrivain s'appelle Pline. Son récit est en latin, la grande langue d'alors.

C'était en l'an 79 de notre ère. Des contemporains de notre Sauveur vivaient encore. Le Vésuve était alors une montagne paisible. Il ne se terminait pas, comme aujourd'hui, par un cône fumeux, mais par un plateau légèrement concave, reste d'un ancien cratère comblé où végétaient de maigres gazons et des vignes sauvages. Des cultures d'une grande fertilité couvraient ses flancs ; deux villes populeuses, Herculanum et Pompéi, s'étendaient à sa base.

Le vieux volcan, qui paraissait pour toujours assoupi et dont les dernières éruptions remontaient à des temps dont l'homme n'avait pas souvenir, se réveilla soudain et se mit à fumer. Le 23 août, environ une heure après-midi, on vit un nuage extraordinaire, tantôt blanc, tantôt noir, planer au-dessus du Vésuve. Poussé violemment par quelque force souterraine, il s'élevait d'abord tout droit en forme de tronc d'arbre ; puis, arrivé à une grande hauteur, il s'affaissait sous son propre poids et s'épandait en large.

Or, il y avait en ce moment à Misène, port de mer non loin du Vésuve, l'oncle de l'auteur qui nous a transmis ces choses. Il s'appelait Pline, comme son neveu. Il commandait la flotte romaine en station dans ce port. C'était un homme d'un grand courage, ne reculant devant aucun péril pour s'instruire ou pour porter secours aux autres. Surpris du singulier nuage qui planait au-dessus du Vésuve, Pline partit aussitôt avec sa flotte pour venir en aide aux bourgs de la côte menacés et pour observer de plus près la terrible nuée. Les populations du pied du Vésuve fuyaient à la hâte, effarées d'épouvante. Lui se dirigea du côté d'où tout le monde fuyait et où le péril paraissait le plus grand.

JULES. — Très-bien. Le courage vous vient en compagnie des gens qui n'ont pas peur. J'aime Pline, qui court au volcan pour s'informer du danger. J'aurais voulu me trouver là.

PAUL. — Hélas! mon pauvre enfant, vous ne vous seriez pas trouvé à la fête. Sur les vaisseaux tombait une cendre brûlante, mêlée de pierres calcinées; la mer furieuse sortait de son lit; le rivage, encombré de débris de la montagne, devenait inaccessible. On dut reculer. La flotte vint débarquer à Stabies, où le danger, encore éloigné, mais se rapprochant toujours, avait jeté déjà la consternation. Cependant, de plusieurs points du Vésuve s'élançaient de grandes flammes, dont les ténèbres, produites par la nuée de cendres, augmentaient l'effrayante lueur. Pour rassurer ceux qui l'accompagnaient, Pline leur dit que ces flammes venaient de quelques villages abandonnés et surpris par l'incendie.

JULES. — Il leur disait cela pour leur donner courage, mais lui savait bien à quoi s'en tenir.

PAUL. — Il le savait très-bien, il savait que le péril était grand; cependant, brisé de fatigue, il s'endormit d'un profond sommeil. Or, pendant qu'il dormait, la nuée atteignait Stabies. Peu à peu, la cour par où l'on entrait dans son appartement se remplit de cendres, à tel point que bientôt il n'aurait pu sortir. On l'éveilla pour l'empêcher d'être enterré vivant et pour délibérer sur ce qu'il y avait à faire. Les maisons, ébranlées par de continuelles secousses, semblaient s'arracher de leurs fondations; elles chancelaient d'un côté, puis de l'autre. Beaucoup s'écroulaient. On résolut de se remettre en mer. Il tombait une averse de pierres, légères, il est vrai, et calcinées par le feu. Pour se garantir de leur choc, ils se couvrirent la tête d'oreillers; et, à travers les plus affreuses ténèbres, dissipées à peine par la lueur des flambeaux qu'ils portaient, ils se dirigèrent vers le rivage. Là, Pline s'assied un moment à terre pour se reposer, quand des

10

flammes violentes, accompagnées d'une forte odeur de soufre, mettent tout le monde en fuite. Il se lève et dans le moment tombe mort. Les émanations, les cendres et la fumée du volcan l'avaient étouffé.

JULES. — Pauvre Pline ! La fumée de l'affreuse montagne l'étouffe misérablement, lui si courageux !

PAUL. — Pendant que l'oncle périssait à Stabies, le neveu, resté à Misène avec sa mère, était témoin de ce qu'il nous raconte. « Dans la nuit qui suivit le départ de mon oncle, nous dit-il, la terre se mit à trembler violemment. Ma mère effrayée accourut m'éveiller. Elle trouva que je me levais dans le dessein de l'éveiller elle-même. Comme la maison menaçait de s'écrouler, nous nous assîmes dehors, dans la cour, à une petite distance de la mer. Avec l'insouciance de mon âge, j'avais alors dix-huit ans, je me mis à lire. Un ami de mon oncle survint. En nous apercevant, ma mère et moi, assis tous les deux, et moi un livre à la main, il nous blâma de notre confiance et nous engagea à veiller à notre sûreté. Bien qu'il fût sept heures du matin, on y voyait à peine tant l'air était obscurci. Par moments, les édifices étaient si fortement ébranlés, que leur chute était à redouter d'un moment à l'autre. Nous fîmes comme tous les autres, nous quittâmes la ville. On s'arrêta à quelque distance, dans la campagne. Les chariots emmenés vacillaient à tout moment par l'effet des secousses du sol. En assujettissant les roues avec des pierres, à peine pouvait-on les tenir en place. La mer refluait sur elle-même ; chassée du rivage par l'ébranlement des terres, elle abandonnait la plage et laissait à sec sur le sable une foule de poissons. Une nuée horrible d'obscurité s'avançait vers nous. Dans ses flancs serpentaient des traînées de feu semblables à d'immenses éclairs. Bientôt la nuée descend, couvrant la terre et la mer. Alors ma mère me conjure de fuir avec toute la hâte de mon âge, et de ne pas m'exposer à une mort imminente en réglant ma marche sur la sienne, appesantie par les années. Elle mourrait contente si elle me savait hors de danger.

JULES. — Et Pline abandonna sa vieille mère, pour fuir plus vite?

PAUL. — Non, mon enfant, il fit ce que vous feriez tous. Il resta, la soutenant, l'encourageant, bien décidé à se sauver avec elle ou bien à mourir avec elle.

JULES. — A la bonne heure : le neveu était digne de l'oncle. Et puis qu'arriva-t-il?

PAUL. — Et puis ce fut affreux. La cendre se mit à tomber ; les ténèbres se firent si profondes, qu'on n'y voyait absolument plus. Ce fut alors un tumulte, un cri, un gémissement général. Eperdus de terreur, les gens fuyaient au hasard, renversant et foulant aux pieds ceux qui se trouvaient sur leur passage. La plupart étaient convaincus que cette nuit était la dernière, l'éternelle nuit qui devait ensevelir le monde. Les mères à tâtons cherchaient leurs enfants entraînés par la foule ou peut-être écrasés sous les pieds des fuyards ; elles les appelaient avec des cris lamentables pour les embrasser encore une fois, puis mourir. Pline et sa vieille mère s'étaient assis à l'écart de la foule. De moment en moment, il leur fallait se lever et secouer les cendres qui n'auraient pas tardé à les ensevelir. Enfin le nuage se dissipa et le jour reparut. La terre était méconnaissable, tout avait disparu sous un épais linceul de poussière calcinée.

ÉMILE. — Et les maisons, furent-elles ensevelies dans les cendres?

PAUL. — Au pied de la montagne, les poussières vomies par le volcan s'élevèrent plus haut que les plus hautes maisons, et des villes disparurent sous l'énorme couche de cendres. De ce nombre, furent Herculanum et Pompéi. Le volcan les enterra vivantes.

JULES. — Avec les habitants !

PAUL. — Avec un petit nombre, car ils eurent pour
la plupart le temps de fuir, comme avaient fait Pline
et sa mère, à Misène. Aujourd'hui, après dix-huit siècles de sépulture, Herculanum et Pompéi sont exhu-
mées par la pioche du mineur, telles que les surprit la
nuée de cendres volcaniques. Des champs de vignes
les couvrent dans les parties non encore déblayées.

EMILE. — Ces champs de vignes se trouvent alors
sur les toits des maisons?

PAUL. — Plus haut que les toits des maisons. Le
voyageur qui visite les quartiers non encore mis à
découvert, mais rendus accessibles au moyen de puits
creusés exprès, descend sous terre à une grande profondeur.

XLVIII. — La marmite qui bout.

Comme l'oncle achevait de parler, le facteur entra
avec une lettre. Un ami prévenait Paul de se rendre
à la ville pour une affaire pressante. L'oncle voulut
profiter de l'occasion pour donner à ses neveux les
distractions d'un petit voyage. Il fit mettre à Jules
et à Emile leurs habits du dimanche, et l'on partit
pour aller attendre à la station voisine le passage du
convoi du chemin de fer.

A la station, Paul s'approcha d'une grille derrière
laquelle était un homme très-affairé; et, par un guichet,
il lui donna de l'argent. En échange, l'homme affairé
lui remit trois morceaux de carton. Paul présenta ces
morceaux de carton à un monsieur qui gardait l'entrée
d'une salle. Le monsieur regarda et laissa entrer.

Les voilà dans ce qu'on appelle la salle d'attente.
Emile et Jules ouvrent de grands yeux et ne disent
mot. Bientôt on entend siffler la vapeur. Le train
arrive. En tête est la locomotive, qui ralentit sa
marche pour s'arrêter un instant. Par la fenêtre de
la salle d'attente, Jules voit devant lui défiler le convoi. Quelque chose le préoccupe : il cherche à com-

prendre comment roule la pesante machine, comment tournent ses roues, que semble pousser une barre de fer.

On monte en voiture, la vapeur siffle, le train s'ébranle, on est parti. Au bout d'un moment, quand toute la vitesse fut acquise : « Oncle Paul, fit Emile, voyez donc les arbres qui cheminent, qui dansent, qui tournent ! » L'oncle lui fit signe de se taire. Il y avait deux motifs pour cela : d'abord Emile venait de dire une sottise, et puis ce n'était pas devant tout le monde qu'il convenait à l'oncle de relever les naïvetés de l'étourdi. Paul, d'ailleurs, n'est pas très-communicatif en voyage ; il préfère se tenir sur une sage réserve et garder le silence. Il y a des gens que vous n'avez jamais vus, que vous ne reverrez peut-être jamais, et qui tout de suite en sont aux propos familiers avec leurs compagnons de route. Plutôt que de se taire, ils bavarderaient seuls. Paul n'aime pas ces gens, il les regarde comme de pauvres cervelles.

Le soir nos trois voyageurs étaient de retour, tous fort contents de leur journée. L'oncle avait heureusement terminé ses affaires de la ville ; Emile et Jules revenaient chacun avec une idée. Quand ils eurent fait honneur à l'excellent souper qu'avait préparé mère Ambroisine dans l'intention de compléter la fête en les régalant un peu, Jules fut le premier à faire part de son idée à l'oncle.

Jules. — De tout ce que j'ai vu aujourd'hui, ce qui m'a frappé le plus, c'est la machine placée en tête du convoi, la locomotive qui traîne à sa suite une longue file de voitures. Comment la fait-on marcher ? J'ai bien regardé, mais je n'y ai rien compris. Elle a l'air de marcher toute seule, comme une grosse bête qui prend le galop.

Paul. — Elle ne marche pas toute seule ; c'est la vapeur qui la met en mouvement. Apprenons donc d'abord ce que c'est que la vapeur et quelle est sa puissance.

10.

Quand on met de l'eau sur le feu, elle s'échauffe, puis se met à bouillir en répandant des fumées qui se dissipent dans l'air. Si l'ébullition se continue quelque temps, il finit par ne rien rester dans le vase ; toute l'eau a disparu.

Emile. — C'est ce qui est arrivé avant-hier à mère Ambroisine. Elle faisait cuire des pommes de terre. Ayant trop tardé à visiter la marmite, elle trouva les pommes de terre sans une goutte d'eau, à demi-brûlées. Il lui fallut recommencer. Elle n'était pas contente, mère Ambroisine.

Paul. — Par la chaleur, l'eau devient quelque chose d'invisible, d'insaisissable, d'aussi subtil que l'air. C'est ce qu'on nomme vapeur.

Claire. — Vous nous avez dit que l'humidité de l'air, cause des brouillards et des nuages, est aussi de la vapeur.

Paul. — Oui, c'est de la vapeur, mais de la vapeur formée par la seule chaleur du soleil. Or, sachez que plus la chaleur est forte, plus aussi la vapeur est abondante. Si l'on met un vase plein d'eau sur le feu, la chaleur ardente du foyer fait dégager incomparablement plus de vapeur que ne le ferait la température d'un beau soleil d'été. Tant qu'elle s'échappe librement du vase où elle se produit, la vapeur ainsi formée n'a rien de bien remarquable ; aussi votre attention ne s'est jamais arrêtée sur les fumées d'une marmite qui bout. Mais si la marmite est close, parfaitement close, de manière à ne pas laisser la moindre issue, alors la vapeur, qui tend à occuper un volume énorme, fait rage pour sortir de sa prison ; elle presse, elle pousse en tous sens pour écarter les obstacles qui s'opposent à son expansion. Si solide qu'elle soit, la marmite finit par éclater sous l'indomptable poussée de la vapeur emprisonnée. C'est ce que je vais vous montrer avec un petit flacon et non avec une marmite, qui ne fermerait pas assez bien et dont le couvercle serait d'ailleurs repoussé sans difficulté par la vapeur. Et puis, aurais-je une marmite convenable, je me garderais bien de m'en servir, car elle pourrait faire sauter en l'air la maison et nous tuer tous.

L'oncle prit une fiole de verre, y mit un travers de doigt d'eau, la boucha solidement avec un bouchon de liége, et de plus fixa le bouchon avec un lien de fil de fer. La fiole ainsi préparée fut mise sur les cendres devant le feu. Puis Paul prit par la main Emile, Jules et Claire, et les entraîna rapidement dans le jardin, pour voir à distance ce qui allait se passer, sans crainte d'être blessés par l'explosion. On attendit quelques minutes, puis boum !... On accourut ; la fiole était brisée en mille morceaux lancés de çà et de là avec une violence extrême.

Paul. — La cause de l'explosion et de la rupture du flacon est la vapeur de l'eau, qui, n'ayant pas d'issue pour s'échapper, s'est accumulée en exerçant sur les parois une poussée de plus en plus forte à mesure que la température s'est élevée. Un moment est donc venu où la fiole n'a pu résister davantage à la poussée de la vapeur, et elle s'est brisée en éclats. On appelle force élastique la poussée que la vapeur exerce sur les parois des vases qui la retiennent prisonnière. Elle est d'autant plus considérable que la chaleur est plus forte. On peut donc lui donner, en chauffant suffisamment, une puissance irrésistible, capable de faire éclater, non pas seulement un flacon de verre, mais encore les vases les plus solides, les plus épais, en fer, en bronze, ou en toute autre matière très-résistante. Est-il nécessaire de dire que, dans ces conditions, l'explosion est terrible ? Les débris du vase sont lancés avec une violence comparable à celle du boulet qui sort du canon, et des fragments d'une bombe qui éclate. Tout est brisé, renversé sur leur passage. La poudre ne produit pas des effets plus redoutables. Ce que je viens de vous montrer avec la fiole de verre, n'est pas non plus sans danger. On peut très-bien s'aveugler avec cette dangereuse expérience,

qu'il est bon de voir une fois en prenant bien ses précautions, mais qu'il serait imprudent de répéter vous-
mêmes. Je vous défends à tous, entendez-le bien, de
chauffer de l'eau dans une fiole fermée ; à ce jeu vous
perdriez la vue. S'il vous arrivait de me désobéir sur
ce point, adieu les histoires, je ne vous garde plus avec
moi.

Jules. — Ne craignez rien, mon oncle ; nous nous
garderons bien de recommencer, c'est trop dangereux.

Paul. — Maintenant vous savez ce qui fait marcher la locomotive et une foule d'autres machines.
Dans une forte chaudière bien close, de la vapeur se
forme par l'action d'un foyer ardent. Cette vapeur,
d'une puissance énorme, fait effort pour s'échapper.
Elle presse en particulier sur une pièce disposée exprès
et la chasse devant elle. De là résulte un mouvement
qui met le tout en branle, ainsi que vous allez le voir
pour la locomotive. Pour en finir, rappelons-nous que
dans toute machine à vapeur, la chose principale, le
générateur de la force, est une chaudière, une marmite close qui bout.

XLIX. — La locomotive.

L'oncle mit sous les yeux de ses neveux l'image ci-
après, et leur en fit l'explication.

Paul. — Cette image représente une locomotive.
La chaudière où s'engendre la vapeur, enfin la marmite qui bout, en forme la majeure partie. C'est ce
grand cylindre qui va d'un bout à l'autre, porté sur
six roues. Elle est construite en solides plaques de fer,
parfaitement assemblées avec de gros clous. En avant,
la chaudière se termine par la cheminée ; en arrière
par le foyer, dont la porte est représentée ouverte.
Un homme, appelé chauffeur, est constamment occupé
à entretenir le foyer avec du charbon de terre, qu'il

y jette à grandes pelletées, car il faut faire un feu

Fig. 29. — La locomotive.

d'enfer pour chauffer la masse d'eau contenue dans la

chaudière et obtenir de la vapeur en quantité suffisante. Avec une barre de fer, il remue le feu, il l'arrange, il l'active. Ce n'est pas tout : de savantes dispositions sont prises pour bien utiliser la chaleur et
chauffer l'eau rapidement. Du fond du foyer partent
de nombreux canaux en cuivre, qui traversent l'eau
d'un bout à l'autre de la chaudière, et vont aboutir à
la cheminée. Vous en voyez quelques-uns en B, où la
figure suppose une partie de la paroi enlevée pour
montrer l'intérieur. La flamme du foyer s'engage
dans ces canaux, eux-mêmes enveloppés par l'eau. Par
ce moyen, on fait circuler le feu dans le sein de l'eau
même, et l'on obtient ainsi de la vapeur très-rapidement.

A présent, regardez en avant de l'image. En A se
trouve un court cylindre exactement clos, mais que
la figure représente avec une partie de la paroi enlevée pour montrer ce qu'il y a dedans. Ce cylindre
porte le nom de corps de pompe. Il y en a deux, l'un
à droite, l'autre à gauche de la locomotive. Dans
l'intérieur du corps de pompe se trouve un tampon de
fer appelé piston. La vapeur de la chaudière arrive
dans le corps de pompe, à tour de rôle, en avant et
en arrière du piston. Quand la vapeur arrive en
avant, celle qu'il y a en arrière s'échappe librement
dans l'air par un orifice qui s'ouvre tout seul au moment opportun. Cette vapeur qui s'échappe cesse de
presser sur le piston puisqu'elle trouve sa prison ouverte et qu'elle peut s'en aller. Nous ne cherchons pas
à enfoncer les portes quand les issues sont libres.
Ainsi fait la vapeur : du moment qu'elle peut s'échapper librement, elle cesse de pousser. L'autre, au contraire, celle qui arrive, se trouve emprisonnée. Elle
pousse donc le piston de toutes ses forces et le chasse
devant elle jusqu'à l'autre bout du corps de pompe.
Mais alors les rôles changent immédiatement. La
vapeur qui tantôt poussait s'échappe dans l'air et
cesse d'agir, tandis que de l'autre côté un jet de

vapeur arrive lancé par la chaudière et se met à pousser en sens inverse.

Jules. — Laissez-moi répéter pour voir si j'ai bien compris. — La vapeur vient de la chaudière, où il s'en forme sans cesse. Elle se rend dans le corps de pompe, à tour de rôle en avant et en arrière du piston. Quand il en vient en avant, celle de l'arrière s'échappe dans l'air et ne presse plus ; quand il en vient en arrière, celle de l'avant s'écoule. Le piston, ainsi poussé dans un sens, puis dans l'autre alternativement, doit avancer et reculer, aller et revenir dans le canal du corps de pompe. Et puis ?

Paul. — Le piston est muni d'une solide tige en fer qui pénètre dans le corps de pompe par un trou percé au milieu de l'une des extrémités, et tout juste suffisant pour livrer passage à la tige, sans laisser échapper la vapeur. Cette tige est reliée à une autre pièce en fer appelée bielle, enfin la bielle est rattachée à la grande roue voisine. Sur l'image, toutes ces choses se voient très-bien. Le piston avançant et reculant tour à tour dans l'étui du corps de pompe, pousse la bielle en avant, puis en arrière au moyen de sa tige, et la bielle fait de la sorte tourner la grande roue. De l'autre côté de la locomotive, les mêmes choses se passent au moyen du second corps de pompe. Les deux grandes roues tournent donc à la fois et la locomotive avance.

Jules. — C'est moins difficile que je ne le croyais. La vapeur pousse le piston, le piston pousse la bielle au moyen de sa tige, la bielle pousse la roue, et la machine marche.

Paul. — Après avoir agi sur le piston, la vapeur s'engage dans la même cheminée par où s'écoule la fumée. Aussi voit-on cette cheminée lancer tantôt des bouffées blanches, tantôt des bouffées noires. Ces dernières sont de la fumée venant du foyer par la voie des tubes qui traversent l'eau ; les autres proviennent de la vapeur rejetée hors des corps de pompe après chaque coup de piston. Ces bouffées blanches, en s'élançant violemment des corps de pompe dans la cheminée, après avoir agi sur les pistons, produisent le bruit de la machine en marche.

Emile. — Je sais : bouf ! bouf ! bouf !

Paul. — La locomotive emporte avec elle une provision de charbon pour entretenir le feu, et une provision d'eau pour renouveler le contenu de la chaudière à mesure qu'il se dépense en vapeur. Ces provisions se trouvent sur le tender, c'est-à-dire dans la voiture qui vient immédiatement après la locomotive. Sur le tender se trouvent le chauffeur, qui prend soin du foyer, et le mécanicien, qui règle l'arrivée de la vapeur dans les corps de pompe.

Emile. — L'homme de l'image est le mécanicien ?

Paul. — C'est le mécanicien. Il tient à la main une manivelle qui permet à la vapeur de la chaudière d'arriver en quantité plus ou moins grande dans le corps de pompe, suivant la vitesse qu'il faut obtenir. Si cette manivelle est tournée dans un sens la vapeur n'arrive pas dans les corps de pompe et la machine s'arrête ; si elle est tournée en sens contraire, la vapeur arrive et la locomotive marche, lentement ou rapidement, à volonté.

La puissance d'une locomotive est sans doute considérable ; cependant, si elle peut entraîner avec une grande vitesse une longue file de voitures toutes pesamment chargées, elle le doit surtout à la disposition de la voie sur laquelle elle roule. De fortes barres de fer, appelées rails, sont solidement fixées sur la voie, dans toute sa longueur, en deux rangées parallèles sur lesquelles roulent, sans jamais les abandonner, toutes les roues d'un convoi. Un léger rebord, dont les roues sont munies, empêche celles-ci de glisser hors des rails. C'est ce que vous montre l'image suivante.

La voie ferrée n'ayant pas les inconvénients des

routes ordinaires, c'est-à-dire les ornières, les cailloux, les inégalités qui entravent la marche des voitures et font dépenser beaucoup de force en pure
perte, toute la traction de la locomotive est utilisée,
et les résultats obtenus tiennent du merveilleux. Une
locomotive à voyageurs remorque, avec une vitesse
d'une douzaine de lieues par heure, un convoi dont le
poids total atteint 150000 kilogrammes. Une locomotive à marchandises remorque, à raison de sept
lieues par heure, un poids total de 650000 kilogrammes. Plus de 1300 chevaux seraient nécessaires pour

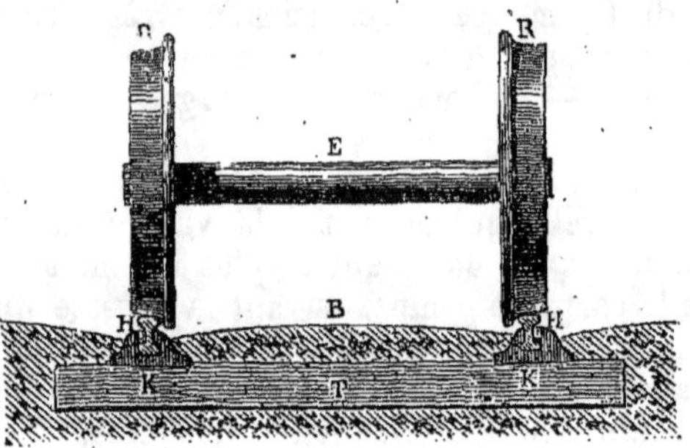

Fig. 30. — RR, roues en fer avec le rebord qui les empêche de glisser hors des rails; HH, rails maintenus par
les coussinets en fer, KKT, traverse en bois à laquelle
sont fixés les coussinets; E, essieu.

remplacer la première locomotive, et plus de 2000
pour remplacer la seconde, s'ils étaient employés à
transporter de pareils fardeaux avec la même célé-
rité et aux mêmes distances, à l'aide de chariots
roulant sur des rails. Combien n'en faudrait-il pas
avec des chariots roulant sur des routes ordinaires,
dont les inégalités occasionnent une si grande perte
de force!

Et maintenant, mes petits amis, songez que des
milliers de locomotives circulent journellement sur
tous les points du monde, supprimant, pour ainsi

dire, les distances, et mettant en rapport entre elles les nations les plus éloignées ; songez qu'une infinité de machines de toute nature , mues par la vapeur, travaillent incessamment pour l'homme ; songez que, parfois, la machine qui fait mouvoir un navire de guerre représente à elle seule les forces réunies de 42000 chevaux ; songez à toutes ces choses, et voyez quel inconcevable développement de puissance le génie de l'homme s'est donné avec quelques pelletées de charbon brûlant sous une marmite pleine d'eau.

Jules. — Qui donc a imaginé l'emploi de la vapeur? Je veux retenir son nom.

Paul. — L'emploi de la vapeur comme puissance mécanique a été proposé, il y a près de deux cents ans, par une des gloires de la France, par l'infortuné Denis Papin, qui, après avoir fourni le point de départ de la machine à vapeur; source incalculable de richesse, languit à l'étranger, dans la misère et l'abandon. Pour réaliser son idée féconde, qui devait centupler les forces de l'homme, à peine trouva-t-il un misérable écu

L. — L'observation d'Émile.

Vint le tour d'Emile d'exposer son observation.

Emile. — Quand vous m'avez fait signe de me taire, il me semblait fort bien que les arbres marchaient. Ceux du bord du chemin s'en allaient vite, vite ; plus loin, les grands peupliers, rangés en longues files, s'en allaient en balançant leurs cimes, qui paraissaient vous dire adieu. Les champs tournaient en rond, les maisons s'enfuyaient. Mais en regarda t mieux, je me suis bientôt aperçu que nous marchions nous-mêmes et que le reste était immobile. Comme c'est étrange, on voit courir ce qui réellement ne bouge pas.

Paul. — Lorsque nous sommes commodément assis sur la banquette de la voiture, sans aucun effort de notre part pour avancer, comment pouvons-nous juger de notre déplacement si ce n'est au moyen de la position que nous occupons par rapport aux objets qui nous entourent? Nous avons connaissance du chemin que nous faisons par le changement continuel des objets en vue et non par le sentiment de fatigue, puisque nous ne remuons pas les jambes. Mais les objets et les personnes qui nous entourent de plus près et sont toujours sous nos regards, nos compagnons de voyage et l'ameublement de la voiture, restent par rapport à nous dans la même position. Le voisin de gauche est toujours à gauche, le voisin d'en face est toujours en face. Cette immobilité apparente de tout ce qui se trouve dans la voiture nous fait perdre conscience de notre propre mouvement ; alors nous nous jugeons immobiles et nous croyons voir fuir en sens inverse les objets extérieurs, sans cesse renouvelés pour le regard. Que le convoi s'arrête, et aussitôt arbres et maisons cessent de cheminer parce que nous n'avons plus de point de vue changeant. Une simple voiture, traînée par des chevaux, un bateau, que le courant du fleuve emporte, se prêtent également à cette curieuse illusion. Toutes les fois qu'un mouvement assez doux nous emporte, nous perdons plus ou moins conscience de ce mouvement, et les objets d'alentour, en réalité immobiles, nous paraissent se mouvoir dans une direction contraire.

ÉMILE. — Sans pouvoir bien me l'expliquer encore, je vois que c'est ainsi. Nous cheminons et nous croyons voir cheminer les autres. Plus nous allons vite, plus aussi ce qui nous entoure paraît aller vite.

PAUL. — La naïve observation d'Emile, vous ne vous en doutez guère, mes petits amis, nous amène tout droit à l'une des vérités que la science a eu le plus de peine à faire adopter, non à cause de sa difficulté, mais à cause d'une illusion dont le plus grand nombre était dupe de tout temps.

Si les hommes passaient leur vie entière en chemin

de fer, sans jamais descendre de voiture, sans jamais
s'arrêter, sans jamais changer de vitesse, ils croi-
raient fermement que les arbres et les maisons cheminent. A moins de profondes réflexions, dont tout le
monde n'est pas capable, comment pourrait-il en être
autrement, puisque nul n'aurait vu contredire par
l'expérience ce qu'affirmeraient les yeux? Parmi ces
gens convaincus, quelqu'un plus malin que les autres
se lève et dit ceci: « Vous vous figurez que les montagnes et les maisons marchent, tandis que vous res-
tez immobiles; eh bien! c'est tout le contraire : nous
cheminons, et les montagnes, les maisons, les arbres
ne bougent pas. » Croyez-vous qu'il en trouverait beaucoup de son avis? Allons donc! on lui rirait au nez,
car enfin chacun voit, de ses propres yeux voit, les
montagnes courir, les maisons cheminer. On lui rirait
au nez, mes enfants; c'est moi qui vous le dis.

CLAIRE. — Cependant, mon oncle...

PAUL. — Il n'y a pas de cependant. Cela s'est vu.
On a fait pis que rire; on s'est fâché tout rouge.
Vous-même vous ririez la première, ma fille.

CLAIRE. — Je rirais de quelqu'un m'affirmant que
la voiture marche et non les maisons et les montagnes?

PAUL. — Oui, car une erreur qui nous accompagne
notre vie durant, et que tout le monde partage, n'est
pas si facile à ôter de l'esprit.

CLAIRE. — Pas possible !

PAUL. — C'est tellement possible que vous-même,
à tout propos, faites cheminer la montagne et laissez
en repos la voiture qui nous emporte.

CLAIRE. — Je ne comprends plus.

PAUL. — Vous laissez en repos la boule de la terre,
voiture qui nous promène dans les espaces du ciel,
et faites marcher le soleil, l'astre géant en comparaison duquel notre boule n'est rien. Le soleil se lève,
vous le dites du moins, il parcourt sa carrière, se
couche et recommence sa course le lendemain. L'astre

énorme se meut, l'humble terre le regarde tranquillement faire.

Jules. — Il nous semble bien pourtant que le soleil se lève d'un côté du ciel et se couche de l'autre pour nous éclairer pendant le jour. La lune en fait autant, ainsi que les étoiles, pour nous éclairer pendant la nuit.

Paul. — Ecoutez encore ceci. J'ai lu, je ne sais où, l'histoire d'un original dont l'esprit de travers ne pouvait s'accommoder des choses faciles. Pour arriver au résultat le plus simple, il lui fallait des moyens dont l'extravagance excitait la risée de tous. Un jour, voulant faire rôtir une alouette, imaginez ce dont il s'avisa? Je vous le donne en dix, je vous le donne en cent. Mais, bah! vous ne trouveriez pas. Figurez-vous donc qu'il construisit une machine compliquée, avec force rouages, cordes, poulies, contre-poids ; et le tout s'ébranlant, allait et revenait, montait et descendait. C'était à devenir sourd du fracas des ressorts et du grincement des roues se mordant l'une l'autre. La maison tremblait de la chute des contre-poids.

Claire. — Mais à quoi bon cette machine? Servait-elle au moins à faire tourner l'alouette devant le feu pour la rôtir ?

Paul. — Allons donc, c'eût été trop simple. Elle servait à faire tourner le feu devant l'alouette. Les tisons allumés, le foyer, la cheminée, pesamment entraînés par l'énorme machine, tournaient tout d'une pièce autour de l'alouette.

Jules. — Celle-là compte, par exemple.

Paul. — Vous riez, mes enfants, de cette idée bizarre ; et pourtant, comme cet original, vous faites tourner les tisons, le foyer, la maison tout entière, autour d'un oisillon embroché. La terre est l'oisillon ; la maison, c'est le ciel, avec ses astres énormes, innombrables.

Jules. — Le soleil n'est pas bien grand, au plus comme une roue de rémouleur. Les étoiles ne sont que des étincelles. Mais la terre est si grande et si lourde !

Paul.— Que venez-vous de dire-là ; le soleil grand comme une roue de rémouleur ; les étoiles, de mesquines étincelles ! Ah ! si vous saviez ! Commençons par la terre.

LI. — Voyage au bout du monde.

Paul. — Un petit garçon, de l'âge de Jules et comme lui fort désireux d'apprendre, faisait un matin ses préparatifs de voyage. Jamais navigateur se disposant à courir les mers éloignées, n'avait déployé plus de zèle. Les vivres, le grand souci des expéditions lointaines, ne furent pas oubliés. Le déjeuner fut doublé. Il y avait bien dans le panier six noix, une tartine de beurre et deux pommes. Avec cela où ne peut-on pas aller ? La famille ne fut pas informée : on aurait pu détourner l'audacieux voyageur de son projet en lui faisant entrevoir les périls de l'expédition. Crainte de mollir devant les larmes de sa mère, il garda le silence. Le panier à la main, sans dire adieu à personne, il part. Le voilà bientôt dans la campagne. Prendre à gauche ou à droite lui est fort indifférent; tout chemin conduit où il veut aller.

Emile. — Où veut-il donc aller ?

Paul. — Au bout du monde. Il prend le chemin de droite, longé d'une haie d'aubépines où bruissent et reluisent des scarabées d'un vert doré. Mais les beaux insectes ne l'arrêtent pas un instant, non plus que les petits poissons à ventre rouge qui jouent dans le ruisselet. La journée est si courte et le voyage est si long ! Il marche donc tout droit, il marche toujours, prenant quelquefois à travers champs pour raccourcir. Au bout d'une heure, la tartine, la maîtresse pièce des provisions, était mangée, bien que la consommation se fît avec la sage économie d'un voyageur prudent. Un quart d'heure plus tard, une pomme et trois

noix y passaient. L'appétit vient vite à qui se fatigue.
Il vient si bien qu'au détour du chemin, à l'ombre
d'un grand saule, la seconde pomme et les trois noix
restantes furent tirées du panier. Les provisions
étaient épuisées. Chose non moins grave : les jambes
ne voulaient plus aller. Figurez-vous donc : depuis
deux grandes heures, le voyage durait, et le but qu'on
se proposait d'atteindre ne se rapprochait pas du tout,
mais pas du tout. Le petit garçon revint sur ses pas,
persuadé qu'avec de meilleures jambes et de plus
grandes provisions, il réussirait une autre fois dans
son projet.

JULES. — Ce projet, en quoi consistait-il ?

PAUL. — Je vous l'ai dit : l'audacieux enfant voulait atteindre le bout du monde. En ses idées, le ciel
était une voûte bleue, qui allait s'abaissant et repo-
sait par ses bords sur la terre, de sorte que, si jamais
il parvenait jusque-là, il lui faudrait, s'imaginait-il,
marcher courbé pour ne pas se casser la tête contre
le firmament. Il partit dans l'espoir de toucher bientôt le ciel de la main ; mais la voûte bleue, reculant à
mesure qu'il avançait, se trouvait toujours à la même
distance. La fatigue et le manque de provisions le
firent renoncer à poursuivre plus loin son voyage.

EMILE. — Si j'avais connu ce petit garçon, je
l'aurais dissuadé de son expédition. Il est impossible,
si loin qu'on se rende, de toucher le ciel de la main,
même en s'aidant de la plus longue échelle.

PAUL. — S'il m'en souvient, Emile n'a pas toujours été de cet avis.

EMILE. — C'est **vrai**, mon oncle. Comme le petit
garçon dont vous venez de dire l'histoire, je croyais
que le ciel était un grand couvercle bleu posé sur la
terre. En marchant bien, on devait atteindre le bord
du couvercle et les limites du monde. Je croyais
aussi que le soleil se levait derrière les montagnes
de ce côté-ci, et se couchait derrière les montagnes
du côté opposé. Là se trouvait un puits profond où le

soleil plongeait et restait caché pendant la nuit. Un jour vous m'avez amené sur les montagnes où semblent reposer les bords du couvercle bleu. C'était bien loin, je m'en souviens; vous m'aviez prêté votre canne, qui m'aidait à marcher. Je n'ai pas vu de puits où plongeât le soleil, tout était comme ici. Le bord du ciel paraissait encore reposer sur la terre, mais bien plus loin, bien plus loin. Et vous m'avez dit qu'en allant jusqu'au bout de ce que l'on voyait, puis plus loin, et toujours plus loin, on retrouverait partout les mêmes apparences, sans jamais voir la fin d'une voûte qui n'existe pas en réalité.

PAUL. — Nulle part, vous le savez tous les trois, le ciel ne repose sur le sol; nulle part on ne court le risque de heurter de la tête contre le firmament; partout la voûte bleue a les mêmes apparences qu'ici. Vous savez également qu'en allant toujours devant soi, on rencontre des plaines, des montagnes, des vallées, des cours d'eau, des mers; mais nulle part des barrières marquant les limites du monde.

Imaginez une grosse boule suspendue en l'air par un fil; et sur cette boule un moucheron. S'il prend fantaisie au moucheron d'en parcourir la surface, n'est-il pas vrai qu'il pourra aller et venir sur la boule, en dessus, en dessous, par côté, sans jamais rencontrer d'obstacle, sans jamais voir se dresser une barrière qui lui ferme le passage ? N'est-il pas également vrai que, s'il chemine toujours dans la même direction, le moucheron finira par faire le tour de la boule et par revenir à son point de départ ? Ainsi faisons-nous nous-mêmes à la surface de la terre, plus chétifs par rapport à l'immensité du globe qui nous porte que le moindre moucheron par rapport à la boule la plus considérable que votre imagination puisse se figurer. Sans rencontrer nulle part de barrière, sans jamais toucher du front la coupole du ciel, nous allons et venons en mille sens différents, nous accomplissons les voyages les plus lointains, nous faisons même le tour de la terre et revenons au point de départ. La terre est donc ronde, c'est une boule immense qui nage sans support dans les espaces du ciel. Quant à la voûte bleue qui s'arrondit au-dessus de nous, c'est une simple apparence occasionnée par la couleur bleue de l'air qui de partout enveloppe la terre.

JULES. — La boule sur laquelle voyage le moucheron que vous supposez est suspendue à un fil. A quelle chaîne est donc suspendue l'énorme boule de la terre?

PAUL. — La terre n'est pas suspendue au firmament par quelque chaîne céleste ; elle n'est pas davantage appuyée sur un support, comme un globe géographique sur son pied. D'après un conte de l'Inde, la boule du monde est portée sur quatre colonnes de bronze.

JULES. — Et ces quatre colonnes, sur quoi reposent-elles à leur tour?

PAUL. — Elles reposent sur quatre éléphants blancs.

JULES. — Et les éléphants blancs?

PAUL. — Ils s'appuient sur quatre monstrueuses tortues.

JULES. — Et les tortues?

PAUL. — Eh bien, elles nagent sur un océan de lait.

JULES. — Et l'océan de lait?

PAUL. — Le conte n'en dit rien, et il a raison de garder le silence. Il aurait même mieux fait de ne pas imaginer, pour soutenir la terre, ces divers supports se servant d'appui l'un à l'autre. Supposer un piédestal à la terre, puis un second pour soutenir le premier, ensuite un troisième, un quatrième, un millième si l'on veut, c'est éloigner la question sans y répondre ; car enfin, après avoir échafaudé tous les supports imaginables, il faudra se demander sur quoi repose le dernier. Vous songez peut-être à la voûte du ciel qui pourrait bien soutenir la terre; mais sachez que cette voûte n'a aucune réalité, que c'est une simple apparence occasionnée par l'air. D'ailleurs des milliers de voyageurs ont parcouru la terre en tous sens, et nulle part ils n'ont vu ni chaîne de suspension , ni piédestal quelconque. On ne voit partout que ce que l'on voit ici. La terre est isolée dans l'espace ; elle nage dans l'étendue sans aucun appui, comme nagent la lune et le soleil.

JULES. — Mais alors, pourquoi ne tombe-t-elle pas?

PAUL. — Tomber, mon petit ami, c'est se précipiter à terre, comme le fait une pierre qui, soulevée dans la main, est ensuite abandonnée à elle-même. Comment voulez-vous que la grosse boule se précipite à terre, elle qui est toute la terre. Est-il possible qu'une chose se précipite vers cette chose elle-même?

JULES. — Non.

PAUL. — Eh bien alors! D'ailleurs figurez-vous ceci. Tout est pareil autour de la boule du monde; à proprement parler, il n'y a ni haut, ni bas, ni droite, ni gauche. Nous appellerons le haut, si vous voulez, le côté de l'espace environnant, le côté du ciel; mais songez que le ciel se trouve aussi à l'extrémité opposée de la boule, qu'il s'y trouve pareil à ce que nous voyons ici, et que cela se reproduit partout. S'il vous paraît tout simple que la terre ne s'élance pas vers le ciel qui est au-dessus de nous, pourquoi voulez-vous qu'elle s'élance vers le ciel opposé? Tomber vers ce ciel opposé, ce serait s'élever, comme s'élève ici l'alouette, qui d'un coup d'aile s'élance et plane au-dessus des sillons.

LII. — La terre.

PAUL. — La terre est ronde, les faits suivants le prouvent. Lorsque pour arriver à la ville où il se rend, un voyageur traverse une plaine régulière où

rien n'entrave la portée de la vue, à une certaine
distance, les points les plus élevés de la ville, les
sommets des tours et des clochers, se montrent
seuls à ses regards. A une distance moindre, les
flèches des clochers deviennent en entier visibles,
puis les toits des habitations, et enfin les habitations
elles-mêmes; de sorte que la vue embrasse un plus
grand nombre d'objets, en commençant par les plus
élevés et en finissant par les plus bas, à mesure que
l'éloignement diminue. La courbure du terrain en est
cause.

L'oncle Paul prit un crayon et traça sur le papier
la figure que voici; puis il continua.

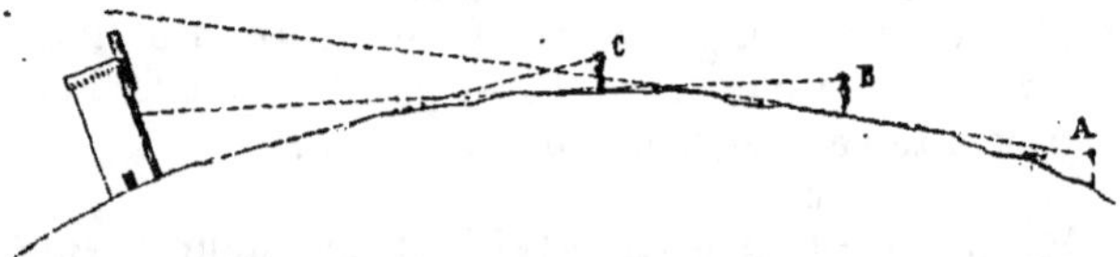

Fig. 31.

Pour un observateur placé en A, la tour est complétement invisible parce que la courbure du sol met
obstacle à la vue. Pour l'observateur en B, la moitié
supérieure de la tour est visible, mais la moitié inférieure est encore cachée. Enfin, quand l'observateur
est en C, il peut voir la tour en entier. Ce n'est pas
ainsi que les choses se passeraient si la terre était
plane. A toute distance, une tour serait visible en
entier. De loin, sans doute, on la verrait avec moins
de netteté que de près à cause de la distance, mais
enfin on la verrait tant bien que mal du sommet à la
base.

Ici nouveau dessin de l'oncle représentant deux spectateurs A et B qui, placés à des distances fort différentes, voient cependant la tour du sommet à la
base sur un terrain plat. Paul reprit :

Sur la terre ferme. il est rare de trouver des ter-

rains qui, par leur étendue et leur régularité, se
prêtent à l'observation dont je viens de vous parler.
Presque toujours des collines, des plis du sol, des
rideaux de verdure arrêtent le regard et empêchent
de voir apparaître peu à peu, du sommet à la base, la
tour ou le clocher dont on se rapproche. Sur mer,

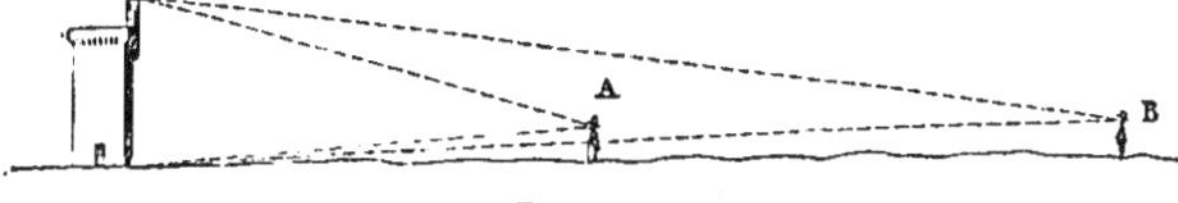

Fig. 32.

aucun obstacle n'arrête la vue si ce n'est la convexité
des eaux, qui possèdent la courbure générale de la
boule terrestre. C'est donc là surtout qu'il est facile
de constater les apparences produites par la forme
arrondie de la terre.

Lorsqu'une barque venant de la pleine mer se rapproche des côtes, les premiers points du rivage visibles
pour les gens qui la montent, sont les points les plus
élevés, comme les cimes des montagnes. Plus tard
apparaissent les sommets des hautes tours; plus tard
encore, le bord du rivage lui-même. Pareillement, un
observateur qui, du rivage, assiste à l'arrivée d'un

Fig. 23.

navire, commence par apercevoir la pointe des mâts,
puis les voiles les plus hautes, puis encore les voiles
basses, et enfin la coque du navire. Si le navire s'é-
loignait du rivage, on le verrait graduellement disparaître et plonger en apparence sous les eaux dans un
ordre inverse, c'est-à-dire que la coque se déroberait

la première aux regards, puis les voiles basses, les voiles hautes et enfin la cime du grand mât, qui disparaîtrait la dernière. Quatre coups de crayon vont vous faire comprendre la chose. (Voir la figure qui précède.)

Jules. — Comment est-elle grosse, la boule de la terre?

Paul. — La terre a quarante millions de mètres de tour, ou bien dix mille lieues, car une lieue mesure quatre mille mètres. Pour entourer une table ronde, nous nous tenons à trois, à quatre, à cinq par les mains. Pour entourer de la même manière le vaste sein de la terre, il faudrait une chaîne de personnes égale environ à la population entière de la France. Un voyageur capable, par impossible, de reprendre chaque matin sa marche en avant, à raison de dix lieues par jour, mettrait trois ans pour faire à pied le tour de la boule, en supposant que la terre ferme ne fût pas interrompue par des mers. Mais, où sont les jarrets qui résisteraient trois ans de suite à de telles fatigues, lorsqu'un trajet de dix lieues épuise le plus souvent nos forces et nous met dans l'impossibilité de recommencer le lendemain ?

Jules. — Le plus grand trajet à pied que j'aie fait est celui du bois de pins, où nous allâmes chercher le nid de chenilles processionnaires, le jour du coup de tonnerre. Combien avons-nous fait de lieues?

Paul. — Quatre environ, deux pour aller et deux pour revenir.

Jules. — Rien que quatre lieues! J'étais pourtant bien fatigué. A la fin je ne pouvais plus mettre une jambe devant l'autre. Il me faudrait alors de sept à huit années pour faire le tour du monde, en marchant chaque jour autant que me le permettent mes forces.

Paul. — Votre calcul est juste.

Jules. — C'est donc bien grand, la boule du monde?

Paul. — Oui, mon ami, très-grand. Un autre

exemple va vous aider à le comprendre. Représentons le globe terrestre par une boule plus grande que hauteur d'homme, par une boule de deux mètres de haut ; puis, dans une juste proportion, représentons en relief à sa surface quelques-unes des principales montagnes. Le mont le plus élevé de la terre est le Gaurisankar, qui fait partie de la chaîne de l'Himalaya, vers le centre de l'Asie. Il dresse ses pics à 8840 mètres de hauteur. Rarement les nuages sont assez élevés pour en couronner la cime, et sa base recouvre l'étendue d'un empire. Que devient l'homme, hélas ! matériellement, en face du prodigieux colosse ! Eh bien, élevons le géant sur notre grosse boule figurant la terre ; savez-vous ce qu'il faudra pour le représenter ? Il faudra un tout petit grain de sable qui se perdrait entre vos doigts, un grain de sable d'un millimètre et un tiers de relief ! La gigantesque montagne qui nous accablait de son immensité, n'est plus rien quand on la compare à la terre. La plus grande montagne de l'Europe, le Mont-Blanc, dont la hauteur est de 4810 mètres serait figurée par un grain de sable moitié moindre.

CLAIRE. — Quand vous nous parliez de la rondeur de la terre, je songeais aux montagnes.énormes, aux vallées profondes, et je me demandais comment, avec toutes ses grandes irrégularités, la terre cependant peut être qualifiée de ronde. Je vois maintenant que ces irrégularités ne sont rien par rapport à l'immensité de la boule terrestre.

PAUL. — Une orange est ronde, malgré les rugosités de son écorce. Il en est ainsi de la terre : elle est ronde, malgré les rugosités de sa surface ; c'est une énorme boule semée de grains de poussière et de sable proportionnés à sa grosseur et qui sont les montagnes.

EMILE. — Quelle grosse boule !

PAUL. — Mesurer le tour de la terre n'est pas chose facile, vous vous en doutez bien, et cependant on a fait mieux : on a pesé l'immense boule comme s'il était possible de la mettre dans le bassin d'une balance avec des kilogrammes pour contre-poids. La science, mes chers enfants, a des ressources où se montre, dans toute sa grandeur, la puissance de l'esprit humain. On a pesé l'immense boule. Vous faire comprendre comment serait impossible aujourd'hui. On ne s'est pas servi de balance, mais de la puissance de la pensée, que Dieu a mise en nous pour déchiffrer, à sa gloire, la sublime énigme de l'univers ; de la force de la raison, pour qui n'est pas trop lourd le fardeau de la terre. Ce fardeau est exprimé par le chiffre 6 suivi de vingt-un zéros, ou bien par 6 sextillions de kilogrammes.

JULES. — Ce nombre ne me dit rien, il est trop grand.

PAUL. — C'est l'inconvénient de tous les grands nombres. Prenons alors un détour. Supposons la terre déposée sur un char et traînée sur une surface analogue à celle de nos routes. Pour un tel fardeau, quel doit être l'attelage ? — Mettons de front un million de chevaux ; et par devant cette rangée, une seconde encore d'un million ; puis une troisième, toujours d'un million ; une centième, enfin une millième. Nous aurons de la sorte un attelage de mille millions de chevaux, plus que n'en pourraient nourrir tous les pâturages du monde. Et maintenant allez, donnez du fouet. Rien ne bougerait, mes enfants, la force serait insuffisante. Il faudrait, pour ébranler la colossale masse, les efforts réunis de cent millions d'attelages pareils ?

JULES. — Je ne comprends pas davantage.

PAUL. — Ni moi non plus, tant c'est énorme.

JULES. — Oui, énorme, mon oncle.

CLAIRE. — Tellement que l'esprit s'y perd.

PAUL. — C'est ce que je désirais vous faire avouer.

LIII. — L'atmosphère.

PAUL. — Si l'on passe rapidement la main devant le visage, on sent un souffle vous courir sur les joues. Ce souffle, c'est l'air. En repos, il ne produisait aucune impression sur nous; mis en mouvement par la main, il révèle sa présence par un choc léger qui produit une impression de fraîcheur. Mais le choc de l'air n'est pas toujours, comme ici, une simple caresse. Il peut devenir très-brutal. Un vent impétueux qui déracine parfois les arbres et renverse les habitations, est encore de l'air en mouvement, de l'air qui coule d'un pays vers un autre, comme coule l'eau d'un fleuve.

L'air est invisible, parce qu'il est transparent et à peu près incolore. Mais s'il forme une couche très-épaisse à travers laquelle plonge le regard, sa faible coloration devient sensible. Vue en petite quantité, l'eau paraît également sans couleur; vue en couche profonde, dans la mer, dans un lac, dans un fleuve, elle est bleue ou verte. Il en est de même de l'air : sous une faible épaisseur, il semble dépourvu de coloration ; sous une épaisseur de quelques lieues, il est bleu. Un paysage éloigné nous paraît bleuâtre, parce que l'épaisse couche d'air qui nous en sépare, lui communique sa propre teinte.

Or, l'air forme tout autour de la terre une enveloppe d'une quinzaine de lieues d'épaisseur. C'est la mer aérienne ou l'atmosphère, où nagent les nuages. Sa douce teinte bleue est cause de la couleur du ciel. C'est enfin l'atmosphère qui produit l'apparence d'une voûte céleste.

Savez-vous, mes enfants, quelle est l'utilité de cette mer aérienne au fond de laquelle nous vivons comme les poissons vivent dans l'eau?

JULES. — Pas bien encore.

PAUL. — En l'absence de cet océan d'air, la vie serait impossible : la vie de la plante, comme celle de l'animal. Ecoutez. — En tête des besoins les plus impérieux auxquels nous sommes assujettis, se trouvent ceux du manger, du boire et du dormir. Tant que la faim n'est que son diminutif, l'appétit, ce savoureux assaisonnement des mets les plus grossiers ; tant que la soif n'est que cette aridité naissante de la bouche qui donne un si grand charme à un verre d'eau fraîche ; tant que le sommeil n'est que cette douce lassitude qui nous fait désirer le repos du soir, ces besoins primordiaux réclament leur satisfaction plutôt par l'attrait du plaisir que par le rude aiguillon de la douleur. Mais, si leur satisfaction se fait par trop attendre, ils s'imposent en maîtres inexorables et commandent par la torture. Qui peut songer sans effroi aux angoisses de la soif et de la faim ! La faim !... Ah ! vous ne savez pas ce que c'est, mes enfants, et Dieu vous préserve de le savoir jamais. La faim ! si vous pouviez soupçonner ses tortures, votre cœur se serrerait à la pensée des malheureux qui les connaissent. Ah ! venez en aide, mes amis, à ceux qui ont faim ; venez-leur en aide, et donnez, donnez toujours ; vous ne ferez jamais plus belle œuvre en ce monde. Donner aux pauvres, c'est prêter à Dieu.

Claire avait mis la main devant les yeux pour cacher une larme d'émotion. Elle avait surpris comme un éclair sur le front de l'oncle, parlant du plus profond du cœur. Après un moment de silence, Paul reprit :

Paul. — Il est cependant un besoin devant lequel la faim et la soif se taisent, si violentes qu'elles soient ; un besoin toujours renaissant et jamais assouvi, qui sans repos se fait sentir, pendant la veille et pendant le sommeil, de nuit, de jour, à toute heure, à tout instant. C'est le besoin d'air. L'air est tellement nécessaire à la vie, qu'il ne nous a pas été donné d'en réglementer l'usage, comme nous le faisons pour le manger et le boire, afin de nous mettre à l'abri des conséquences fatales qu'amènerait le moindre oubli. C'est pour ainsi dire à notre insu, indépendamment de la volonté, que l'air pénètre dans notre corps pour y remplir son rôle merveilleux. Avant tout, nous vivons d'air, la nourriture ordinaire ne vient qu'en seconde ligne. Le besoin des aliments n'est éprouvé que par intervalles assez longs, le besoin d'air se fait éprouver sans discontinuer, toujours impérieux, toujours inexorable.

JULES. —- Cependant, mon oncle, je n'ai jamais songé à me nourrir d'air. Pour la première fois, j'entends dire que l'air est d'une si grande nécessité pour nous.

PAUL. — Vous n'y avez pas songé parce que cela se fait sans vous ; mais essayez un moment de suspendre l'arrivée de l'air dans le corps : fermez-lui ses voies, le nez et la bouche, et vous verrez.

Jules fit ce que disait l'oncle, il ferma la bouche et se pinça le nez avec les doigts. Au bout d'un instant, le visage rouge et bouffi, le petit garçon était forcé de mettre fin à son expérience.

JULES. — Il est impossible d'y tenir, mon oncle ; on étouffe, on sent qu'on périrait infailliblement si cet état se prolongeait un peu.

PAUL. — Vous voilà, je l'espère, convaincu de la nécessité de l'air pour vivre. Tous les animaux, depuis le dernier ciron, à grand peine visible, jusqu'aux colosses de la création, sont dans le même cas que nous : avant tout, ils vivent d'air. Ceux qui se tiennent dans l'eau, les poissons et les autres, ne font pas même exception à la règle. Ils ne peuvent vivre que dans l'eau où de l'air s'infiltre et se dissout. Quand vous serez plus grands, vous verrez faire une expérience frappante qui prouve combien est indispensable à la vie la présence de l'air. On met un oiseau sous un dôme en verre, bien fermé de partout ; puis, avec une espèce de pompe, on enlève l'air. A mesure que l'air disparaît de l'intérieur de sa cage de verre, l'oiseau chancelle, se débat un instant dans une anxiété horrible à voir, et tombe mort.

ÉMILE. — Il doit bien falloir de l'air pour suffire aux besoins de tous les hommes et de toutes les bêtes du monde. Il y en a tant et tant !

PAUL. — Il en faut beaucoup en effet. Un homme seul a besoin de près de six mille litres d'air par heure. Mais l'atmosphère est si vaste, qu'il y a largement de l'air pour tous. Je vais essayer de vous le faire comprendre.

L'air est une des substances les plus subtiles ; il ne pèse par litre que 1 gramme et 3 décigrammes. C'est bien peu de chose : l'eau, sous ce même volume d'un litre, pèse 1000 grammes, c'est-à-dire 769 fois plus. Cependant, telle est l'énorme étendue de l'atmosphère, que le poids de la totalité de l'air qui la compose dépasse certainement tout ce que votre imagination pourrait supposer. S'il était possible de placer tout l'air de l'atmosphère dans l'un des plateaux d'une immense balance, quel poids croyez-vous qu'il faudrait mettre dans l'autre plateau pour faire équilibre à cet air ? Ne craignez pas d'exagérer votre réponse, vous pouvez entasser mille sur mille kilogrammes ; si l'air est très-léger, la mer aérienne est très-vaste.

CLAIRE. — Mettons quelques millions de kilogrammes.

PAUL. — Bagatelle que tout cela.

CLAIRE. — Décuplons, centuplons.

PAUL. — Ce n'est pas assez, le bassin ne sera pas soulevé. Mais, laissez-moi vous dire la réponse, car, dans cette supputation, les mots numériques vous manqueraient. Pour la grande pesée que je suppose, les poids les plus forts que nous employons seraient insignifiants. Il faut en inventer de nouveaux. Figurez-vous donc un cube de cuivre, ayant un kilomètre de côté ; ce dé métallique d'un quart de lieue en tout sens, sera l'unité de poids. Il représente neuf mille millions de kilogrammes. Eh bien, pour faire équilibre au poids de l'atmosphère, il faudrait, dans l'autre bassin de la balance, placer 585000 dés pareils !

CLAIRE. — Est-il possible !

PAUL. — Je vous l'avais bien dit : l'imagination cherche en vain à se représenter l'effrayante masse de la couche d'air, enroulée comme une écharpe, par le Créateur, sur les flancs de la terre. Or, savez-vous ce qu'il est par rapport au globe terrestre, cet océan d'air dont le poids est représenté par un demi-million de cubes de cuivre d'un quart de lieue de côté? A peine ce qu'est par rapport à la pêche, l'imperceptible duvet qui veloute ce fruit. Que sommes-nous donc matériellement, nous pauvres êtres d'un jour, qui nous agitons au fond de la mer atmosphérique ; mais que nous sommes grands par la pensée, qui se fait un jeu de peser l'atmosphère, et la terre elle-même! En vain l'univers matériel nous écrase de son immensité, l'âme lui est supérieure, parce que seule elle se connaît, et seule, par un sublime privilége, elle a connaissance de son divin auteur.

LIV. — Le soleil.

De grand matin, l'oncle et ses neveux s'étaient rendus sur la colline voisine pour assister au lever du soleil. On y voyait à peine. Les seules personnes rencontrées en traversant le village étaient la laitière, qui se rendait à la ville avec son beurre et son lait, et le forgeron, qui battait le fer rouge sur l'enclume, tandis que la forge jetait ses réverbérations dans l'obscurité de la rue.

Abrités par une touffe de genévriers, Paul et les trois enfants attendent le grand spectacle qu'ils sont venus voir au sommet de la colline. A l'orient, le ciel blanchit, les étoiles pâlissent et s'éteignent une à une. Des flocons de nuages roses nagent au milieu d'une bande brillante d'où monte graduellement une douce clarté. L'illumination gagne les hauteurs du ciel, et le bleu du jour renaît avec toute sa délicate transparence. Cette fraîche lueur matinale, ce demi-jour qui précède le lever du soleil, c'est l'aurore ou crépuscule du matin.

Cependant, l'alouette, la joie des sillons, s'élance au haut des nues comme une fusée, et salue la première le réveil du jour. Elle monte, elle monte encore, toujours en chantant, comme pour se porter au devant du soleil, et de ses chants enthousiastes célèbre la gloire de l'astre jusqu'au plus haut des airs. Ecoutez : un souffle court dans la feuillée qui s'agite et bruit ; les oisillons s'éveillent et gazouillent ; le bœuf, déjà conduit aux travaux des champs, s'arrête pensif, lève ses grands yeux pleins de douceur et mugit ; tout s'anime, et, dans son langage, rend grâces au Maître de toutes choses, qui de sa main puissante nous ramène le soleil.

Mais le voici : un vif filet de lumière jaillit, et les sommets des montagnes s'allument soudain. C'est le bord du soleil qui commence à surgir. La terre tressaille devant la radieuse apparition. Le disque étincelant monte toujours : le voilà à peine échancré, le voilà tout en entier, pareil à une meule de fer rouge de feu. La brume du matin en modère l'éclat et permet de le contempler en face ; mais, dans peu de temps, nul regard n'en pourra supporter l'éblouissante splendeur. Cependant, ses rayons inondent la plaine ; une douce chaleur succède à la piquante fraîcheur de la nuit ; les brouillards montent du fond des vallées et se dissipent ; la rosée, amassée sur les feuilles, s'échauffe et s'évapore ; tout reprend la vie, l'animation interrompue la nuit. Et tout le jour, parcourant sa carrière d'orient en occident, le soleil va verser à torrents sur la terre la lumière et la chaleur, mûrissant la blonde moisson, donnant le parfum aux fleurs, la saveur aux fruits, la vie à toute créature.

A l'ombre des genévriers, l'oncle prit alors la parole.

Paul. — Qu'est-ce que le soleil? Est-il grand, est-il bien loin? Voilà, mes chers enfants, ce que je voudrais maintenant vous apprendre.

Pour mesurer la distance d'un point à un autre, vous ne connaissez qu'un moyen : celui de porter l'unité de longueur, le mètre, d'un bout à l'autre de la distance à mesurer, autant de fois que cela est possible. Mais la science a des procédés propres à mesurer les distances qu'on ne peut parcourir ; elle nous dit comment il faut faire pour trouver la hauteur d'une tour ou d'une montagne, sans en atteindre le sommet, sans même s'approcher de la base. Ce sont des procédés de ce genre que l'on a employés pour calculer la distance qui nous sépare du soleil. Le résultat des calculs des astronomes est que nous sommes éloignés du soleil de 38 millions de lieues de 4000 mètres chacune. Cette distance équivaut à 3800 fois le tour de la terre. Je vous ai dit que pour faire le tour de la boule terrestre, un homme, bon marcheur, capable de parcourir tous les jours dix lieues, mettrait environ trois ans. Il lui faudrait donc près de douze mille ans pour se rendre de la terre au soleil, en supposant que le parcours fût possible. La plus longue vie humaine est incomparablement trop courte pour qu'un voyage de cette longueur fût jamais accompli par un seul, et cent générations de cent années chacune, se succédant dans le trajet et réunissant leurs efforts, n'y suffiraient même pas.

Jules. — Et la locomotive, quel temps mettrait-elle à franchir cette distance?

Paul. — Vous rappelez-vous comme elle marche vite?

Jules. — Je l'ai bien vu le jour de notre voyage avec vous. Si l'on regarde au dehors, le chemin semble fuir en arrière avec tant de rapidité, que cela vous fait peur et vous donne le vertige.

PAUL. — La locomotive qui nous emportait cheminait à raison de dix lieues par heure environ. Supposons une locomotive qui ne s'arrête jamais et possède une vitesse plus grande encore, celle de quinze lieues par heure. Lancée avec cette vitesse, la machine se transporterait en moins d'une journée d'un bout à l'autre de la France; et cependant pour franchir la distance de la terre au soleil, elle mettrait plus de trois siècles. Pour un pareil trajet, la machine la plus rapide qui soit sortie des mains de l'homme, n'est donc guère qu'un lourd colimaçon dont l'ambition serait de faire le tour du monde.

EMILE. — Et moi qui croyais, il n'y a pas bien longtemps, qu'en montant sur le toit et m'aidant d'un long roseau, je pourrais toucher le soleil!

PAUL. — Pour celui qui s'en rapporte aux apparences, le soleil n'est qu'un disque éblouissant, grand au plus comme une roue de rémouleur.

JULES. — C'est ce que je disais hier. Mais, comme il est si loin, il pourrait bien avoir la grandeur d'une roue de moulin.

PAUL. — D'abord, le soleil n'est pas plat comme une meule; il a, comme la terre, la forme d'une boule. Ensuite, il est bien plus grand qu'une meule, serait-ce celle d'un moulin.

Les objets nous paraissent d'autant plus petits qu'ils sont plus éloignés, et finissent même par devenir invisibles. Une haute montagne vue de loin ne semble qu'une colline médiocre ; la croix qui surmonte un clocher, vue d'en bas, paraît bien petite malgré ses grandes dimensions. Il en est de même du soleil : il ne paraît si petit que parce qu'il est très-éloigné ; et comme son éloignement est prodigieux, il faut que sa grosseur soit excessive; sinon, bien loin d'apparaître à nos regards comme une meule éblouissante, il cesserait d'être visible pour nous.

Vous avez trouvé la boule de la terre énorme ; et, malgré mes comparaisons, votre imagination, j'en suis sûr, n'a pu se figurer encore les choses comme il faut. Que sera-ce du soleil, qui est, lui, un million quatre cent mille fois aussi gros que la terre. Si nous supposions le soleil creux comme une boîte sphérique, pour le remplir il faudrait un million et quatre cent mille boules de la grosseur de la terre.

Essayons une autre comparaison. — Pour remplir la mesure de capacité nommée le litre, il faut 10000 grains de blé environ. Il en faudrait donc 100000 pour remplir dix litres ou un décalitre, et 1400000 pour remplir quatorze décalitres. Eh bien, supposez en un seul tas quatorze décalitres de blé, et à côté un seul grain de blé. Pour les grosseurs respectives, ce grain isolé représente la terre ; le tas de quatorze décalitres représente le soleil.

CLAIRE. — Quelle erreur était la nôtre ! Ce petit disque brillant, auquel nous aurions hésité à accorder, crainte d'exagération, les dimensions d'une roue de moulin, est un globe tellement gros, que la terre, la terre si vaste, n'est plus rien comparée au colosse.

JULES. — O mon Dieu !

PAUL. — Oui, mon ami, dites : ô mon Dieu ! car toute intelligence est éperdue en songeant à cet inconcevable volume ; dites : ô mon Dieu ! que vous êtes grand, vous qui de rien avez créé le soleil et la terre et qui abritez l'un et l'autre de l'ombre de votre main.

Ce n'est pas fini, mes enfants. Un jour, en vous parlant de l'éclair et du tonnerre, je vous disais que la lumière est d'une rapidité excessive dans sa propagation. En effet, pour nous venir du soleil, pour franchir la distance qu'une locomotive lancée à grande vitesse ne franchirait qu'en trois cents ans, un rayon de lumière met la moitié d'un tout petit quart d'heure, environ huit minutes. Maintenant, écoutez ceci. L'astronomie nous apprend que chaque étoile, si petite qu'elle paraisse d'ici, est elle-même un soleil comparable pour la grosseur au nôtre ; elle nous dit que ces soleils, dont nous n'apercevons à la vue simple qu'une bien faible partie, sont tellement nombreux qu'il est impossible de les compter ; elle nous dit que leur distance est si grande que, pour nous venir de l'étoile la plus rapprochée, la lumière, qui va si vite, je viens de vous l'apprendre, met près de quatre ans, et des siècles entiers pour d'autres qui ne sont pas même lès plus reculées. D'après cela, si vous le pouvez, évaluez la distance qui nous sépare de ces lointains soleils ; songez aussi à leur nombre et à leur volume. Mais non n'essayez pas : l'intelligence est accablée devant ces immensités où se révèle toute la majesté de l'œuvre divine. N'essayez pas, ce serait chose vaine ; mais laissez monter de votre cœur l'élan d'admiration que vous ne pouvez contenir, et bénissez Dieu, dont la puissance sans bornes a peuplé de soleils les abîmes du ciel.

LV. — Le jour et la nuit.

CLAIRE. — Nous avons perdu de vue, ce me semble, le foyer qui tourne, avec ses tisons allumés, autour de l'alouette.

PAUL. — Au contraire, nous y sommes plus que jamais. Si le soleil, qui est à trente-huit millions de lieues de nous, devait chaque jour faire le tour de la terre, savez-vous le chemin qu'il aurait à parcourir par minute ? Plus de cent mille lieues. Cette incompréhensible vitesse n'est rien encore. Les étoiles, je viens de vous le dire, sont autant de soleils comparables au nôtre pour le volume et l'éclat ; seulement elles sont beaucoup plus éloignées, et c'est ce qui nous les fait paraître si petites. La plus voisine est environ trente mille fois plus éloignée que le soleil. Elle devrait donc, pour faire le tour de la terre, en vingt-quatre heures, comme semblent le dire les apparences, par-

courir par minute trente mille fois cent mille lieues.
Et que serait-ce pour d'autres étoiles cent fois, mille
fois, un million de fois plus éloignées, et qui toutes,
cependant, devraient accomplir leur voyage autour de
la terre, toujours exactement en vingt-quatre heures?
Et puis, rappelez-vous le volume prodigieux du soleil.
Vous voulez que lui, le géant, le colosse, devant lequel
la terre n'est qu'une motte d'argile, roule dans les
abîmes de l'étendue, avec une vitesse impossible, pour
lui distribuer la lumière et la chaleur ; vous voulez
que mille et mille autres soleils, tout aussi gigantes-
ques et immensément plus éloignés, que les étoiles,
en un mot, accomplissent aussi, avec des vitesses
croissantes suivant la distance, un voyage quotidien
autour de l'humble boule terrestre ! Non ! non ! ce
mécanisme est contraire à la raison ; l'admettre,
c'est vouloir précisément faire tourner les tisons, le
foyer, la maison tout entière, autour d'un oisillon
embroché.

CLAIRE. — C'est alors la terre qui tourne, et nous
tournons avec elle. Par suite de ce mouvement, le
soleil, les étoiles et tous les astres nous paraissent
défiler en sens inverse, comme défilent les arbres et
les maisons quand nous sommes en chemin de fer.
Puisque le soleil semble faire le tour de la terre en
vingt-quatre heures d'orient en occident, c'est la
preuve que la terre tourne sur elle-même en vingt-
quatre heures d'occident en orient.

PAUL. — La terre tourne devant le soleil, de manière à présenter successivement ses différentes parties
aux rayons de l'astre ; elle pirouette sur elle-même
comme une toupie. En outre, pendant qu'elle tourne
sur elle-même en vingt-quatre heures, elle tourne en
rond autour du soleil dans l'intervalle d'un an. Dans
le jeu de la toupie se trouve un bel exemple de deux
mouvements analogues, exécutés ensemble. Lorsque
la toupie tourne sur sa pointe, immobile à la même
place, enfin **quand elle dort,** elle ne possède **que le**

mouvement de rotation sur elle-même. Mais en la
lançant d'une certaine façon, vous savez mieux que
moi, qu'elle tourne sur le sol tout en tournant sur sa
pointe. Dans ce cas, elle reproduit en petit le double
mouvement de la terre. Sa rotation sur la pointe représente le mouvement révolutif de la terre sur elle-
même ; sa course sur le sol représente le mouvement
de translation de la terre autour du soleil.

Vous pouvez encore vous familiariser avec le double
mouvement de la boule terrestre, comme il suit :
placez au milieu d'une salle une table ronde; et sur
cette table, une bougie allumée qui figurera le soleil.
Puis, tournez autour de la table, tout en pirouettant
sur vous-mêmes. Chacune de vos pirouettes correspond à un tour de la terre sur elle - même ; et
votre parcours autour de la table correspond à son
voyage autour du soleil. Remarquez qu'en tournant
sur vous-mêmes, vous présentez successivement aux
rayons de la bougie le devant, un côté, l'arrière et
l'autre côté de la tête, qui, dans notre expérience,
peut représenter le globe terrestre; de sorte que
chacune de ses parties est tour à tour éclairée ou
dans l'ombre. La terre ne fait pas autrement : elle
présente l'une après l'autre, en tournant, ses diverses
régions aux rayons du soleil. C'est le jour pour la
région qui voit le soleil, c'est la nuit pour la région
opposée. Telle est la cause bien simple du jour et de
la nuit. En vingt-quatre heures, la terre fait un tour sur
elle-même. De ces vingt-quatre heures se compose la
durée du jour et de la nuit correspondante.

JULES. — Je comprends très-bien la cause de l'al-
ternative des jours et des nuits. C'est le jour pour la
moitié de la terre qui regarde le soleil, c'est la nuit
pour la moitié opposée. Mais comme la boule tourne,
chaque pays vient successivement se mettre en face
du soleil, tandis que d'autres passent dans la moitié
non éclairée. L'alouette qui tourne devant le foyer

présente à tour de rôle, de la même façon, chacun de ses flancs aux ardeurs de la flamme.

EMILE. — On pourrait presque dire que c'est le jour pour la moitié de l'alouette qui regarde le feu, et la nuit pour l'autre moitié.

JULES. — Une difficulté cependant encore m'embarrasse. Si toutes les vingt-quatre heures la terre fait un tour sur elle-même, dans la moitié de ce temps nous devons faire un demi-tour avec la boule qui nous porte, et nous trouver dans une position renversée. En ce moment, nous avons la tête en haut, les pieds en bas; douze heures plus tard, ce sera le contraire : nous aurons la tête en bas et les pieds en haut. Nous sommes droits, nous serons renversés. Dans cette position incommode, pourquoi le malaise ne nous saisit-il pas; comment ne sommes-nous pas précipités? Pour ne pas tomber, ce me semble, il faudrait se cramponner au sol en désespérés.

PAUL. — Votre observation est juste, mais dans une certaine mesure. Oui, il est vrai que dans douze heures, à partir de ce moment, nous serons dans une position inverse de la précédente ; nous tournerons la tête du côté de l'espace où maintenant nous tournons les pieds. Mais, malgré ce renversement, il n'y aura pour nous aucun danger de chute, ni même le moindre inconvénient de n'importe quelle nature, car nous aurons toujours la tête en haut, c'est-à-dire vers le ciel, puisque le ciel entoure le globe terrestre de partout; nous aurons toujours les pieds en bas, c'est-à-dire posés sur le sol. Comprenez bien, une fois pour toutes, que tomber c'est se précipiter à terre, et non s'élancer dans l'étendue environnante. Or, comme, malgré toutes les évolutions de notre globe, nous sommes toujours à terre, les pieds contre le sol, la tête vers le ciel, nous nous trouvons toujours dans une position droite, sans malaise aucun, sans danger d'être précipités.

EMILE. — Tourne-t-elle bien vite, la boule terrestre?

PAUL. — En vingt-quatre heures, elle fait un tour sur elle-même. Alors les points de sa région moyenne, les points qui font le plus grand chemin, parcourent, dans le même temps, quarante millions de mètres, c'est-à-dire un chemin égal au circuit de la terre, ou bien 462 mètres par seconde. C'est à peu près la vitesse du boulet au sortir de la gueule du canon, c'est trente fois environ la vitesse de la locomotive la plus rapide. Montagnes, plaines, mers, tout court à la file sur un cercle toujours recommencé avec la formidable vitesse de plus d'un dixième de lieue par seconde.

EMILE. — Et pourtant tout nous semble en repos.

PAUL. — Sans les cahots de la voiture, ne se croirait-on pas en repos quand le convoi du chemin de fer nous emporte avec une effrayante vitesse? Eh bien, le mouvement si rapide de la terre est en même temps si doux, qu'il est impossible d'en être averti, si ce n'est par le déplacement apparent des astres.

JULES. — En s'élevant à une certaine hauteur avec un ballon, on doit voir la terre rouler en dessous. Les mers et leurs îles, les continents et leurs empires et leurs forêts et leurs montagnes doivent successivement venir se placer sous les yeux de l'observateur, qui, en vingt-quatre heures, parcourt du regard le tour entier de la terre. Quel magnifique spectacle cela doit être! Quel voyage, si merveilleux, et si peu fatigant! Au moment où la rotation ramène le pays que l'on habite, on se laisse descendre, et voilà qui est fait. En vingt-quatre heures, sans changer de place, on a vu le monde entier.

PAUL. — Oui, j'en conviens, ce serait une admirable manière de voir du pays. En ce lieu, où nous sommes actuellement nous-mêmes, d'autres peuples vont venir, amenés par la rotation; des mers, des régions lointaines, des montagnes neigeuses vont

prendre notre place; et demain, à la même heure,
nous serons de retour ici. Où nous causons mainte-

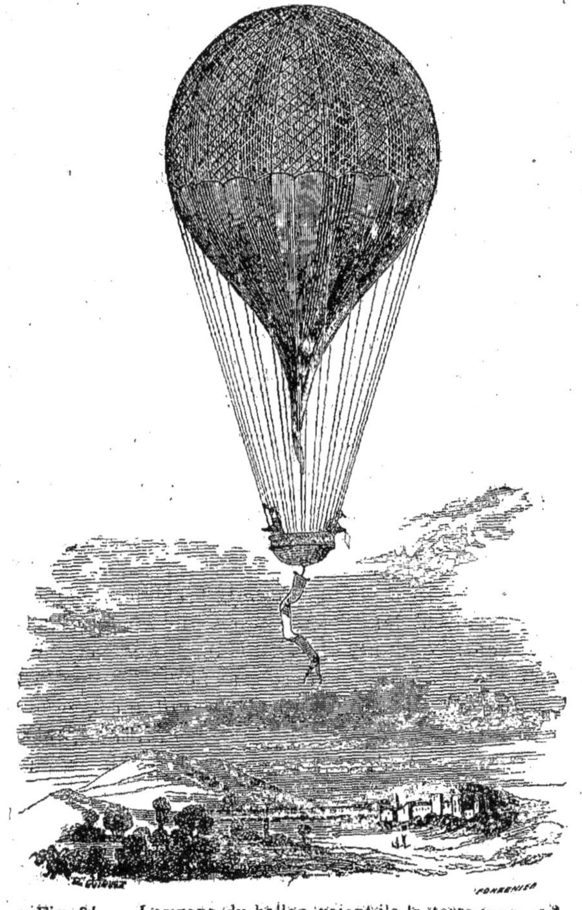

Fig. 34. — Les gens du ballon voient-ils la terre tourner ?

nant, à l'ombre des genévriers, il passera d'abord
la mer, le sombre Atlantique qui remplacera notre

conversation par la grande voix de ses flots. Dans moins d'une heure, l'océan sera ici. Quelque grand vaisseau de guerre, avec sa triple rangée de canons, viendra flotter peut-être, toutes voiles au vent, au point que nous occupons — La mer est passée. Ce sont maintenant l'Amérique du Nord, les grands lacs du Canada et les interminables prairies où les Indiens à peau rouge chassent les bisons. — La mer recommence, bien plus large que l'Atlantique ; elle met près de sept heures à défiler. Qu'est-ce que cette traînée d'îles où des pêcheurs empaquetés de fourrures font sécher des harengs? Ce sont les Kouriles, au sud du Kamtchatka Elles passent vite; à peine avons-nous le temps de leur donner un coup d'œil. — C'est à présent le tour des faces jaunes, des Mongols et des Chinois, aux yeux obliques. Oh! que de choses curieuses y aurait-il à voir ici! mais la boule tourne toujours, et la Chine est déjà loin. — Les plateaux sablonneux de l'Asie centrale, des montagnes plus hautes que les nuages viennent après. Voici les pâturages des Tartares où hennissent des troupeaux de cavales; voici les plaines herbues de la Caspienne avec les Cosaques, au nez camus ; puis la Russie méridionale, l'Autriche, l'Allemagne, la Suisse, et enfin la France. Descendons vite, prenons pied; la terre a fait un tour.

Gardez-vous de croire, mes petits amis, que ce vertigineux spectacle de la terre défilant avec la rapidité du boulet, soit visible autrement qu'aux yeux de l'esprit. En s'élevant dans les hauteurs de l'air avec un ballon, comme le disait Jules, il semble tout d'abord qu'on devrait voir rouler la boule du monde et passer sous ses pieds les terres et les mers. Rien de pareil n'a lieu, car l'atmosphère tourne avec la boule terrestre et entraîne le ballon dans la rotation générale, au lieu de le laisser en place, comme il le faudrait, pour que l'observateur eût successivement sous les yeux les diverses régions de la terre.

LVI. – L'année et les saisons.

CLAIRE. — En même temps qu'elle tourne sur elle-même, la terre, avez-vous dit, voyage autour du soleil.

PAUL. — Oui. Elle met trois cent soixante-cinq jours à ce voyage ; elle fait trois cent soixante-cinq pirouettes sur elle-même pendant qu'elle accomplit un voyage autour du soleil. Le temps employé à ce parcours forme la durée d'une année.

JULES. — La terre met un jour de vingt-quatre heures pour tourner sur elle-même ; elle met un an pour tourner autour du soleil.

PAUL. — C'est cela même. Figurez-vous tournant autour d'une table ronde dont le centre est occupé par une lampe représentant le soleil, tandis que vous représentez la terre. Chacune de vos promenades autour de la table est une année. Pour représenter exactement les choses, il faudrait tourner trois cent soixante-cinq fois sur les talons pendant que l'on circule une fois autour de la table.

EMILE. — C'est comme si la terre valsait autour du soleil.

PAUL. — La comparaison n'est pas des mieux choisies, mais enfin elle est exacte. Elle montre que, malgré l'étourderie de son âge, Emile a parfaitement compris. L'année se divise en douze mois, qui sont : janvier, février, mars, avril, mai, juin, juillet, août, septembre, octobre, novembre et décembre. L'inégale valeur des mois est parfois embarrassante. Les uns comptent 31 jours, les autres 30 ; février en compte 28 ou 29 suivant l'année.

CLAIRE. — Pour mon compte, je serais très-embarrassée de dire si mai, septembre et tels autres mois ont 30 ou 31 jours. Comment retenir les mois dont la durée est de 31 jours, et ceux dont la durée est de 30 ?

PAUL. — Un calendrier naturel, gravé sur notre

main, nous l'apprend d'une manière très-simple. Fermez le poing de la main gauche. A leur origine, les quatre doigts, autres que le pouce, dessinent chacun une saillie ou bosse, séparée par un creux de la bosse suivante. Placez l'index de la main droite à tour de rôle sur ces bosses et ces creux, à partir du doigt voisin du pouce, et dénommez en même temps dans leur ordre les mois de l'année ; janvier, février, mars, etc. Quand la série des quatre doigts sera épuisée, revenez au point de départ et poursuivez l'appel des douze mois sur les bosses et les creux. Eh bien, tous les mois qui, dans cette énumération, correspondent à des bosses, sont de 31 jours ; tous ceux qui correspondent à des creux, sont de 30. Il faut en excepter février, dont la place est au premier creux. Il a, suivant l'année, 28 ou 29 jours.

CLAIRE. — Laissez-moi essayer. Voyons mai : janvier, bosse ; février, creux ; mars, bosse ; avril, creux ; mai, bosse. Mai a 31 jours,

PAUL. — Ce n'est pas plus difficile que cela.

JULES. — A mon tour. Voyons septembre : janvier, bosse ; février, creux ; mars, bosse ; avril, creux ; mai, bosse ; juin, creux ; juillet, bosse... et maintenant ? Me voilà au bout de la main.

PAUL. — Maintenant, on recommence en poursuivant l'énumération des mois.

JULES. — On reprend au point même où l'on a commencé ?

PAUL. — Oui.

JULES. — Bien. Août, bosse. Voilà deux bosses de file. Il y a donc deux mois de file, juillet et août, qui ont 31 jours ?

PAUL. — Oui,

JULES. — Je reprends. Août, bosse ; septembre, creux. Septembre à 30 jours.

CLAIRE. — Pourquoi février a-t-il tantôt 28, tantôt 29 jours ?

PAUL. — Il faut vous dire que la terre ne met pas

exactement 365 jours pour faire le tour du soleil. Elle met en plus près de 6 heures. Afin de rattraper ces 6 heures, que l'on néglige d'abord pour avoir un nombre rond de jours dans l'année, de quatre ans en quatre ans on en tient compte, et le jour de plus qu'elles font ensemble est reporté sur février, dont la durée est alors de 29 jours au lieu de 28.

CLAIRE. — De la sorte, pendant trois ans de file février a 28 jours, et la quatrième année il en a 29.

PAUL. — Parfaitement. Retenez en outre que les années où février compte 29 jours s'appellent des années bissextiles.

JULES. — Et les saisons ?

PAUL. — Pour des causes qu'il vous serait encore un peu trop difficile de comprendre, le voyage annuel de la terre autour du soleil donne naissance aux saisons et à l'inégale durée des jours et des nuits.

Les saisons sont au nombre de quatre, chacune de trois mois : le printemps, l'été, l'automne et l'hiver. Le printemps comprend environ du 20 mars au 21 juin; l'été, du 21 juin au 22 septembre; l'automne, du 22 septembre au 21 décembre; l'hiver, du 21 décembre au 20 mars.

Le 20 mars et le 22 septembre, le soleil est visible pendant 12 heures et invisible pendant 12 heures d'un bout à l'autre de la terre. Le 21 juin est l'époque pour nous des plus longs jours et des plus courtes nuits; le soleil est visible pendant seize heures et invisible pendant huit. Plus au nord, la durée du jour augmente encore et celle de la nuit diminue. Il y a des pays où le soleil, plus matinal qu'ici, se lève à deux heures du matin pour se coucher à dix heures du soir ; d'autres encore où les heures de son lever et de son coucher se confondent, de telle sorte que l'astre plonge à peine un instant au-dessous du bord apparent du ciel et reparaît aussitôt. Enfin au pôle même de la terre, c'est-à-dire en ce point qui reste immobile pendant que tous les autres tournent, comme le fait le

bout de l'essieu d'une roue, on assisterait au merveilleux spectacle d'un soleil qui ne se couche plus, qui
tourne autour du spectateur six mois entiers, également visible à minuit et à midi. Dans ces contrées,
il n'y a plus alors de nuit.

Le 21 décembre, c'est l'inverse de ce qui a lieu au
mois de juin. A huit heures du matin, le soleil se lève
pour nous ; à quatre heures du soir, il est déjà couché.
C'est huit heures de jour pour seize heures de nuit.
Plus au nord, il y a maintenant des nuits de 18, de
20, de 22 heures, et des jours correspondants de 6, de
4, de 2. Dans le voisinage du pôle, le soleil ne se
montre même plus, il n'y a plus de jour ; pendant six
mois, à midi comme à minuit, c'est la même obscurité.

Jules. — Et il y a des gens en ces pays du pôle, où
l'année se compose d'un jour de six mois et d'une nuit
de six mois ?

Paul. — Non, l'homme jusqu'ici n'a pu arriver au
pôle à cause du froid horrible qu'il y fait ; mais il y
a des pays plus ou moins rapprochés du pôle qui sont
habités. Quand arrive l'hiver, le vin, la bière et autres boissons se prennent dans les tonneaux en blocs
de glace ; un verre d'eau lancé en l'air retombe en
flocons de neige ; l'humidité de l'haleine devient
des aiguilles de givre à l'issue des narines ; la mer
elle-même se gèle à une grande profondeur et pro-
longe la terre ferme, dont elle ne diffère plus, ayant,
comme elle, ses champs de neige et ses montagnes de
glace. Pendant de longs mois, le soleil ne se montre
plus ; il n'y a pas de différence entre le jour et la nuit,
ou plutôt il règne une nuit permanente, la même à
midi qu'à minuit. Cependant, quand le temps est serein, l'obscurité n'est pas complète ; la clarté de la lune
et des étoiles, augmentée par la blancheur des neiges,
produit une sorte de demi-jour suffisant pour la vi-
sion. A cette clarté blafarde, dans des traîneaux
qu'emportent en désordre des attelages de chiens, les

peuplades de ces tristes régions poursuivent un maigre gibier. La pêche leur fournit une nourriture plus abondante. Des poissons desséchés, tenus en réserve, à demi-corrompus, de la graisse infecte de baleine sont leur régal habituel. Ils demandent encore à la pêche le combustible du foyer, alimenté avec des tranches de lard de baleine et des ossements de poissons. Ici, en effet, le bois est inconnu ; aucun arbre, si robuste qu'il soit, ne peut résister aux rigueurs de l'hiver. Un saule, un bouleau, réduits à de maigres buissons traînant à terre, s'aventurent seuls jusqu'aux extrémités septentrionales de la Laponie, où cesse la culture de l'orge, la plus agreste des plantes cultivées. Au delà, toute végétation ligneuse cesse ; et, pendant l'été, on ne trouve plus que de rares touffes d'herbes et de mousse, mûrissant à la hâte leurs graines dans les creux habités des rochers. Plus haut encore, la fusion complète de la neige et de la glace ne peut avoir lieu l'été ; la terre n'est jamais à découvert, et toute végétation est impossible.

Émile. — Oh ! les tristes pays. Encore une question, mon oncle. En voyageant ainsi autour du soleil, la terre chemine-t-elle vite ?

Paul. — Elle met un an pour faire le tour entier ; mais comme elle circule à une distance énorme du soleil, à une distance de trente huit millions de lieues, elle doit parcourir l'étendue avec une vitesse dont rien ne saurait vous donner une idée. Cette vitesse est de vingt-sept mille lieues à l'heure. Dans le même temps, la locomotive la plus rapide parcourt quinze lieues environ. Comparez et jugez.

Jules. — Comment ! l'immense boule dont nous n'avons jamais pu comprendre le poids effrayant, chemine dans le ciel avec cette rapidité !

Paul. — Oui, mon ami : avec une vitesse de vingt-sept mille lieues à l'heure, la boule terrestre s'en va roulant dans l'étendue, sans essieu, sans appui, toujours sur la ligne idéale qui lui a été donnée pour champ de course. Qui la meut avec cette rapidité dont l'idée seule vous fait venir le vertige? Courbons-nous, mes enfants, c'est la force de Dieu.

LVII. — Les fruits de belladone.

Une lamentable nouvelle circulait de maison en maison dans le village. Voici ce qu'on racontait :

On avait, ce jour-là, mis au petit Louis sa première culotte. Il y avait des poches et des boutons luisants. Sous son nouveau costume, Louis était bien un peu gauche, mais c'est égal, il était bien content. Il admirait ses boutons qui reluisaient au soleil ; il tournait et retournait ses poches pour voir s'il y aurait assez de place pour mettre tous ses joujoux. Ce qui surtout le rendait heureux, c'était une belle montre d'étain, marquant toujours la même heure. Son frère Joseph, plus âgé d'une couple d'années, était bien content aussi. Maintenant que Louis était habillé comme lui, rien ne l'empêchait de l'amener au bois, où il y a des nids et des framboises. Ils avaient en commun un agneau plus blanc que la neige, avec une jolie petite clochette au cou. Les deux frères devaient le conduire au pré. Le goûter fut mis dans un panier. Ils embrassèrent leur mère, qui leur recommanda de ne pas aller loin. « Prends garde à ton frère, disait-elle à Joseph ; donne-lui la main et revenez bientôt. » Ils partirent. Joseph portait le panier, Louis menait l'agneau. Sur le seuil de la porte, leur mère les regardait s'éloigner, heureuse de leur joie. A plusieurs reprises, les enfants se retournèrent pour lui sourire, puis ils disparurent au détour du sentier.

Ils sont arrivés au pré. L'agneau folâtre dans les herbes; Joseph et Louis courent après les papillons au milieu d'un bouquet de grands arbres.

— Oh ! les belles cerises, fait tout à coup Louis ; regarde comme elles sont grosses et noires ! Des cerises, des cerises ! Nous allons bien nous régaler. Ramassons-en pour le goûter.

Il y avait, en effet, sur des plantes basses, à feuillage sombre, de gros fruits d'un noir violet.

— Tiens, répond Joseph, comme ces cerisiers sont petits ! Je n'en ai jamais vu comme cela. Nous n'aurons pas la peine de grimper sur l'arbre, et tu ne déchireras pas ta culotte neuve.

Louis cueille un de ces fruits et le porte à la bouche. C'était fade et douceâtre.

— Elles ne sont pas mûres, ces cerises, dit le petit Louis en rejetant le fruit.

—Prends celle-ci, répond Joseph, en lui en donnant une bien molle au toucher. Elle est mûre.

Louis la goûte, salive et crache.

— Mais non, elles ne sont pas bonnes du tout, répète le petit garçon.

—Pas bonnes, pas bonnes, fait Joseph; tu vas voir : et il en mange une, puis une autre, puis une autre encore, puis une quatrième, puis une cinquième. A la sixième, il fallut s'arrêter. Décidément, ce n'était pas bon.

—C'est vrai, elles ne sont pas bien mûres. Ramassons-en toujours; nous les laisserons mûrir dans le panier.

On ramassa une poignée ou deux de ces fruits noirs, puis on se mit à courir après les papillons. Les cerises étaient oubliées.

Une heure après, Simon, qui revenait du moulin avec son âne, trouva assis au pied d'une haie deux enfants qui se lamentaient et se tenaient embrassés. A leurs côtés, un agneau était couché et bêlait plaintivement. Et le plus jeune disait à l'autre : « Joseph, lève-toi ; nous irons à la maison. » L'aîné essayait de se lever, mais ses jambes, prises de tremblements convulsifs, ne pouvaient le soutenir. « Joseph, Joseph, parle-moi, faisait le pauvre petit, parle-moi. » Et Joseph, dont les dents claquaient, regardait son frère avec des yeux si grands, si grands, qu'ils faisaient peur. « Il y a encore une pomme dans le panier, la veux-tu? Je te la donne toute, reprenait le plus jeune, les joues inondées de larmes. » Et l'aîné tremblait, se roidissait par soubresauts et regardait fixement avec des yeux qui grandissaient toujours.

C'est alors que Simon passa. Il mit les deux enfants sur l'âne, prit le panier, et, suivi de l'agneau, en toute hâte il accourut au village.

Quand la malheureuse mère revit Joseph, son cher Joseph, si bien portant quelques heures avant, si joyeux de mener son frère à la promenade, et maintenant sans connaissance, moribond, ce fut une scène à fendre l'âme. « Mon Dieu, mon Dieu ! s'écriait-elle, folle de douleur, prenez-moi et laissez mon fils! Oh! mon Joseph! oh! mon pauvre Joseph! » Et le couvrant de baisers, elle éclatait en cris de désespoir.

Le médecin fut appelé; le panier où se trouvaient encore les fruits noirs pris pour des cerises lui expliqua la cause du triste événement. « La belladone, grand Dieu! se dit-il en lui-même; hélas! il est trop tard. » Le cœur navré, il ordonna une potion, sur l'efficacité de laquelle il ne lui était pas possible de compter, car l'empoisonnement avait fait d'irréparables progrès. Et en effet, une heure après, pendant que la mère, à genoux au pied du lit, priait et sanglotait, une petite main sortit de dessous la couverture et vint se mettre toute froide dans sa main. C'était le suprême adieu : Joseph était mort.

Le lendemain, on porta en terre le pauvre petit. Tout le village assistait à l'enterrement. Emile et Jules revinrent du cimetière si tristes, que de plusieurs jours ils ne songèrent pas à demander à l'oncle la cause de ce lamentable accident.

Depuis lors, dans la maison du mort, le petit Louis cesse par moments de jouer, et se met à pleurer malgré sa belle montre d'étain. On lui a dit que Joseph est allé loin, bien loin, et qu'il reviendrait un jour. « Mère, dit-il parfois, quand reviendra Joseph?

Je m'ennuie bien de jouer seul. »—Sa mère l'embrasse et se voile le visage d'un coin de son tablier pour pleurer à chaudes larmes. — « Tu ne l'aimes donc plus, Joseph, puisque tu pleures quand je t'en parle? reprend le pauvre innocent. » Et sa mère, éperdue, s'efforce, mais en vain, d'étouffer ses sanglots.

LVIII. — Les plantes vénéneuses.

La mort du pauvre Joseph avait jeté la consternation dans le village. Si les enfants s'écartaient de la maison, s'ils allaient aux champs, c'était un souci continuel jusqu'à leur retour. De mauvaises plantes pouvaient se rencontrer, qui les tenteraient par leurs fleurs ou leurs fruits, et les empoisonneraient. Beaucoup se dirent, avec juste raison, que le meilleur moyen de prévenir ces terribles accidents était de connaître les plantes dangereuses et d'apprendre aux enfants à s'en méfier. Ils allèrent trouver maître Paul, dont tout le monde appréciait le grand savoir, et lui demandèrent de les instruire sur les plantes malfaisantes des environs. Le dimanche au soir, il y eût donc chez l'oncle nombreuse réunion. Outre ses deux neveux et sa nièce, Jacques et mère Ambroisine, il y avait là Simon, qui, en revenant du moulin, avait rencontré les deux malheureux enfants, et Jean le meunier, et André le laboureur, et Philippe le vigneron, et Antoine, et Mathieu, et bien d'autres. La veille, Paul avait fait une tournée dans la campagne pour recueillir les plantes dont il avait à parler. Un gros bouquet des principales plantes vénéneuses, les unes en fleurs, les autres en fruits, trempait dans l'eau d'une carafe placée sur la table.

PAUL. — Il y a des gens, mes amis, qui ferment les yeux pour ne pas voir le danger, et se croient en sûreté parce qu'ils ignorent volontairement le péril. Il y en a d'autres qui s'informent de ce qui peut les menacer, persuadés qu'une personne avertie en vaut

deux. Vous êtes de ces derniers, et je vous en félicite.
Bien des misères nous attendent ; tâchons d'en diminuer le nombre par notre vigilance, au lieu de nous
livrer à une lâche incurie. Maintenant qu'un affreux
malheur a frappé une de nos familles, qui ne comprend
l'extrême importance pour nous tous de connaître,
afin de les éviter, ces terribles végétaux qui tous les
ans font des victimes. Si ces connaissances étaient

Fig. 35. — La belladone.

plus répandues, le pauvre innocent dont nous pleu-
rons la perte serait encore la consolation de sa mère.
Ah ! malheureux, malheureux enfant !

Paul, que le tonnerre ne faisait pas sourciller,
avait les larmes aux yeux et la voix tremblante.
Le brave Simon, qui avait vu les deux enfants embrassés au pied de la haie, se sentit plus remué
que les autres à ce souvenir. Il abaissa le large bord
de son chapeau pour cacher de grosses larmes qu

descendaient sur ses rudes joues bronzées par le soleil. Après quelques instants de silence, maître Paul
continua.

PAUL. — La mort de l'infortuné petit garçon a été
causée par la belladone. C'est une herbe assez grande,
à fleurs rougeâtres et en forme de petites cloches.
Les fruits sont ronds, d'un noir-violet et ressemblent
à des cerises. Les feuilles sont ovales, aiguës au
sommet. Toute la plante possède une odeur nauséabonde et présente un aspect sombre, comme pour annoncer le poison qu'elle recèle. Les fruits surtout sont
dangereux, car ils peuvent tenter les enfants par leur
ressemblance avec des cerises, et leur saveur douceâtre. L'agrandissement de l'ouverture de l'œil ou
pupille, et le regard fixe, hébété, sont les caractères
de l'empoisonnement par la belladone.

Paul prit dans le bouquet de la carafe un rameau
de belladone, et le fit circuler dans l'auditoire pour
que chacun examinât de près la plante.

JEAN. — Vous dites que cela s'appelle ?

PAUL. — Belladone.

JEAN.—Belladone, bien. Je connais cette herbe. Je
l'ai trouvée assez souvent aux environs du moulin,
dans les lieux ombragés. Qui se douterait que ses
jolies cerises sont un affreux poison.

ANDRÉ. — Que veut dire ce mot de belladone ?

PAUL. — C'est un mot italien qui signifie belle
dame. Dans le temps, paraît-il, les dames utilisaient
le suc de cette plante pour entretenir la blancheur de
leur teint.

ANDRÉ. — Voilà une propriété qui ne regarde pas
notre peau brune. Ce qui nous concerne, c'est ce
maudit fruit auquel nos enfants peuvent se laisser
prendre.

ANTOINE. — Nos bestiaux ne risquent-ils rien
quand cette herbe se trouve dans les pâturages ?

PAUL. — Il est rare que les bestiaux touchent aux
plantes vénéneuses ; ils évitent de brouter ce qui

pourrait leur nuire, conseillés par l'odorat, et surtout par l'instinct.

Cette autre plante à grand feuillage, dont les fleurs rouges au dehcrs, tigrées de blanc et de pourpre au dedans, sont disposées en une longue et magnifique quenouille, arrivant presque à hauteur d'homme, s'appelle digitale. Les fleurs ont la forme de longs grelots ventrus ou plutôt de doigts de gant : aussi désigne-t-on la plante par différents noms qui tous font allusion à cette particularité.

Jean. — Si je ne fais erreur, c'est bien ce que nous appelons chez nous la gantelée. Elle est commune sur la lisière du bois.

Fig. 36. — La digitale.

Paul. — Nous l'appelons gantelée à cause de sa ressemblance avec le gros doigt d'un gant. Pour le même motif, on l'appelle ailleurs : gants de Notre-Dame, doigts de la Vierge, doigtier. Le nom de digitale, emprunté au latin, rappelle également la fleur configurée en forme de doigt.

Simon. — Il est bien dommage que cette superbe plante soit un poison, elle ferait plaisir à voir dans nos jardins.

Paul. — On la cultive, en effet, comme plante ornementale, mais dans des jardins tenus avec plus de vigilance que les nôtres. Quant à nous, mes amis, qui n'avons guère le loisir de surveiller des fleurs, nous ferons bien de ne pas mettre la digitale sous la main des enfants, en l'introduisant chez nous. Toute la plante est vénéneuse. Elle a la singulière propriété de ralentir les battements du cœur, et finalement de les arrêter. Il est inutile de vous dire que lorsque le cœur ne bat plus, on est perdu.

La ciguë est encore plus dangereuse. Son feuillage découpé menu ressemble à celui du cerfeuil ou du persil. Cette ressemblance a souvent occasionné de fatales méprises, d'autant plus faciles que la redoutable plante vient dans les haies de clôture, et même dans nos jardins. Un caractère assez net permet cependant de distinguer l'herbe vénéneuse des deux plantes potagères qui lui ressemblent : c'est l'odeur.

Fig. 37. — La ciguë.

Froissez cette touffe de ciguë dans vos mains, Simon, et flairez.

— Ouf! fit Simon, cela sent bien mauvais; le persil et le cerfeuil n'ont pas cette odeur repoussante. Quand on est averti, m'est avis qu'on ne peut s'y tromper.

PAUL.—Oui, quand on est averti; mais ceux qui ne le sont pas ne tiennent compte de l'odeur et prennent la ciguë pour du persil ou du cerfeuil. C'est pour être avertis que vous m'écoutez ce soir.

JEAN. — Vous nous rendez-là un fier service, maître Paul, que de nous mettre en garde contre toutes ces méchantes herbes. Il faudra bien qu'à la maison chacun sache ce que vous venez de m'apprendre, afin de ne pas s'exposer à cueillir une salade de ciguë pour une salade de cerfeuil.

PAUL. On distingue deux espèces de ciguës. L'une, appelée la grande ciguë, vient dans les lieux humides et incultes. Elle a beaucoup d'analogie avec le cerfeuil. Ses tiges sont marquées de taches noires ou rougeâtres. L'autre, appelée petite ciguë, ressemble au persil. Elle vient dans les champs cultivés, les haies, les jardins. Toutes les deux ont une odeur nauséabonde.

Voici maintenant une plante vénéneuse très-facile à reconnaître. C'est l'arum, ou, comme on dit vulgairement, le gouet ou pied de veau. L'arum est fréquent dans les haies. Les feuilles sont très-amples et ont la forme d'un grand fer de lance. La fleur est construite sur le modèle d'une oreille d'âne. C'est un grand cornet jaunâtre du fond duquel s'élève une baguette charnue que l'on prendrait pour un petit doigt de beurre. A cette fleur bizarre succède une grappe de fruits, gros comme des pois et d'un rouge superbe. Toute la plante a une saveur brûlante insupportable.

Fig. 38. — L'arum.

MATHIEU. — Laissez - moi vous dire, maître Paul, ce qui est arrivé un jour à mon petit Lucien. En revenant de l'école, il vit dans la haie ces grandes fleurs dont vous parlez, ces fleurs en forme d'oreille d'âne; la baguette charnue du milieu lui parut chose appétissante. Vous venez de le comparer à un petit doigt de beurre; l'étourdi se laissa prendre à ces apparences. Il mordit sur le trompeur doigt de beurre. Qu'avait-il fait là! Au bout d'un instant, la langue se mit à lui cuire comme s'il avait mâché un charbon rouge de feu. Je le vis arriver à la maison, crachant et grimaçant. On ne l'y prendra plus, allez. Par bonheur, il n'avait pas avalé le morceau. Le lendemain, ce n'était plus rien.

13.

Paul. — On retrouve une saveur brûlante pareille dans le suc blanc, semblable à du lait, qui s'écoule des euphorbes quand on les coupe. Les euphorbes sont des plantes de pauvre apparence, très-communes partout. Leurs fleurs, petites et jaunâtres, sont disposées en une tête dont les branches égales rayonnent au sommet de la tige. On reconnaît aisément ces plantes à leur suc blanc, à leur lait qui s'écoule en abondance des tiges coupées. Ce suc est dangereux, même sur la peau seule, si elle est tendre ; son goût, d'une âcreté brûlante, le dit assez.

Les aconits sont, comme la digitale, de superbes plantes que leur beauté a fait introduire dans les parterres, malgré la violence de leur poison. On les trouve dans les contrées montueuses. Leurs fleurs sont bleues ou jaunes, en forme de casque, et disposées en une élégante grappe terminale du plus bel effet. Leurs feuilles, d'un vert lustré, sont découpées en lanières rayonnantes. Les aconits sont très-vénéneux. La violence de leur poison leur a fait donner le nom de tue-chien, tue-loup. L'histoire dit qu'autrefois on trempait la pointe des flèches et des lances dans le suc des aconits, dans le but d'empoisonner les

Fig. 39. — L'aconit.

blessures faites à la guerre et de les rendre mortelles.
On cultive parfois dans nos jardins un arbrisseau

Fig. 40. — Le laurier-cerise.

à grandes feuilles luisantes, qui ne tombent pas l'hiver, et à fruits noirs, ovales, gros comme des glands. C'est le laurier-cerise. — Toutes ses parties, feuilles, fleurs et fruits, ont l'odeur des amandes amères et des noyaux de pêche. On emploie quelquefois les feuilles du laurier-cerise pour communiquer leur parfum aux crèmes et au laitage. On ne doit le faire qu'avec beaucoup de prudence, car le laurier-cerise est extrêmement vénéneux. On dit même qu'il suffit de rester quelque temps sous son ombrage pour être indisposé par ses émanations, à odeur d'amandes amères.

En automne se voit en abondance, dans les prairies humides, une grande et belle fleur rose ou lilas, qui s'élève de terre toute seule, sans tige, sans feuilles. C'est le colchique, appelé aussi safran des prés, ou bien encore veillotte, veilleuse, parce qu'il fleurit à l'époque où commencent les veillées de la froide saison. Si l'on creuse à un peu de profon-

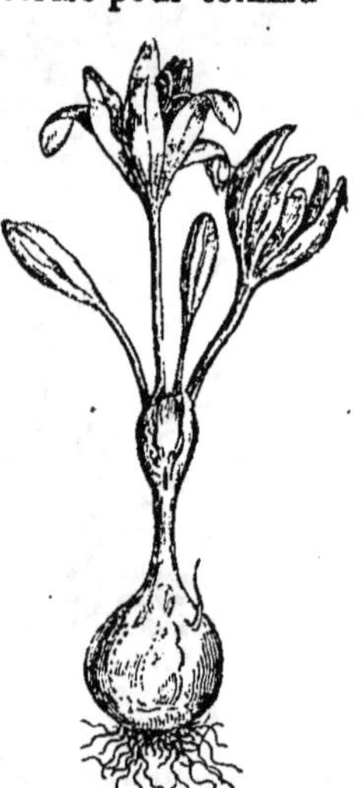

Fig. 41. — Le colchique.

deur, on trouve que cette fleur part d'un oignon assez gros, couvert d'une peau brune. Le colchique est vénéneux, aussi les vaches ne le broutent jamais. Son oignon est plus vénéneux encore.

Mais nous avons assez causé pour aujourd'hui d'herbes malfaisantes. Je craindrais de brouiller vos souvenirs en entrant dans plus de détails. Dimanche prochain, je vous attends encore, mes amis, pour vous parler des champignons.

LIX. — La fleur.

Oui, ils avaient bien écouté la veille quand l'oncle racontait l'histoire des plantes vénéneuses. Qui n'écouterait, lorsqu'on parle des fleurs? Cependant Jules et Claire auraient désiré en apprendre plus long. Comment sont faites les fleurs que l'oncle montrait hier; que voit-on dedans; de quelle utilité sont-elles pour la plante? Sous le grand sureau du jardin, l'oncle leur raconta ceci :

PAUL. — Commençons par la fleur de digitale, dont je vous parlais hier. En voici une. Elle a, vous le voyez, à peu près la forme d'un doigt de gant, ou mieux d'un long bonnet pointu. Emile pourrait en coiffer son petit doigt, qui, largement, y trouverait place. Sa couleur est d'un rouge violet. En dedans, il y a des taches d'un rouge obscur cerclées de blanc. Le doigt de gant rouge s'élève du milieu de cinq petites feuilles disposées en rond. Ces petites feuilles font, elles aussi, partie de la fleur. Leur ensemble s'appelle *calice*. Le reste, ce qui est coloré en rouge, s'appelle *corolle*. Retenez bien ces mots, qui sont nouveaux pour vous.

Fig. 42. — Fleur de digitale : *c*, calice; *t*. corolle; *l*, entrée de la corolle.

JULES. — La corolle est la partie colorée de la fleur;

le calice est l'ensemble des petites feuilles qui se trouvent au bas de la corolle.

PAUL. — La plupart des fleurs ont deux enveloppes analogues contenues l'une dans l'autre. L'extérieure, ou le calice, est presque toujours de couleur verte ; l'intérieure, ou la corolle, est embellie de ces magnifiques teintes qui nous plaisent tant dans les fleurs.

Dans la mauve, que voici, le calice est encore formé de

Fig. 43. — La mauve.

cinq petites feuilles vertes, et la corolle est composée de cinq grandes pièces d'un rose lilas. Chacune de ces pièces porte le nom de *pétale*. L'ensemble des pétales constitue la corolle.

CLAIRE. — La corolle de la digitale n'a qu'une pièce ou pétale ; celle de la mauve en a cinq.

PAUL. — Cela paraît ainsi tout d'abord ; mais, en examinant à fond les choses, on reconnaît qu'elles en ont cinq l'une et l'autre. Je dois vous dire que, pour bien des fleurs, les pétales se soudent entre eux dès qu'ils

Fig. 44. — La fleur du tabac.

commencent à se former dans le bouton, et, par leur réunion, constituent une corolle où paraît n'entrer qu'une seule pièce. Mais, très-fréquemment, les pétales soudés se séparent un peu sur les bords de la fleur, et par des échancrures, plus ou moins profondes, laissent reconnaître en quel nombre ils sont assemblés.

Regardez cette fleur du tabac. La corolle forme un entonnoir ventru, en apparence composé d'une seule pièce. Mais le bord de la fleur est découpé en cinq parties pareilles, qui sont les extrémités d'autant de pétales. La fleur du tabac comprend donc cinq pétales, tout comme la mauve; seulement, ces cinq pétales, au lieu d'être libres dans toute leur étendue, sont soudés l'un à l'autre en une sorte d'entonnoir.

Les corolles dont les pétales sont libres se nomment *corolles polypétales*.

CLAIRE. — Telle est celle de la mauve.

JULES. — Et celles du poirier, de l'amandier, du fraisier.

EMILE. — Jules en oublie de bien jolies : la pensée, la violette.

Fig. 45. — Les belles clochettes qui grimpent dans les haies s'appellent liserons.

PAUL. — Les corolles dont les pétales sont soudés et assemblés en un tout prennent le nom de *corolles monopétales*.

JULES. — Par exemple, la digitale et le tabac.

EMILE. — Et les clochettes, s'il vous plaît, les belles clochettes blanches qui grimpent dans les haies.

PAUL. — Cinq pétales réunis entre eux sont également faciles à reconnaître dans la fleur que voici et que l'on appelle la *gueule de loup*.

EMILE. — Pourquoi l'appelle-t-on gueule de loup?

PAUL. — **Parce qu'elle bâille à la manière de la** gueule d'un animal quand on la presse des deux côtés.

L'oncle fit bâiller la fleur qui, sous la pression des doigts, ouvrait la gueule et la fermait comme pour mordre. Emile regardait ébahi.

PAUL. — Dans cette espèce de gueule, il y a deux lèvres : celle d'en haut, ou lèvre supérieure, et celle d'en bas, ou lèvre inférieure. Eh bien, la lèvre supérieure est fendue en deux par une profonde échancrure, signe de deux pétales, et la lèvre inférieure est

Fig. 46. — La gueule de loup. Elle bâille quand on la presse sur les côtés.

fendue en trois, signe de trois pétales. La corolle de la gueule de loup, quoique d'une seule pièce en apparence, se compose donc en réalité de cinq pétales soudés.

CLAIRE. — Il y a de la sorte cinq pétales dans la mauve, la fleur du poirier, la fleur de l'amandier, la digitale, le tabac, la gueule de loup, avec cette différence que les cinq pétales sont libres dans la mauve, le poirier, l'amandier, et soudés entre eux dans la digitale, la gueule de loup, le tabac.

PAUL. — On trouve également cinq pétales, soit libres, soit soudés, dans une foule d'autres fleurs.

Revenons au calice. Les petites feuilles vertes dont il se compose se nomment *sépales*. Il y en a cinq dans les diverses fleurs que nous venons d'examiner, cinq dans la mauve, cinq dans le tabac, cinq dans la digitale, cinq dans la gueule de loup. Comme les pétales, les pièces du calice ou sépales tantôt restent libres, et tantôt se soudent entre eux, mais en laissant en général des découpures qui permettent de reconnaître leur nombre.

Les calices dont les diverses pièces sont distinctes

l'une de l'autre se nomment *calices polysépales*. Ceux
de la digitale et de la gueule de loup sont dans ce
cas.

Les calices, dont les sépales sont soudés entre eux,
prennent le nom de *calices monosépales*. Tel est celui
du tabac. Aux cinq dentelures qui le terminent, on
voit sans peine qu'il est formé de cinq pièces soudées.

CLAIRE. — Le nombre cinq revient souvent.

PAUL. — Une fleur, ma chère enfant, est sans doute
une merveille d'élégance, mais c'est surtout un chef-
d'œuvre de savante structure. Tout y est calculé d'a-
près des règles fixes, tout y est disposé avec nombre
et mesure. L'une des dispositions les plus fréquentes
est la disposition par cinq. Aussi venons-nous de trouver cinq pétales et cinq sépales dans toutes les fleurs
examinées ce matin.

Une autre disposition qui revient souvent est celle
par trois. On la trouve dans toutes les fleurs à oignon,
tulipe, lis, muguet, etc. Ces fleurs n'ont pas d'enveloppe verte, ou de calice; elles n'ont qu'une corolle
composée de six pétales, trois sur une rangée intérieure, trois sur une rangée extérieure.

Le calice et la corolle sont le vêtement de la fleur,
vêtement double où se trouvent à la fois la solide
étoffe qui garantit des intempéries, et le tissu fin qui
charme les regards. Le calice, vêtement extérieur,
est de forme simple, de coloration modeste, de structure robuste, comme il convient pour résister au mauvais temps. C'est à lui que revient de protéger la fleur
non encore épanouie, de la défendre du soleil, du froid
et de l'humidité. Examinez un bouton de rose ou de
mauve, voyez avec quelle précision minutieuse les
cinq sépales du calice se rejoignent pour recouvrir le
reste. La moindre goutte d'eau ne pourrait pénétrer
à l'intérieur, tant leurs bords sont soigneusement assemblés. Il y a des fleurs qui, tous les soirs, ferment
leur calice et s'y replient pour se garantir de la fraîcheur.

La corolle ou vêtement intérieur, à la finesse du tissu unit l'élégance de forme et la richesse de teinte. Elle est pour la fleur ce qu'est pour nous une parure de noces. C'est elle surtout qui captive nos regards, à tel point que d'habitude nous la considérons comme la chose essentielle de la fleur, tandis qu'elle en est un simple accessoire ornemental.

Des deux vêtements, le plus nécessaire est le calice. Beaucoup de fleurs, de goût sévère, savent se passer de l'agréable, de la corolle ; mais elles se gardent bien de renoncer à l'utile, au calice, qui, dans sa plus grande simplicité, se réduit à une toute petite feuille en forme d'écaille. Les fleurs sans corolle restent inaperçues, et les végétaux qui les portent nous paraissent ne pas fleurir. C'est une erreur : tous les arbres, toutes les plantes fleurissent.

JULES. — Même le saule, le chêne, le peuplier, le pin, le hêtre, le blé, et tant d'autres dont je n'ai jamais vu les fleurs ?

PAUL. — Même le saule, le chêne, et tous tant qu'ils sont. Leurs fleurs sont extrêmement nombreuses, mais, comme elles sont fort petites et dépourvues de corolle, elles échappent au regard inattentif. Il n'y a pas d'exception : toute plante a ses fleurs.

LX. — Le fruit.

PAUL. — Ce serait bien peu connaître une personne que de savoir tout court qu'elle porte une robe de telle indienne, un habit de tel drap. On ne connaît pas davantage la fleur quand on sait qu'elle est revêtue d'un calice et d'une corolle. Qu'y a-t-il sous ce vêtement ?

Examinons ensemble une fleur de giroflée. Elle a un calice de quatre sépales et une corolle de quatre pétales jaunes. J'enleve ces huit pièces. Ce qui reste maintenant est l'essentiel, c'est-à-dire la chose sans laquelle la fleur ne remplirait plus son rôle de fleur

et serait sans utilité aucune. Passons avec soin la re-
vue de ce reste. Cela en vaut la peine, vous allez voir.

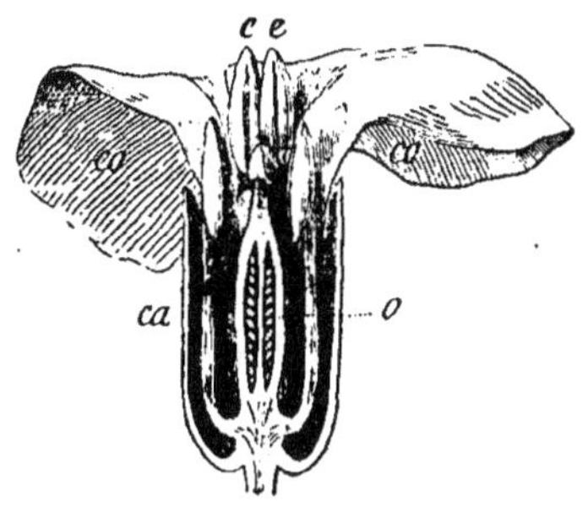

Fig. 47. — Fleur de la giroflée coupée
dans sa longueur : *co*, corolle; *ca*, calice; *ee*, étamines; *o*, ovaire.

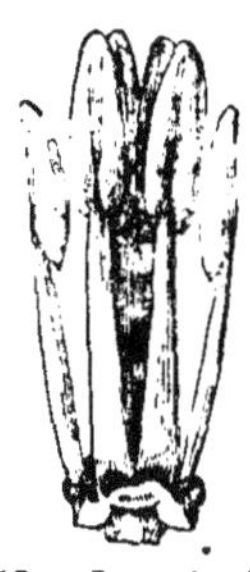

Fig. 48.— Les six éta-
mines de la giroflée,
deux plus courtes,
quatre plus longues,
disposées par paires.
Elles entourent le pis-
til.

Il y a d'abord six petites baguettes blanches, sur-
montées chacune d'un sachet plein d'une poudre
jaune. Ces six pièces se nomment *étamines*. On en
trouve dans toutes les fleurs, tantôt plus, tantôt
moins. Pour sa part, la giroflée en a six, quatre plus
longues disposées par paires, et deux plus courtes.

Le double sachet qui surmonte l'étamine se nomme
anthère. La poussière contenue dans l'anthère s'appelle
pollen. Elle est jaune dans la giroflée, le lis et la plupart des plantes ; elle est d'un gris cendré dans le co-
quelicot.

Jules. — Vous nous avez déjà raconté comment
des tourbillons de pollen, enlevés par le vent aux forêts, sont cause des prétendues pluies de soufre qui
effrayent tant les gens.

Paul.— J'enlève les six étamines. Il reste un corps
central, renflé en bas, rétréci dans le haut et surmonté
d'une espèce de tête humectée d'une humeur visqueuse. En son ensemble, ce corps central prend le
nom de *pistil* ; son renflement d'en bas s'appelle

ovaire, et la tête visqueuse qui le termine se nomme *stigmate*.

JULES.—Voilà bien des noms pour de petites choses.

PAUL. — Petites, oui ; mais d'une importance qui n'a pas sa pareille. Ces petites choses, mon cher ami, nous font le pain de chaque jour ; sans le miraculeux travail de ces petites choses, nous péririons de faim.

JULES. — Je veux alors bien retenir leurs noms.

EMILE. — Moi aussi ; mais il faudrait recommencer, car c'est difficile.

L'oncle recommença. Après lui, Jules et Emile ré-

Fig. 49. — Le fruit du châtaignier a débuté par être un petit renflement du pistil appelé ovaire.

pétaient : étamine, anthère et pollen; pistil, stigmate et ovaire.

PAUL. — Avec le canif, je partage la fleur en deux. L'ovaire fendu nous montre ce qu'il contient.

JULES. — Je vois de petits grains rangés en files régulières dans deux compartiments.

PAUL. — Savez-vous ce que sont ces petits grains, visibles tout juste ?

JULES. — Pas encore.

PAUL. — Ce sont les futures graines de la plante. L'ovaire est donc la partie de la fleur où se forment les graines. A un certain moment, la fleur se flétrit ; les pétales se fanent et tombent, le calice en fait autant ou bien reste pour continuer son rôle protecteur, les étamines desséchées se détachent ; seul l'ovaire reste, grossissant, mûrissant et devenant enfin le fruit.

Tout fruit, poire, pomme, abricot, pêche, noix, cerise, melon, fraise, amande, châtaigne, a débuté par être un petit renflement du pistil ; toutes ces excellentes choses que la plante nous fournit pour nourriture ont été d'abord des ovaires.

JULES. — La poire a commencé par être l'ovaire de la fleur du poirier ?

PAUL. — Oui, mon enfant, la poire, la pomme, la cerise, l'abricot sont en débutant l'ovaire de leurs fleurs respectives. Je vais vous montrer l'abricot dans sa fleur.

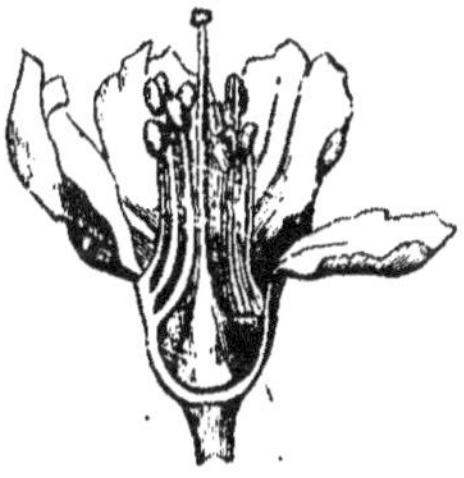

L'oncle prit une fleur d'abricotier, l'ouvrit avec le canif et montra aux enfants ce que reproduit l'image.

PAUL. — Au centre de la fleur vous voyez le pistil, qu'entourent de nombreuses étamines. La tête qui le termine en haut est le stigmate ; le renflement qui le termine en bas est l'ovaire ou l'abricot futur.

Fig. 50. — L'abricot dans sa fleur.

EMILE. — Cette petite chose verte aurait fait un abricot, plein de jus sucré, comme je les aime tant ?

PAUL. — Cette petite chose verte aurait fait un

abricot comme les aime tant Emile. Voulez-vous voir maintenant l'ovaire qui nous fait le pain ?

Jules. — Oh ! oui. Toutes ces choses sont bien curieuses.

Paul. — Mieux que cela, très-importantes.

L'oncle se fit donner une aiguille par Claire, puis, avec la délicate patience que réclame cette opération, il isola une des nombreuses fleurs dont l'ensemble forme l'épi du froment. La délicate fleurette étalait nettement, sur la pointe de l'aiguille, les diverses parties qui la composent.

Paul. — La plante bénie qui nous donne le pain n'a pas le temps de songer à la toilette, Elle a des choses si graves à faire, elle doit nourrir le monde! Aussi voyez quel modeste vêtement! Deux pauvres écailles lui servent de calice et de corolle. Aisément vous reconnaissez trois étamines pendantes, avec leur double sachet de l'anthère. Le corps principal de la fleur est l'ovaire ventru, qui, devenu mûr, sera un grain de blé. Il est surmonté du stigmate, façonné en double plumet d'une exquise délicatesse. Saluez, mes enfants : voilà la petite; la modeste fleurette qui nous fait vivre tous !

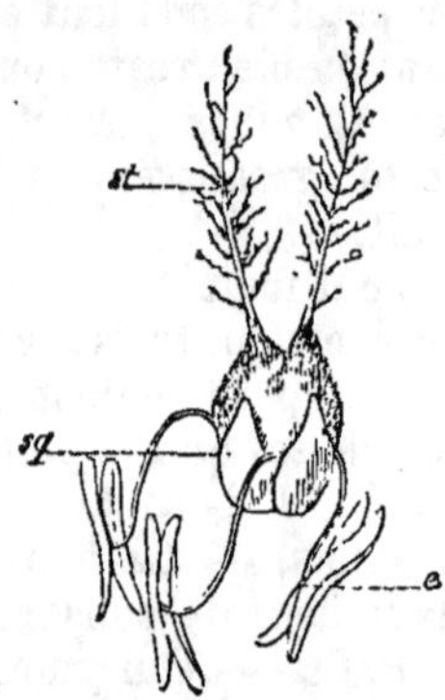

Fig. 51. — Voilà la fleur du blé, la modeste fleurette qui nous fait vivre tous. Le stigmate en double plumet est marqué *st*, les trois étamines sont marquées *e*, les écailles servant de calice et de corolle sont marquées *sq*.

LXI. — Le pollen.

Paul. — En peu de jours, en quelques heures même, la fleur se flétrit. Les pétales, les étamines, le calice se fanent et meurent. Une seule chose survit : l'ovaire, qui doit devenir le fruit.

Or, pour survivre aux diverses parties de la fleur et

persister sur le rameau quand tout le reste se dessèche et tombe, l'ovaire, au moment où la floraison est
dans sa pleine vigueur, reçoit un supplément de force,
je dirais presque une nouvelle vie. Les magnificences
de la corolle, ses somptueuses colorations, ses par-
fums, servent à célébrer l'instant solennel où parvient dans l'ovaire la nouvelle vitalité. Ce grand acte
accompli, la fleur a fait son temps.

Eh bien, c'est le pollen, la poussière jaune des étamines, qui donne ce surcroît d'énergie, sans lequel les
graines naissantes périraient dans l'ovaire, lui-même
flétri. Il tombe des étamines sur le stigmate, toujours
enduit d'une viscosité apte à le retenir; et du stigmate, il fait ressentir sa mystérieuse action dans les
profondeurs de l'ovaire. Animées d'une nouvelle vie,
les graines naissantes prennent alors un rapide développement, tandis que l'ovaire se gonfle pour leur
fournir la place nécessaire. Le résultat final de cet
incompréhensible travail, c'est le fruit avec son contenu de graines bonnes à germer et à produire de
nouvelles plantes. Ne m'en demandez pas davantage
sur ces admirables choses, où le plus habile cesse de
voir clair. Dieu seul, le grand savant, sait comment
un grain de pollen peut faire naître ce qui n'est pas,
et éveiller dans l'ovaire les tressaillements de la vie.

Je vais vous raconter maintenant comment on s'est
assuré que l'arrivée du pollen sur le stigmate est indispensable au développement de l'ovaire en fruit.

La plupart des fleurs ont à la fois des étamines et des
pistils. Toutes celles que nous venons de passer en re-
vue sont dans ce cas. Mais il y a des végétaux qui,
dans des fleurs séparées, ont, d'une part, des étamines,
et, d'autre part, des pistils. Tantôt, ces fleurs à étamines seules et à pistils seuls, se trouvent sur la même
plante; tantôt, elles se trouvent sur des pieds différents.

Si je ne craignais de surcharger votre mémoire, je
vous dirais que les plantes qui possèdent des fleurs à

étamines seules et des fleurs à pistils seuls, sur le même pied, s'appellent plantes *monoïques*. Cette expression signifie une seule maison. Les fleurs à étamines et les fleurs à pistils habitent, en effet, la même maison, puisqu'elles se trouvent sur le même pied. La citrouille, le concombre, le melon sont des plantes monoïques.

Les végétaux dont les fleurs à étamines et les fleurs à pistils se trouvent sur des pieds différents sont qualifiés de *dioïques*, c'est-à-dire de végétaux à double maison. On veut entendre par là que l'ovaire et le pollen n'habitent pas le même pied. Le caroubier, le dattier, le chanvre sont dioïques.

Le caroubier est un arbre de l'extrême midi de la France. Il produit des fruits appelés caroubes, pareils à ceux du pois, mais bruns, très-longs et très-larges. Ces fruits, outre leurs graines, contiennent une chair sucrée. Supposons qu'il nous prenne fantaisie, si le climat le permettait, d'avoir des caroubes dans notre jardin. Quel caroubier nous faudra-t-il planter? Evidemment l'arbre à pistils, car lui seul possède les ovaires qui deviennent les fruits. Mais cela ne suffira pas. Planté seul, le caroubier à pistils pourra chaque année fleurir abondamment sans jamais, au grand jamais, donner un fruit, car ses fleurs tomberont sans laisser un seul ovaire sur les rameaux. Que manque-t-il? L'action du pollen. A proximité du caroubier à pistils, plantons un caroubier à étamines. Maintenant la fructification marche à souhait. Le vent et les insectes portent le pollen des étamines sur les stigmates; les ovaires engourdis s'éveillent à la vie, et les caroubes grossissent et mûrissent à point. Avec du pollen, des fruits; sans pollen, pas de fruits. Jules est-il convaincu?

JULES. — Sans doute, mon oncle; seulement le caroubier a le tort de nous être inconnu. Je préférerais une plante de nos pays.

PAUL. — Je vais vous en citer une qui vous permettra d'expérimenter ce que je vous dis; mais laissez-moi d'abord vous citer un second exemple.

Comme le caroubier, le dattier est dioïque. Les Arabes le cultivent pour ses fruits, les dattes, leur principale ressource alimentaire.

Jules. — Les dattes sont ces fruits allongés, d'un goût très-sucré, que l'on conserve secs dans des boîtes. Un Turc en vendait à la dernière foire. Le noyau est long et fendu d'un bout à l'autre sur un côté.

Paul. — C'est cela même. Dans les pays du dattier, pays de sable brûlé par le soleil, les coins de terre arrosés et fertiles sont rares. Ces coins de terre s'appellent oasis. Il importe de les utiliser du mieux. Les Arabes plantent donc uniquement des dattiers à pistils, seuls aptes à produire des dattes. Mais, lorsque la floraison est venue, ils vont au loin chercher des grappes de fleurs à étamines sur les dattiers sauvages, pour en secouer la poussière sur leurs plantations. Il n'y a pas de récolte si cette précaution n'est pas prise.

Emile. — L'oncle en dira tant, que j'aurai pour le pollen l'estime que j'ai déjà pour l'ovaire. Sans lui, je le vois bien, je n'aurais pas goûté les dattes du Turc, qui fumait dans une si longue pipe; sans lui, pas d'abricots et pas de cerises.

Paul. — Il y a dans le jardin un grand pied de citrouille qui ne tardera pas à fleurir. Je vous le livre pour l'expérience suivante.

La citrouille est monoïque; les fleurs à étamines et les fleurs à pistil habitent la même maison, le même pied. Avant qu'elles soient épanouies, on peut très-bien distinguer les unes des autres. Les fleurs à pistil ont au-dessous de la corolle un renflement presque de la grosseur d'une noix. Ce renflement, c'est l'ovaire, la future citrouille. Les fleurs à étamines n'ont pas ce renflement.

Coupez toutes les fleurs à étamines avant qu'elles s'épanouissent, et laissez les fleurs à pistil. Pour plus de sûreté, enveloppez chacune de celles-ci d'une coiffe de gaze avant l'épanouissement. La coiffe doit être assez lâche pour permettre à la fleur de s'étaler. Savez-vous ce qu'il adviendra? Ne pouvant recevoir du pollen, puisque les fleurs à étamines sont retranchées, et que, d'ailleurs, l'enveloppe de gaze arrête les insectes venus des jardins voisins, les fleurs à pistil se faneront après avoir langui quelque temps, et la plante ne donnera pas de citrouilles. Voulez-vous, au contraire, que telle et telle autre fleur, à votre choix, produisent des citrouilles malgré leur prison de gaze et la suppression des fleurs à étamines? Du bout du doigt, prenez un peu de pollen sur une des fleurs retranchées, et déposez la poussière jaune sur le stigmate d'une fleur à pistil. Puis, remettez en place l'enveloppe de gaze. Cela suffit, la citrouille viendra.

JULES. — Vous nous permettez de faire cette belle expérience?

PAUL. — Je vous le permets, je vous abandonne le grand pied de citrouille.

CLAIRE. — Justement, j'ai de la gaze.

EMILE. — Et moi, du cordon fin pour la nouer.

JULES. — Allons.

Et, gais comme des pinsons, les trois enfants coururent au jardin tout disposer pour l'expérience du pollen.

LXII. — Le bourdon.

Les fleurs à pollen furent coupées, les fleurs à ovaires furent enveloppées chacune d'une bourse de gaze. Tous les matins, on allait assister à la floraison. Avec du pollen pris sur les fleurs retranchées, on poudra le stigmate de quatre ou cinq fleurs à pistil. Et il arriva comme l'oncle avait dit. Les ovaires dont les stigmates avaient reçu du pollen devinrent des citrouilles, les autres se desséchèrent sans grossir. Or, pendant que se faisaient ces expériences, à la fois très-sérieuse étude et joyeux délassement, l'oncle continnait son histoire de la fleur.

PAUL. — Le pollen arrive sur le stigmate de diverses manières. Tantôt les étamines, plus longues, le laissent tomber par son propre poids sur le pistil, plus court. Tantôt le vent, secouant la fleur, dépose la poussière des étamines sur le stigmate, ou même le transporte à de grandes distances au profit d'autres ovaires.

Il y a des fleurs dont les étamines s'animent en quelque sorte pour remplir leur mission. A tour de rôle, elles se recourbent et viennent appliquer leur anthère sur le stigmate pour y déposer du pollen ; puis lentement elles se relèvent et font place à une autre. On dirait un cercle de courtisans déposant leurs offrandes aux pieds d'un grand roi. Ces salutations terminées, le rôle des étamines est fini. La fleur se fane, mais l'ovaire se met à mûrir ses graines.

La vallisnérie est une plante qui vit au fond des eaux. Elle est très-commune dans le canal du Midi. Ses feuilles ressemblent à de minces rubans verts. Elle est dioïque, c'est-à-dire qu'elle a des fleurs à étamines et des fleurs à pistil sur des pieds différents. Les fleurs à pistil sont portées sur de longues tiges étroitement roulées en tire-bouchon. Les fleurs à étamines n'ont qu'une tige très-courte. Au fond de l'eau, dont le courant entraînerait le pollen et l'empêcherait de se fixer sur le stigmate, ne peut s'exercer l'action vivifiante des étamines sur le pistil. Il faut donc que la vallisnérie, fixée par ses racines dans la vase, envoie ses fleurs à la surface des eaux pour les épanouir à l'air libre. C'est facile pour les fleurs à pistil. Elles déroulent le tire-bouchon qui les porte et montent à la surface. Mais comment feront les fleurs à étamines, retenues au fond par leur courte tige?

JULES. — Je ne me charge pas de le dire.

PAUL. — Eh bien, par leurs propres forces, sans que rien leur vienne en aide, ces fleurs s'arrachent de

leur tige, rompent leur attache et montent à la surface
rejoindre les fleurs à pistil. Alors elles ouvrent leur
petite corolle blanche et livrent leur pollen au vent
et aux insectes, qui le déposent sur les stigmates. Puis
elles meurent et le courant les emporte, tandis que les
fleurs vivifiées par le pollen resserrent leur tire-bouchon et redescendent au fond de l'eau pour y mûrir en
repos leurs ovaires.

JULES. — C'est merveilleux, mon oncle; on dirait .
que ces petites fleurs ont connaissance de ce qu'elles
font.

PAUL. — Elles n'ont pas connaissance de ce qu'elles
font ; elles obéissent machinalement aux lois de la Providence, qui se joue du difficile et sait accomplir des
miracles dans un simple brin d'herbe. Voulez-vous un
autre exemple frappant de cette sagesse infinie, qui
prévoit tout, coordonne tout? Revenons à la gueule
de loup.

Les insectes sont les auxiliaires de la fleur. Mouches,
guêpes, abeilles, bourdons, scarabées, papillons, tous,
à qui mieux mieux, lui viennent en aide pour transporter le pollen des étamines sur les stigmates. Ils plongent dans la fleur, affriandés par une goutte mielleuse
expressément préparée au fond de la corolle. Dans
leurs efforts pour l'atteindre, ils secouent les étamines
et se barbouillent de pollen, qu'ils transportent d'une
fleur à l'autre. Qui n'a vu les bourdons sortir enfari-
nés du sein des fleurs? Leur ventre velu poudré de
pollen n'a qu'à toucher en passant un stigmate pour
lui communiquer la vie. Quand, au printemps, sur un
poirier en fleur, tout un essaim de mouches, d'abeilles
et de papillons s'empresse, bourdonnant et voletant,
c'est triple fête, mes amis : fête pour l'insecte, qui
butine au fond des fleurs; fête pour l'arbre, dont les
ovaires sont vivifiés par tout ce petit peuple en liesse;
fête pour l'homme, à qui récolte abondante est pro-
mise. L'insecte est le distributeur par excellence du

pollen. Toutes les fleurs qu'il visite reçoivent leur part
de poussière vivifiante.

ÉMILE. — C'est pour empêcher les insectes de venir,
des jardins voisins, leur apporter du pollen, que vous
avez fait couvrir d'une coiffe de gaze les fleurs de la
citrouille?

PAUL. — Oui, mon enfant. Sans cette précaution,
l'expérience de la citrouille ne réussirait certainement pas, car des insectes viendraient de loin, de très-
loin peut-être, déposer sur nos fleurs du pollen recueilli sur d'autres citrouilles. Et il en faut bien peu ;
quelques grains suffisent pour donner la vie à un
ovaire.

Pour attirer l'insecte, qui lui est nécessaire, toute
fleur possède au fond de sa corolle une goutte de
liqueur sucrée appelée *nectar*. Avec cette liqueur, les
abeilles font leur miel. Pour la puiser dans les corolles
façonnées en profond entonnoir, les papillons ont une
longue trompe roulée en spirale pendant le repos,
mais qu'ils déroulent et qu'ils plongent dans la fleur,
à la manière d'une sonde, quand il faut atteindre le
délicieux breuvage. Cette goutte de nectar, l'insecte
ne la voit pas ; cependant il sait
qu'elle existe et sans hésitation il
la trouve. Dans quelques fleurs
cependant, une grave difficulté se
présente : ces fleurs sont étroitement fermées de partout. Comment
arriver au trésor, comment trouver
la porte qui mène au nectar? Eh
bien, ces fleurs fermées ont un
écriteau, une enseigne qui dit clai-
rement : C'est par ici que l'on
entre.

Fig. 52. — Regardez
cette fleur de gueule
de loup. Elle est
exactement close.

CLAIRE. — Vous ne nous ferez
pas croire celle-là !

PAUL.—Je ne veux rien vous faire
croire, ma chère enfant ; je veux vous faire voir. Re-

gardez cette fleur de gueule de loup. Elle est exactement close, ses deux lèvres rapprochées ne laissent aucun passage libre. Sa couleur est d'un rouge violet uniforme; mais là, tout au beau milieu de la lèvre inférieure, se trouve une large tache d'un jaune très-vif. Cette tache, si propre à frapper la vue, est l'enseigne, l'écriteau dont je vous parle. Par son éclat elle dit : C'est ici qu'est la serrure.

Appuyez, vous-même, le petit doigt sur la tache. Vous voyez. Immédiatement la fleur bâille, la serrure à secret joue. Et vous vous figurez que le bourdon n'est pas au courant de ces choses? Surveillez-le dans le jardin, vous verrez comme il sait déchiffrer les enseignes des fleurs. Quand il visite une gueule de loup, c'est toujours sur la tache jaune et jamais ailleurs qu'il s'abat. La porte s'ouvre, il entre. Il se roule dans la corolle, il s'enfarine de pollen, il en barbouille le stigmate. La goutte bue, il part et va sur d'autres fleurs, forcer la serrure dont il connaît à fond les secrets.

Toutes les fleurs closes ont, comme la gueule de loup, un point voyant, une tache de teinte vive, une enseigne qui montre à l'insecte l'entrée de la corolle et lui dit : C'est ici. Enfin les insectes, dont le métier est de visiter les fleurs pour faire tomber le pollen des étamines sur le stigmate, connaissent à merveille la signification de cette tache. C'est sur elle qu'ils forcent pour faire ouvrir la fleur.

Récapitulons. Les insectes sont nécessaires aux fleurs pour amener le pollen sur les stigmates. Une goutte de nectar, expressément distillée dans ce but, les attire au fond de la corolle; un point voyant leur enseigne la route à suivre. Ou je suis un triple sot, ou il y a là un admirable enchaînement de faits. Vous trouverez plus tard, mes enfants, vous ne trouverez que trop, des gens disant : Ce monde est le produit du hasard, aucune intelligence ne le règle, aucune Providence ne le conduit. A ces gens-là, mes amis,

14.

montrez la tache jaune de la gueule du loup. Si, moins
clairvoyants que le grossier bourdon, ils ne la comprennent pas, plaignez-les : ce sont des cerveaux
malades.

LXIII. — Les champignons.

Tout en causant insectes et fleurs, on était arrivé
au dimanche suivant, où l'oncle devait parler des
champignons. La réunion fut encore plus nombreuse
que la première fois. L'histoire des plantes vénéneuses s'était répétée dans le village. Quelques-uns,
gens routiniers se complaisant dans leur stupide ignorance, avaient bien dit: « A quoi cela sert-il?—Eh!
parbleu, répliquaient les autres, cela sert à se méfier des plantes malfaisantes, pour ne pas finir misérablement comme le pauvre Joseph. » Mais les routiniers avaient hoché la tête d'un air suffisant. Rien
n'est suffisant comme la sottise. Il ne vint donc chez
maître Paul que des gens de bonne volonté.

PAUL. — De toutes les plantes vénéneuses, mes
amis, les champignons sont les plus redoutables, et
cependant quelques-uns fournissent un aliment
délicieux, capable de tenter les plus sobres.

SIMON. — Pour ma part, je l'avoue, rien ne vaut
un plat de champignons.

PAUL. — Personne ne vous accusera de gourman-
dise, car, je viens de le dire, les champignons peuvent
tenter les plus sobres. Je ne veux détourner personne
de leur usage, je sais trop bien de quelle ressource ils
sont dans la campagne ; je me propose simplement
de vous mettre en garde contre les espèces vénéneuses.

MATHIEU.—Vous allez nous apprendre à distinguer
les espèces bonnes des espèces mauvaises?

PAUL. — Non, car pour nous c'est impossible

MATHIEU. — Comment, impossible? Il est au su

de tous qu'on peut manger sans crainte les champignons qui viennent au pied de tel et tel arbre.

PAUL. — Avant de répondre à l'observation, je m'adresse à vous tous et je demande : Avez-vous confiance en ma parole ; êtes-vous d'avis que passer sa vie à étudier ces choses-là en apprend plus long que le dire des personnes dont ce n'est pas le métier?

SIMON. — Maître Paul, vous pouvez parler : nous avons tous une pleine confiance dans votre savoir.

PAUL. — Eh bien, je vous le répète en toute conviction: il nous est impossible, à nous, qui ne sommes pas du métier, de distinguer un champignon comestible d'un champignon vénéneux, car aucun n'a de marque qui puisse dire : Ceci se mange, et ceci ne se mange pas. Ni la nature du terrain, ni les arbres au pied desquels ils viennent, ni leur forme, ni leur coloration, ni leur goût, ni leur odeur, ne peuvent en rien nous renseigner et nous permettre de distinguer à première vue ceux qui sont inoffensifs de ceux qui sont vénéneux. J'en conviens, une personne qui passerait de longues années à étudier les champignons avec le minutieux coup d'œil qu'y met la science, parviendrait à distinguer fort bien ce qui est vénéneux de ce qui est inoffensif, de même que l'on arrive à connaître toutes les autres plantes ; mais pouvons-nous faire de telles études, en avons-nous le temps? Nous connaissons à peine une douzaine d'herbes sauvages, et nous voudrions décider des propriétés des champignons, si nombreux en espèces, si ressemblants entre eux ?

Je me hâte d'ajouter que, dans toute localité, l'usage a de longtemps appris de quelles espèces on peut sans danger se nourrir. Il est excellent de se conformer à cet usage, qui nous fait profiter de l'expérience des autres, à la condition, bien entendu, d'être au courant des espèces usitées. Ce n'est pas assez, cependant, pour être sauvegardé de tout péril. Une erreur est si facile à commettre. Et puis, changez de localité, et vous rencontrerez d'autres champignons, qui, tout en ayant un air de famille avec ceux que vous connaissiez comme bons, seront d'un emploi dangereux. Ma règle de conduite est, vous le voyez, absolue : il faut se méfier de tous les champignons, un excès de prudence est ici nécessaire.

SIMON. — J'admets avec vous qu'il nous est impossible de distinguer à première vue les espèces vénéneuses des espèces comestibles; mais il y a des moyens de décider la question.

PAUL. — Voyons ces moyens.

SIMON. — En automne, nous faisons sécher au soleil les champignons coupés par tranches. Ce sont d'excellentes provisions d'hiver. Les champignons vénéneux pourrissent sans pouvoir sécher. Les bons se conservent.

PAUL. — Erreur. Tous les champignons, bons et mauvais indifféremment, se conservent ou pourrissent, suivant leur état plus ou moins avancé et suivant le temps qu'il fait au moment de la préparation. Ce caractère est sans valeur aucune.

ANTOINE. — Les vers se mettent aux bons champignons; ils ne se mettent pas aux mauvais, qui les empoisonneraient.

PAUL. — Ce caractère ne vaut pas mieux que l'autre. Les vers se mettent dans tous les champignons vieux, dans les mauvais comme dans les bons, car ce qui est mortel pour nous est inoffensif pour eux. Leur estomac est fait pour se nourrir impunément de poison. Certains insectes mangent l'aconit, la digitale, la belladone; ils se régalent de ce qui nous tuerait.

JEAN. — On dit qu'une pièce d'argent, mise dans la casserole où les champignons cuisent, noircit s'ils sont mauvais, et reste blanche s'ils sont bons.

PAUL. — Le dire est une sottise, et le mettre en pratique une folie. L'argent ne change pas plus de couleur en présence des champignons mauvais que des champignons bons.

Simon. — Il ne reste plus alors qu'à renoncer aux champignons. Pour moi, ce serait dur.

Paul. — Mais non, je vous engage au contraire à les utiliser plus souvent qu'on ne le fait. Le tout est de s'y prendre convenablement.

Ce qui est vénéneux dans les champignons, ce n'est pas la chair, c'est le suc dont elle est imprégnée. Faisons partir ce suc, et les propriétés malfaisantes disparaîtront du coup. On y parvient en faisant cuire dans l'eau bouillante, avec une bonne poignée de sel, les champignons coupés par tranches, frais ou secs indifféremment. On les met égoutter dans une passoire et on les lave une paire de fois avec de l'eau froide. Cela fait, on les prépare de telle façon qui nous convient.

Si, au contraire, les champignons sont préparés sans être préalablement cuits à l'eau bouillante, nous nous exposons au danger d'un suc vénéneux.

La cuisson à l'eau bouillante, additionnée de sel, est si efficace que, dans l'intention de résoudre cette grave affaire, des personnes ont eu le courage de se nourrir, des mois entiers, avec les champignons les plus vénéneux, mais préparés comme je viens de le dire.

Simon. — Et que leur est-il advenu.

Paul.—Rien du tout. Il est vrai que ces personnes apportaient à la préparation de leurs champignons vénéneux une scrupuleuse attention.

Simon. — Il y avait de quoi. D'après vous, alors, on pourrait faire usage de tous les champignons indistinctement?

Paul. — A la rigueur, oui. Mais ce serait aller trop loin, beaucoup trop loin. Il y aurait à craindre une préparation incomplète, une cuisson insuffisante. J'affirme seulement qu'il faut soumettre à la cuisson préalable dans l'eau bouillante les champignons ré-

putés bons dans le pays. Si, de fortune, il s'en trouvait de vénéneux dans le nombre, le poison serait de
la sorte écarté et aucun accident n'arriverait, j'en
mettrais la main sur le feu.

Simon. — Ce que vous venez de nous apprendre-là,
maître Paul, sera mis à profit, soyez-en sûr. Est-on
jamais bien certain qu'il n'y a rien de vénéneux dans
ce que l'on a recueilli?

Avant de prendre congé, Simon s'approcha de
mère Ambroisine, et entra avec elle dans des détails
de cuisine plus circonstanciés. Il aime tant les champignons, le digne homme!

LXIV. — Dans les bois.

L'histoire des champignons réduite à un précepte
de cuisine qui nous sauvegarde de graves dangers,
était suffisante pour Simon, Mathieu, Jean et les autres, à qui le temps manquait pour en apprendre davantage; mais Emile, Jules et Claire ne pouvaient
s'en tenir là: il convenait d'étendre un peu plus
leurs connaissances sur ces étranges végétaux. L'oncle les mena donc un jour dans un bois de hêtres voisin du village.

Les arbres, plusieurs fois séculaires, rejoignant leurs
ramées à une grande hauteur, formaient une voûte de
feuillage à travers laquelle glissait, de loin en loin,
un rayon de soleil. Leurs troncs lisses, à écorce blanche, faisaient l'effet de colonnes énormes soutenant le
faix d'un immense édifice plein d'ombre et de silence.
Sur les hautes cimes, des corneilles jasaient en se lis-
sant les plumes. Parfois, un pic vert à tête rouge, surpris dans son travail, qui consiste à cogner du bec le
bois vermoulu pour en faire sortir les insectes dont il
se nourrit, jetait son cri d'alarme et partait comme
un trait. Au milieu de la mousse dont le sol était
matelassé sortaient, de çà, de là, de nombreux cham-

pignons. Il y en avait de ronds, lisses et blancs. Jules
ne se lassait pas de les admirer et de les comparer, en
son imagination, à des œufs déposés dans un creux de
la mousse par quelque poule vagabonde. D'autres
étaient d'un rouge vernissé, d'autres d'un fauve ardent, d'autres d'un jaune vif. Ceux-ci, commençant à
sortir de terre, étaient enveloppés d'une sorte de
bourse qui se déchire à mesure que le champignon
grossit ; ceux-là, plus avancés, s'étalaient à la manière
d'un parapluie ouvert. Beaucoup enfin tombaient en
décomposition. Dans leur fétide pourriture grouillaient
d'innombrables vers, qui plus tard deviennent des
insectes. Quand on eut fait provision des principales
espèces, on s'assit au pied d'un hêtre, sur le moelleux
tapis de mousse, et l'oncle parla ainsi :

Paul. — Un champignon est la fleur d'une plante
qui vit sous terre et que les savants appellent *mycelium*. Cette plante souterraine se compose de filaments
blancs, menus, fragiles, rappelant dans leur ensemble
une grossière toile d'araignée. Il suffit d'arracher
avec soin un champignon pour observer à la base du
pied, dans la terre qui l'accompagne, de nombreux
fils blancs du mycelium. Imaginons qu'on enfouisse un
rosier de manière à ne laisser que les roses au-dessus
du sol. L'arbuste enseveli sera l'image du mycelium
souterrain ; les roses épanouies à l'air représen-
teront les fleurs du mycelium, c'est-à-dire les champignons.

Jules. — Le rosier a de solides branches couvertes
de feuilles ; la plante à champignons, d'après ce que
je vois, n'a rien de comparable. C'est une espèce de
moisissure qui se ramifie dans la terre en veines blanches.

Paul. — Ces veines blanches, si délicates qu'on
peut à peine les toucher sans les rompre, forment la
plante souterraine, sans feuilles, sans racines. Elles
s'allongent peu à peu dans le sol jusqu'à d'assez grandes distances du point de départ. Puis, à un moment

favorable, elles produisent de petits renflements qui
grossissent sous terre, deviennent des champignons
et crèvent la couche de terre pour s'épanouir à l'air.
Cette structure nous explique pourquoi les champignons naissent par groupes. Chaque groupe, avec le
mycelium qui l'a produit, constitue une seule et même
plante.

CLAIRE. — J'ai ·· ı des groupes de champignons disposés en rond parfait.   ᾽

PAUL. — Si le sol, partout le même, ne résiste pas
plus dans un sens que dans l'autre à la propagation
du végétal souterrain, le mycelium rayonne également-
ment dans toutes les directions et produit alors des
groupes circulaires de champignons, que les gens de
la campagne appellent parfois ronds des sorcières.

JULES. — Pourquoi ronds des sorcières ?

PAUL. — L'homme ignorant et superstitieux croit
voir un effet de la sorcellerie dans ce curieux arrangement circulaire, tandis que c'est le résultat naturel
du développement partout égal de la plante souterraine.

EMILE. — Il n'y a donc pas de sorciers?

PAUL. — Non, mon ami. Il y a des fripons qui abu-
sent de la crédulité des autres, il y a des niais disposés à les écouter; mais personne n'a des pouvoirs hors
nature.

JULES. — Puisque le champignon est la fleur d'une
plante souterraine, du mycelium, comme vous l'appelez, il doit y avoir des étamines, des pistils, des
ovaires ?

PAUL. — Un champignon est bien à sa manière la
fleur d'une espèce de végétal, mais sa structure n'a
rien de commun avec celle des fleurs ordinaires. C'est
une structure à part, fort compliquée, fort curieuse,
que je passerai sous silence pour ne pas surcharger
votre mémoire.

Le rôle fondamental de la fleur, vous le savez, est
de produire des graines. Eh bien, le champignon, lui

aussi, produit des graines, mais des graines si menues,
si différentes des autres, qu'on leur donne un nom particulier, celui de spores. Les spores sont la semence
du champignon, comme les glands sont la semence du
chêne. Cela mérite quelques détails.

Les champignons qui nous sont le plus familiers se
composent d'une espèce de dôme supporté par un pied.
Ce dôme prend le nom de chapeau. Le dessous du chapeau présente diverses configurations, dont voici les
principales :

Tantôt, il est composé de lames qui rayonnent du
centre au bord ; tantôt, il est percé d'une infinité de
petits trous, qui sont les orifices d'autant de tubes
accolés les uns aux autres en une masse commune ;
tantôt, il est hérissé de fines pointes pareilles à celles
de la langue du chat.

Les champignons dont le dessous du chapeau est
formé de lames rayonnantes s'appellent agarics ;
ceux où il est percé de petits trous s'appellent bolets ; ceux où il est hérissé de pointes s'appellent
hydnes. Les agarics et les bolets sont les plus fréquents.

L'oncle prit un à un les champignons recueillis et
montra à ses neveux les lames des agarics, les trous
des bolets et les pointes des hydnes.

LXV. — L'oronge.

PAUL. — Les graines des champignons ou les spores
se forment sur ces lames, sur ces pointes, sur les
parois des tubes dont ces trous sont les orifices. Je
recommande à Jules l'expérience suivante. Nous
allons prendre quelques champignons dont le chapeau
ne soit pas encore bien étalé. Nous les placerons ce
soir sur une feuille de papier blanc. Pendant la nuit,
la floraison s'achèvera et les semences mûres tomberont des lames des agarics et des tubes des bolets. Le
lendemain, nous trouverons sur le papier une poussière

impalpable, rouge, rose, brune, suivant l'espèce de
champignon.

Cette poussière n'est autre qu'un amas de semences,
de spores, tellement fines qu'on ne peut les voir une
à une sans le microscope, tellement nombreuses qu'on
ne peut les compter. Il y en a des millions et des
millions.

EMILE. — Le microscope est bien cet instrument
avec lequel vous regardez quelquefois de petites choses
que les yeux seuls ne peuvent apercevoir?

PAUL. — Oui. Le microscope agrandit les objets
que l'on regarde à travers et nous les montre dans
tous leurs détails de structure, bien qu'ils échappent
à la simple vue par leur petitesse.

JULES. — Vous nous ferez voir au microscope les
spores des champignons quand je les aurai recueillies
sur une feuille de papier?

PAUL. — Je vous les ferai voir. Il suffit d'une spore,
qui se trouve dans des conditions favorables de chaleur et d'humidité, pour germer et se développer en
filaments blancs ou mycelium, d'où naîtront, en
temps opportun, de nombreux champignons. Combien
de champignons produiraient alors, si toutes trouvaient
à germer, les spores qui tombent par myriades et
myriades des feuillets d'un seul agaric? C'est ici encore l'histoire de la morue, l'histoire du puceron,
l'histoire de tous les faibles, enfin, qui pour eux ont
le nombre immense.

JULES. — Pour obtenir des champignons à volonté,
il suffit donc de semer des spores?

PAUL. — En cela, vous vous trompez, mon cher
enfant. Jusqu'ici, la culture des champignons a été
impossible, parce que les soins que réclame leur semence
excessivement délicate nous sont inconnus, ou même
ne sont pas en notre pouvoir. Un seul champignon
comestible est cultivé, et encore ne s'adresse-t-on pas
à ses spores, mais bien à son mycelium.

On l'appelle champignon de couche. C'est un agaric

d'un blanc satiné en dessus et d'un brun rougeâtre en dessous. Dans les vieilles carrières des environs de Paris, on fait des tas ou couches de fumier de cheval et de terre légère. On met dans ces couches des fragments de mycelium, connus des horticulteurs sous le nom de blanc de champignon. Le blanc se ramifie, pousse de nombreux filaments, et de ceux-ci naissent enfin des champignons.

Jules. — Bons à manger?

Paul. — Excellents. Parmi les champignons que nous avons recueillis, il y en a trois que je tiens à vous faire connaître.

Voyez d'abord celui-ci. C'est un agaric. Le dessus

Fig. 58. — Le champignon de couche.

du chapeau est d'un beau rouge orangé; les lames de dessous sont jaunes. Le pied s'élève du fond d'une sorte de bourse blanche, à bords déchirés. Cette bourse, appelée *volva*, enveloppait d'abord en entier le champignon. En grossissant et s'élevant loin de terre, le chapeau l'a crevée. Cette espèce est, dit-on, la meilleure de toutes, la plus appréciée. On la nomme l'oronge.

Cet autre agaric, également d'un rouge orangé,

également muni d'une bourse ou volva à la base du pied, s'appelle la fausse oronge. Ne dirait-on pas cependant la même espèce?

CLAIRE. — Pour ma part, je n'y vois pas grande différence.

EMILE. — Ni moi non plus.

JULES. — Moi j'en vois une, mais bien légère. Le second agaric a les feuillets blancs, tandis que le premier les a jaunes.

Fig. 54. — La fausse oronge.

PAUL. — Jules a l'œil clairvoyant. J'ajouterai que, dans la fausse oronge, le dessus du chapeau est semé de lambeaux de peau blanche, débris du volva déchiré. La première oronge n'a pas ces lambeaux, ou bien en a très-peu.

Si l'on ne tenait compte de ces légères différences, on commettrait une très-fatale erreur. Le premier champignon est un mets délicieux; le second, ou la fausse oronge, est un poison atroce.

JULES. — Je ne m'étonne plus si vous disiez à Simon qu'il nous est impossible, sans de grandes études, de distinguer les espèces bonnes des espèces mauvaises. Voilà deux champignons qui se ressemblent presque comme deux gouttes d'eau : l'un tue, l'autre est excellent.

PAUL. — Il ne se passe pas d'année où il n'y ait des empoisonnements à déplorer par suite de la confusion entre les deux espèces. Retenez bien leurs caractères, pour ne pas vous exposer un jour à quelque terrible méprise.

JULES. — Je me garderai bien de les oublier. Les deux oronges sont d'un rouge orangé et possèdent un volva ou bourse blanche. L oronge bonne à manger a les feuillets jaunes; l'oronge vénéneuse a les feuillets blancs.

ÉMILE. — De plus, l'oronge vénéneuse a sur le chapeau de nombreux lambeaux de peau blanche.

PAUL. — Regardez cet autre que j'ai recueilli sur le tronc d'un arbre. C'est un gros bolet d'un roux foncé. Il n'a pas de pied. Il se tient collé aux vieux troncs par un de ses côtés. On l'appelle le bolet amadouvier, parce que sa chair, coupée en minces tranches que l'on dessèche au soleil et que l'on assouplit à coups de maillet, constitue l'amadou.

JULES. — Je ne me doutais pas que l'amadou provient d'un champignon.

PAUL. — La truffe est le plus important des champignons alimentaires. Elle vit sous terre, comme le mycelium qui la produit. Son odeur la fait découvrir. On mène dans les bois un animal à flair très-développé, le porc. Affriandé par le fumet du champignon souterrain, le porc fouille, de son groin, aux points qui recèlent des truffes. On détourne l'animal ; pour dédommagement on lui jette une châtaigne, et l'on achève de déterrer le précieux champignon. Dans sa forme, la truffe ne rappelle en rien les champignons ordinaires. C'est un corps grossièrement arrondi, rugueux, à chair noire marbrée de blanc.

LXVI. — Les tremblements de terre.

De grand matin, c'était de porte en porte, entre voisins, un même sujet de conversation. On venait, paraît-il, de l'échapper belle pendant la nuit. Jacques racontait que, sur les deux heures, il avait été réveillé par ses bœufs, qui s'étaient mis à mugir à deux ou trois reprises. Azor lui-même, le brave Azor, si paisible dans sa niche quand rien de sérieux ne le préoccupe, avait hurlé d'une façon lamentable. Jacques s'était levé, il avait allumé sa lanterne, mais sans rien découvrir qui motivât le trouble des animaux.

Mère Ambroisine, qui ne dort que d'un œil, en racontait plus long. Elle avait entendu la vaisselle tinter sur les étagères de la cuisine; quelques assiettes avaient même roulé et s'étaient cassées en tombant à terre. Mère Ambroisine croyait déjà à quelque méfait du chat, quand il lui parut que des bras vigoureux avaient saisi le lit et le secouaient par deux fois de la tête aux pieds et des pieds à la tête. Cela dura le temps d'un clin d'œil. La digne femme eut une telle frayeur, que, rejetant les couvertures sur la tête, elle recommanda son âme à Dieu.

Mathieu et son fils, en ce moment, se trouvaient dehors. Ils revenaient de la foire et cheminaient de nuit. Le temps était superbe, l'air calme, la lune brillante. Ils devisaient de leurs affaires tout en marchant, lorsqu'une rumeur se fit, sourde, profonde, venant de dessous terre. On eût dit le bruit de l'écluse du grand moulin. Au même instant, comme si l'appui du sol leur manquait, les deux voyageurs brusquement chancellent. Puis plus rien. La lune brillait toujours, la nuit était sereine. Ce fut si court, que Mathieu et son fils se demandaient s'ils n'avaient pas rêvé.

Voilà ce qu'on racontait de plus sérieux. Cependant de bouche en bouche un mot circulait, suscitant le sourire incrédule des uns et les graves réflexions des autres: le mot terrible de tremblement de terre. A la veillée, l'oncle Paul fut entouré par son auditoire, désireux de quelques explications sur la grande nouvelle du jour.

JULES. — Est-il vrai, mon oncle, que la terre tremble quelquefois?

PAUL. — Rien n'est plus vrai, mon cher enfant. Tantôt ici, tantôt ailleurs, à l'improviste, le sol se met à remuer. Dans nos contrées privilégiées, nous sommes loin de nous faire une idée exacte de ces terribles agitations de la terre. Si parfois une faible trépidation se fait sentir, on en parle quelques jours comme d'une curiosité ; puis tout est oublié. Beaucoup racontent aujourd'hui les événements de la nuit passée sans y ajouter grande importance, ne sachant pas que la force qui vient de se révéler à nous par un léger mouvement du sol peut, en sa brutale puissance, amener d'épouvantables désastres. Jacques vous a parlé des mugissements des bœufs et des hurlements d'Azor; mère Ambroisine vous a raconté sa frayeur quand le lit par deux fois a été secoué. Tout cela n'est pas bien terrible, mais les tremblements de terre ne sont pas toujours inoffensifs. Hélas ! non, et Dieu nous préserve d'en faire jamais la triste expérience.

JULES. — C'est donc bien sérieux, un tremblement de terre ? Moi, je croyais que cela se bornait à quelques assiettes cassées, à quelques meubles déplacés.

CLAIRE. — Si l'agitation est assez forte, les maisons, ce me semble, doivent s'écrouler. Mais l'oncle va nous dire comment se passe un tremblement de terre violent.

PAUL. — Les tremblements de terre sont souvent précédés par des bruits souterrains. C'est un grondement sourd qui s'enfle, s'apaise, s'enfle encore, comme si quelque orage éclatait dans les profondeurs du sol. A cette rumeur, pleine de menaçants mystères, tout se tait, muet d'épouvante, tout visage pâlit. Avertis par l'instinct, les animaux eux-mêmes sont frappés de stupeur. Soudain le sol frissonne, se gonfle, se dégonfle, tournoie, se gerce, s'abîme.

CLAIRE. — Oh! mon Dieu ! et les gens, que deviennent-ils ?

PAUL. — Vous allez voir ce qu'on devient dans ces épouvantables catastrophes. Des tremblements de terre ressentis en Europe, le plus terrible est celui qui ravagea Lisbonne en 1755, le jour de la Toussaint. Aucun danger ne paraissait menacer la ville en fête, quand éclata, sous terre, une grande rumeur pareille au roulement continu du tonnerre. Puis le sol, violemment secoué à diverses reprises, s'éleva, s'affaissa, et la populeuse capitale du Portugal ne fut, en un instant, qu'un monceau de ruines et de cadavres. La population encore debout, cherchant un refuge contre la chute des décombres, s'était retirée sur un vaste quai longeant la mer. Tout à coup, le quai s'engouffra sous les eaux, entraînant avec lui la foule, les bateaux et les navires amarrés. Pas une victime, pas un débris, ne revint flotter à la surface. Un abîme s'était ouvert, engloutissant les eaux, le quai, les navires, les gens, et, se refermant, les gardait pour toujours. En six minutes, soixante mille personnes avaient péri.

Tandis que cela se passait à Lisbonne et que les hautes montagnes du Portugal chancelaient sur leurs bases, diverses villes d'Afrique, Maroc, Fez, Mequinez, étaient renversées. Un village de dix mille âmes était englouti avec toute sa population dans un gouffre subitement ouvert et subitement refermé.

JULES. — Jamais, mon oncle, je n'ai entendu parler de choses aussi terribles.

EMILE. — Et moi qui riais quand mère Ambroisine nous racontait sa frayeur. Il n'y avait pas de quoi rire. Si Dieu l'avait permis, cette nuit notre village pouvait, comme celui d'Afrique, disparaître de la terre avec nous tous.

PAUL. — Ecoutez encore ceci. — En février 1783 commencèrent, dans l'Italie méridionale, des convulsions qui devaient durer quatre ans. Pendant la première année seule, on compta neuf cent quarante-neuf secousses. La surface du sol se plissait en vagues mouvantes comme le fait la surface d'une mer agitée, et, sur ce terrain sans équilibre, des nausées venaient aux gens, pareilles à celles qu'on éprouve sur le pont d'un navire. Le mal de mer régnait à terre. A chaque ondulation, les nuages, immobiles en réalité, semblaient se déplacer brusquement, ainsi qu'on l'observe en mer sur un vaisseau ballotté par les vents. Les arbres s'inclinaient au passage de la vague terrestre et balayaient le sol de leurs cimes.

La première secousse renversa en deux minutes la majeure partie des villes, villages et bourgades de l'Italie méridionale, ainsi que de la Sicile. Toute la surface du pays fut bouleversée. En divers endroits, le sol se crevassait de fissures rappelant en grand les fentes d'un carreau de vitre cassé. De vastes étendues de terrain glissaient sur les pentes avec leurs champs cultivés, leurs habitations, leurs vignes, leurs oliviers, et allaient, à des distances considérables, recouvrir d'autres terrains. Ici, des collines se fendaient en deux ; là, elles étaient arrachées de leur place et transportées plus loin. Ailleurs, l'appui manquait au sol, qui s'affaissait en larges gouffres où gens, habitations, arbres et bestiaux disparaissaient pour jamais ; ailleurs encore, s'ouvraient de profonds entonnoirs plein de sable mouvant, ou se creusaient de vastes cavités bientôt converties en lacs par l'arrivée des eaux souterraines. On estime que plus de deux cents lacs, étangs, marécages, furent ainsi soudainement produits.

En certains points, le sol, délayé par les eaux détournées de leur cours ou amenées de l'intérieur par des crevasses, se convertit en torrents de boue qui couvrirent des plaines ou remplirent des vallées. La cime des arbres et les toits des fermes en ruine dominaient seuls le niveau de cette mer boueuse.

Par intervalles, de brusques secousses ébranlaient le sol de bas en haut. La commotion était si violente, que les pavés des rues étaient arrachés de leurs cavités et sautaient en l'air. La maçonnerie des puits sortait tout d'une pièce de dessous terre, comme une petite tour chassée hors du sol. Quand la terre se soulevait en se fracturant, à l'instant maisons, gens et bestiaux étaient engloutis ; puis, le sol s'abaissant, la crevasse se refermait, et, sans laisser de vestige, tout disparaissait, broyé entre les deux parois du gouffre rapprochées. Plus tard, lorsque après le désastre on fit des fouilles pour retrouver les objets de valeur enfouis, les ouvriers remarquèrent que les bâtiments engloutis, et tout ce qu'ils contenaient, n'étaient plus qu'une masse compacte, tant avait été violente la pression de l'espèce d'étau formé par les deux bords des crevasses refermées.

On évalue à quatre-vingt mille le nombre des personnes qui périrent en ces terribles circonstances.

La plupart des victimes furent ensevelies vivantes sous les décombres de leurs maisons ; d'autres furent consumées par les incendies qui s'allumaient dans les ruines après chaque secousse ; d'autres, fuyant à travers la campagne, furent englouties dans les abîmes qui s'ouvraient sous leurs pas.

La vue de pareilles calamités aurait dû éveiller la pitié dans les cœurs les plus barbares. Et pourtant, qui le croirait ? à part quelques actes d'héroïsme bien rares, la conduite de la populace fut de la dernière infamie. Les paysans calabrais accoururent dans les villes, non pour prêter secours, mais pour piller. Sans se préoccuper du danger, ils parcouraient les rues au milieu des murs branlants et des nuages de poussière, foulant aux pieds les victimes et les dépouillant, alors même qu'elles respiraient encore.

JULES. — Misérables ! hideux coquins ! Ah ! si j'avais été là !

PAUL. — Si vous aviez été là, qu'auriez-vous fait, mon pauvre enfant ? Il n'en manquait pas, ayant aussi bon cœur que vous et de meilleurs poignets, et qui ne purent rien faire.

ÉMILE. — Ils sont bien méchants, ces Calabrais ?

PAUL. — Partout où l'éducation ne pénètre pas, il y a de ces natures bestiales qui, dans les moments difficiles, sortent on ne sait d'où, et, de leurs atrocités, épouvantent le monde. Une autre histoire achèvera de vous renseigner sur les paysans de la Calabre.

LXVII. — Faut-il les tuer tous les deux?

L'oncle monta à sa chambre et redescendit avec un livre.

PAUL. — Ce que je vais vous lire est d'un canonnier à cheval, plus expert dans l'art de la plume que dans l'art du canon. Au commencement de ce siècle, une armée française occupait la Calabre. Notre canonnier en faisait partie. Voici la lettre qu'il écrivait à sa cousine :

« Un jour, je voyageais en Calabre. C'est un pays de méchantes gens, qui n'aiment personne et en veulent surtout aux Français. De vous dire pourquoi, cela serait long ; suffit qu'ils nous haïssent à la mort, et qu'on passe fort mal son temps lorsqu'on tombe entre leurs mains.

« J'avais pour compagnon un tout jeune homme. Dans ces montagnes, les chemins sont des précipices ; nos chevaux montaient avec beaucoup de peine. Mon camarade allait devant. Un sentier qui lui parut plus praticable et plus court nous égara. Ce fut ma faute ; devais-je me fier à une tête de vingt ans ? Nous cherchâmes, tant qu'il fit jour, notre chemin à travers bois ; mais plus nous cherchions, plus nous nous perdions, et il était nuit noire quand nous arrivâmes près d'une maison fort obscure. Nous y entrâmes, non sans soupçons, mais comment faire ?

« Là, nous trouvons toute une famille de charbonniers à table, où du premier mot on nous invita. Mon jeune homme ne se fit pas prier. Nous voilà mangeant et buvant, lui du moins, car pour moi j'examinais le lieu et la mine de nos hôtes. Nos hôtes avaient bien mines de charbonniers, mais la maison, vous l'eussiez prise pour un arsenal. Ce n'étaient que fusils, pistolets, sabres, couteaux, coutelas. Tout me déplut, et je vis bien que je déplaisais aussi.

« Mon camarade, au contraire, était de la famille ; il riait, il causait avec eux, et, par une imprudence que j'aurais dû prévoir, il dit d'abord d'où nous venions, où nous allions, qui nous étions. Français, imaginez un peu ! chez nos plus mortels ennemis, seuls, égarés, loin de tout secours humain ; et puis, pour ne rien omettre de ce qui pouvait nous perdre, il fit le riche, promit à ces gens, pour la dépense et pour nos guides du lendemain, ce qu'ils voulurent. Enfin, il parla de sa valise, priant fort qu'on en eût grand soin, qu'on la mît au chevet de son lit : il ne voulait point, disait-il, d'autre traversin. Ah ! jeunesse, jeunesse ! que votre âge est à plaindre ! Cousine, on crut que nous portions les diamants de la couronne ! »

JULES. — Mais aussi, ce jeune homme était bien imprudent. Ne pouvait-il se taire, se voyant entre les mains de ces méchantes gens.

PAUL. — Se taire, se taire, c'est bien difficile à l'étourderie du jeune âge. Je continue :

« Le souper fini, on nous laisse. Nos hôtes couchaient en bas, nous dans la chambre haute où nous avions mangé. Une soupente élevée de sept à huit pieds, où l'on montait par une échelle, c'était là le coucher qui nous attendait, espèce de nid, dans lequel on s'introduisait en rampant sous des solives chargées de provisions pour toute l'année. Mon camarade y grimpa seul, et se coucha tout endormi, la tête sur sa précieuse valise ; moi, déterminé à veiller, je fis bon feu, et m'assis auprès.

« La nuit s'était déjà passée presque entière, assez tranquillement, et je commençais à me rassurer, quand, sur l'heure où il me semblait que le jour ne pouvait être loin, j'entendis au-dessous de moi notre hôte et sa femme parler et se quereller, et, prêtant l'oreille par la cheminée qui communiquait avec celle d'en bas, je distinguai parfaitement ces propos du mari : *« Eh bien ! enfin, voyons, faut-il les tuer tous les deux ? »* A quoi la femme répondit : *« Oui. »* Et je n'entendis plus rien.

« Que vous dirai-je ? je restai respirant à peine, tout

mon corps froid comme un marbre. Dieu ! quand j'y pense encore ! Nous deux presque sans armes contre eux, douze ou quinze, qui en avaient tant ! Et mon camarade mort de sommeil et de fatigue ! L'appeler, faire du bruit, je n'osais ; m'échapper tout seul, je ne le pouvais : la fenêtre n'était guère haute, mais en bas deux gros dogues hurlaient comme des loups. »

EMILE. — Pauvre canonnier !

CLAIRE. — Et son camarade qui dort comme un innocent !

PAUL. — « Au bout d'un quart d'heure, qui fut long, j'entends sur l'escalier quelqu'un, et, par les fentes de la porte, je vis le père, sa lampe dans une main, dans l'autre un de ses grands couteaux. Il montait, sa femme après lui. Je me mets derrière la porte qu'il ouvre ; il pose la lampe que sa femme vient prendre, puis il entre pieds nus. Elle, de dehors, lui disait à voix basse, masquant avec ses doigts le trop de lumière de la lampe : « *Doucement ! va doucement !* » Quand il fut à l'échelle, il monta, son couteau dans les dents, et, venu à la hauteur du lit, ce pauvre jeune homme étendu offrant sa gorge découverte, d'une main il prend son couteau, et de l'autre... Ah ! cousine... »

CLAIRE. — Assez, mon oncle, cette histoire me fait peur !

PAUL. — Attendez... « Et de l'autre, il saisit un jambon qui pendait au plancher, en coupa une tranche et se retira comme il était venu. La porte se referme, la lampe s'en va, et je reste seul à mes réflexions. »

JULES. — Et puis ?

PAUL. — Et puis, plus rien. « Dès que le jour parut, continue le canonnier, toute la famille à grand bruit vint nous éveiller, comme nous l'avions recommandé. On apporte à manger, on sert un déjeuner fort propre, fort bon, je vous assure. Deux chapons en faisaient partie, dont il fallait, dit notre hôtesse, emporter l'un et manger l'autre. En les voyant, je compris enfin le sens de ces terribles mots : *Faut-il les tuer tous les deux ?* »

Emile.— L'homme et la femme discutaient s'il fallait tuer les deux chapons ou un seul pour le déjeuner?

Paul. — Tout bonnement.

Emile. — C'est égal, pour avoir mal compris, le canonnier passa un bien mauvais quart d'heure.

Jules. — Ces charbonniers n'étaient pas du tout de méchantes gens, comme je le croyais d'abord.

Paul. — C'est là que je voulais en venir. La Calabre, comme tous les pays, a ses coquins et ses honnêtes gens.

LXVIII. — Le thermomètre.

Jules. — L'histoire du canonnier s'est terminée tout autrement que ne l'annonçait le début. Au moment où l'on croit les deux voyageurs perdus sans ressource, voilà qu'il s'agit de deux poulets à mettre en broche. Le froid de la peur vous prend, quand l'homme monte l'échelle avec le coutelas entre les dents; un instant après, on rit. Elle est bien drôle, cette histoire; mais elle nous a détournés des tremblements de terre. Vous ne nous avez pas dit encore la cause de ces terribles mouvements du sol.

Paul. — Si cela vous intéresse, parlons-en un peu. Je vous apprendrai d'abord qu'il fait plus chaud à mesure qu'on descend plus bas dans les entrailles de la terre. Les excavations creusées de main d'homme pour l'extraction des divers minerais nous donnent à ce sujet de précieux renseignements. Plus elles sont profondes, plus il y fait chaud. Pour une trentaine de mètres de profondeur, la chaleur s'accroît d'un degré.

Jules. — Je ne sais trop ce que c'est qu'un degré.

Emile. — Et moi, je ne le sais pas du tout.

Paul. — Commençons par cela, sinon il serait impossible de nous entendre. Vous avez vu dans ma chambre, sur une planchette de bois, une tige de verre percée d'un canal très-fin et terminée en bas par un petit réservoir. Il y a dans le réservoir une liqueur rouge, qui monte ou descend dans le canal de la tige suivant qu'il fait plus chaud ou plus froid. Cela s'appelle un thermomètre. Dans l'eau qui se gèle, la liqueur rouge descend jusqu'en un point de la tige marqué zéro ; dans l'eau qui bout, elle monte jusqu'en un point marqué 100. La distance entre ces deux points est divisée en cent parties égales appelées degrés.

ÉMILE. — Pourquoi degrés ?

PAUL. — On veut entendre par là que ces divisions ont une certaine ressemblance avec les degrés d'un escalier, avec les barreaux d'une échelle. La liqueur rouge monte ou descend de division en division, comme nous-mêmes montons ou descendons un escalier de marche en marche. S'il fait plus chaud, la liqueur rouge se met en mouvement et petit à petit monte les échelons ; s'il fait plus froid, elle redescend l'échelle. On peut ainsi juger de la chaleur d'après l'échelon ou le degré où la liqueur s'arrête.

Il gèle, quand la liqueur descend à zéro ; la chaleur est celle de l'eau bouillante quand la liqueur monte à la division 100. Les échelons ou degrés intermédiaires indiquent, c'est évident, d'autres états de chaleur, d'autant plus forts que le degré est lui-même plus élevé dans l'échelle.

On appelle température d'un corps la mesure de sa chaleur au moyen du thermomètre. Ainsi l'on dit que la température de l'eau qui se gèle est zéro, que la température de l'eau bouillante est de cent degrés.

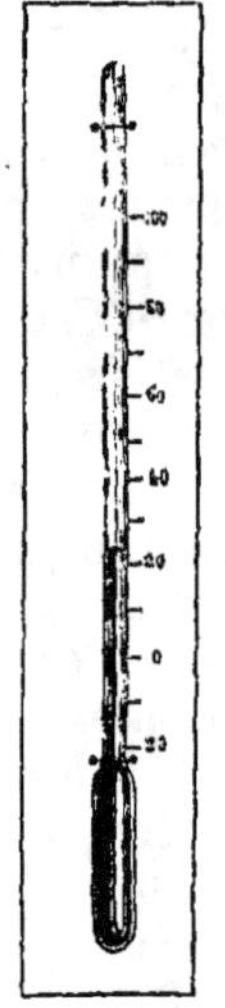

Fig. 55. — Le thermomètre de l'oncle Paul

ÉMILE. — Un matin que vous m'aviez envoyé chercher quelque chose dans votre chambre, j'ai appliqué la main sur le petit réservoir du thermomètre. La liqueur rouge s'est mise à monter petit à petit.

Paul. — C'était la chaleur de la main qui la faisait monter.

Emile. — Je voulais voir jusqu'où monterait la liqueur, mais je n'ai pas eu la patience d'attendre la fin.

Paul. — Je vais vous le dire. A la fin, le thermomètre aurait au plus marqué 38 degrés, ce qui est la température du corps humain.

Jules. — Et pendant les grosses chaleurs de l'été, quel degré marque le thermomètre?

Paul. — En nos pays, les plus fortes chaleurs de l'été atteignent de 25 à 35 degrés.

Claire. — Et dans les pays les plus chauds du monde?

Paul. — Dans les pays les plus chauds, le Sénégal, par exemple, la température s'élève de 45 à 50. C'est le double de la chaleur de nos étés.

LXIX. — Le brasier souterrain.

Paul. — Revenons maintenant à notre sujet. — Au fond des mines, vous disais-je, règne une température élevée qui se maintient la même pendant toute l'année. L'hiver comme l'été, c'est toujours et toujours la même chaleur. L'excavation la plus profonde que les mineurs aient jamais creusée se trouve en Bohême. Elle est aujourd'hui inaccessible. Des éboulements l'ont en partie comblée. A 1151 mètres de profondeur, le thermomètre y indiquait une chaleur perpétuelle d'une quarantaine de degrés, presque la température des régions les plus chaudes du monde. Et cela, notez-le bien, en hiver comme en été. Quand la glace et la neige couvraient la montagneuse Bohême, il suffisait de descendre au fond de la mine pour passer des rigueurs de l'hiver aux ardeurs insupportables de l'été du Sénégal. On grelottait à l'entrée, on étouffait de chaleur au fond.

Les mêmes faits, sans une seule exception, se constatent partout. A mesure qu'on descend plus avant dans la terre, on trouve une plus forte température. Dans les mines profondes, la chaleur est telle, que l'ouvrier le plus inattentif en est frappé et se demande s'il n'est pas dans le voisinage de quelque immense brasier.

Jules. — L'intérieur de la terre est donc une véritable étuve.

Paul. — Bien plus qu'une étuve, vous allez voir. On appelle puits artésien un trou cylindrique qu'à l'aide de fortes barres de fer ajustées bout à bout, on pratique dans le sol jusqu'à la rencontre de quelque nappe d'eau souterraine, alimentée par les infiltrations des fleuves ou des lacs voisins. L'eau qui remonte des profondeurs du sol, à la suite d'un pareil forage, arrive à la surface avec la température de ces profondeurs, et peut ainsi nous renseigner sur la distribution de la chaleur dans les entrailles de la terre.

L'un des plus remarquables de ces puits est celui de Grenelle, à Paris. Il descend à 547 mètres de profondeur, et l'eau qu'il fournit a constamment 28 degrés, température à peu près des journées les plus chaudes de l'été. Les eaux du puits artésien de Mondorf, sur la frontière de la France et du Luxembourg, remontent de bien plus bas, de 700 mètres. Leur température est de 35 degrés. Les puits artésiens, dont le nombre est si considérable aujourd'hui, conduisent au même résultat que les mines : pour une trentaine de mètres de profondeur de plus, la chaleur s'accroît d'un degré.

Jules. — Alors, en creusant des puits assez profonds, on finirait par trouver de l'eau bouillante?

Paul.—Certainement. La difficulté est d'atteindre la profondeur voulue. Pour trouver la température de l'eau bouillante, il faudrait creuser jusqu'à trois quarts de lieue environ, ce qui nous est impossible. Toutefois, on connaît une foule de sources naturelles qui, au sortir du sol, possèdent une température élevée, atteignant parfois le degré de l'ébullition. On les appelle sources thermales, ce qui veut dire sources chaudes. Il règne donc, à la profondeur d'où elles viennent, une chaleur capable de les rendre tièdes ou même de les faire bouillir. Les sources chaudes les plus remarquables de la France sont celles de Chaudes-Aigues et de Vic, dans le Cantal. Elles sont à peu près bouillantes.

JULES. — Ces sources doivent faire de singuliers ruisseaux ?

PAUL. — Des ruisseaux qui fument et dans lesquels il suffit de plonger un instant un œuf pour le retirer cuit.

EMILE.—Il n'y a pas alors de petits poissons et des écrevisses

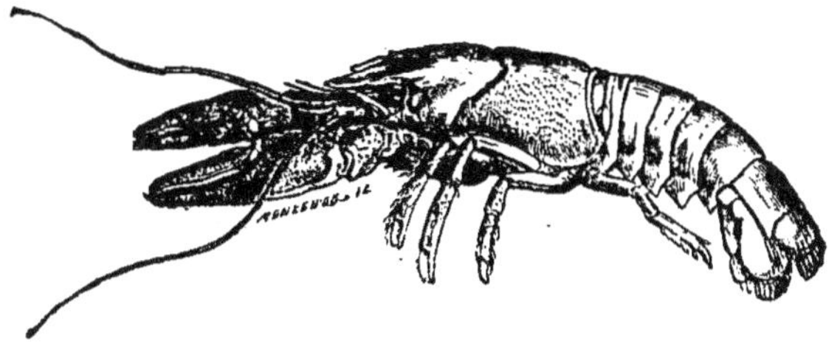

Fig. 56. — Il n'y a donc pas des écrevisses ?

PAUL. — Mais non, mon ami. Vous comprenez bien que, s'il y en avait, ils seraient cuits au court-bouillon.

EMILE. — C'est vrai.

PAUL. — Les petits ruisseaux d'eau bouillante de l'Auvergne ne sont rien en comparaison de ce que l'on voit en Islande, cette grande île située tout à l'extrême nord de l'Europe et couverte de neige la majeure partie de l'année. Il y a là de nombreuses sources jaillissantes d'eau chaude, qui portent dans le pays le nom de Geyser. La plus puissante, ou le Grand-Geyser, jaillit d'un vaste bassin situé au sommet d'un monticule, qu'ont formé les incrustations lisses et blanches déposées par l'écume des eaux. L'intérieur de ce bassin se rétrécit en entonnoir et se termine par des conduits tortueux plongeant à des profondeurs inconnues.

Chaque éruption de ce volcan d'eau bouillante s'annonce par un frémissement du sol et par des bruits sourds pareils aux détonations lointaines de quelque artillerie souterraine. Les détonations deviennent de moment en moment plus fortes ; la terre tremble, et, du fond du cratère, l'eau monte en tumulte et remplit le bassin, où, pendant quelques instants, tout se passe comme dans une chaudière chauffée par quelque brasier invisible. Au milieu d'un tourbillon de vapeurs, l'eau s'y soulève en énormes bouillons. Soudain, le Geyser réveille toute sa puissance : une forte explosion éclate et une colonne d'eau, large de 6 mètres, s'élance à 60 mètres de hauteur, et retombe en averses brûlantes après s'être épanouie sous forme d'une immense gerbe couronnée de blanches fumées. Ce jaillissement formidable ne dure que quelques instants. Bientôt la gerbe liquide s'affaisse ; l'eau du bassin se retire pour s'engouffrer dans les profondeurs du cratère, et se trouve remplacée par une colonne de vapeur, furieuse, rugissante, qui s'élance avec le bruit du tonnerre, et, dans sa force indomptable, rejette les quartiers de rochers tombés dans le cratère, ou les broie en menus fragments. Tout le voisinage disparaît noyé dans ses épais tourbillons. Enfin le calme renaît, la fureur du Geyser s'apaise, mais pour renaître plus tard et reproduire la même série de faits.

ÉMILE. — Ce doit être terrible et beau tout à la fois. On regarde de bien loin, sans doute, la furieuse source pour ne pas recevoir sur le dos ses averses bouillantes.

JULES. — Tout ce que vous nous dites là, mon oncle, fait bien voir qu'il règne sous terre une grande chaleur.

PAUL. — En admettant, comme l'ensemble des observations nous autorise à le faire, que la température souterraine augmente avec la profondeur à raison d'un degré pour une trentaine de mètres, on calcule qu'à 3 kilomètres, ou trois quarts de lieue au-dessous du sol, doit se trouver la température de l'eau bouillante, c'est-à-dire 100 degrés. A 5 lieues de profondeur, la chaleur est celle du fer rouge; à 12 lieues, elle est suffisante pour faire fondre tous les corps que nous connaissons. Par delà, la température augmente encore apparemment. On doit, d'après cela, se figurer la terre comme formée d'un globe de matière liquéfiée par le feu et d'une faible enveloppe, d'une mince écorce solide, nageant sur cet océan central de minéraux en fusion.

CLAIRE.—Vous dites faible enveloppe, mince écorce solide; et cependant, d'après les calculs que vous venez de nous citer, l'épaisseur de la couche solide aurait environ une douzaine de lieues. Par delà se trouveraient les matières en fusion. Douze lieues, ce me semble, forment une belle épaisseur, et nous n'avons rien à craindre du feu souterrain.

PAUL.—Douze lieues sont bien peu de chose relativement aux dimensions de la terre. La distance de la surface du sol au centre de la terre est de 1600 lieues. Sur cette longueur, 12 lieues environ appartiennent à l'épaisseur de la couche solide, tout le reste appartient au globe en fusion. Sur une boule haute de 2 mètres, l'écorce solide de la terre serait représentée par une épaisseur de la moitié d'un travers de doigt. Faisons une comparaison plus simple, représentons la terre par un œuf. Eh bien, la coque de l'œuf est l'écorce solide du globe; son contenu liquide est la masse centrale en fusion.

JULES.—Et nous sommes séparés de l'immense brasier souterrain par cette mince coque! Ce n'est pas rassurant du tout.

PAUL.—J'en conviens, ce n'est pas sans une certaine émotion que, pour la première fois, on entend la science nous racontant ces intimes détails sur la constitution de la terre; on ne songe pas sans effroi aux abîmes embrasés qui roulent leurs vagues de minéraux fondus à quelques lieues sous nos pieds. Comment une enveloppe, relativement aussi faible, pourrait-elle résister aux fluctuations de la masse liquide centrale? Cette écorce fragile, cette coque du globe ne doit-elle pas se fendre parfois, se disloquer, s'écrouler, ou du moins remuer ?Pour peu qu'elle remue, les continents tremblent le sol se gerce d'effrayants abîmes.

CLAIRE. — Ah! voilà la cause des tremblements de terre. Le contenu liquide bouge et la coque remue.

JULES. — Il me semble que cette coque, comparativement si mince, devrait trembler plus souvent.

PAUL. — Il ne se passe pas de jour peut-être sans que l'écorce solide de la terre éprouve quelque ébranlement, tantôt en un point, tantôt en un autre, au-dessous du lit des mers comme au-dessous des continents. Cependant les tremblements de terre désastreux sont fort rares, grâce à l'intervention des volcans.

Les orifices volcaniques sont, en effet, de véritables soupiraux de sûreté, qui mettent en communication l'intérieur du globe avec le dehors. En offrant des issues permanentes aux vapeurs souterraines qui tendent à se faire jour en bouleversant le sol, ils rendent les tremblements de terre moins fréquents et moins désastreux. Dans les contrées volcaniques, toutes les fois que le sol est agité de fortes commotions, le tremblement de terre cesse du moment que le volcan se met à rejeter ses fumées et ses laves.

JULES. — Je me rappelle fort bien votre récit de l'éruption de l'Etna et du désastre de Catane. Je ne voyais d'abord dans les volcans que de terribles montagnes répandant la dévastation autour d'elles, aujourd'hui j'entrevois leur grande utilité, leur nécessité. Sans leurs soupiraux, rarement le sol serait tranquille.

LXX. — Les coquilles.

Il y avait un tiroir plein de coquilles de toute sorte dans la chambre de l'oncle. Un de ses amis les avait recueillies dans ses voyages. On eût passé de bien agréables heures à les examiner. Leurs belles couleurs, leurs formes gracieuses, parfois bizarres, récréaient le regard. Les unes s'enroulaient à la manière d'un escalier qui monte en tournant, d'autres s'évasaient en larges cornets, d'autres s'ouvraient et se fermaient à la façon d'une tabatière. Il y en avait d'ornées de côtes rayonnantes, de plis noueux, de lames se recouvrant comme les tuiles d'un toit; il y en avait de hérissées de pointes, de crocs, d'écailles déchiquetées. Celles-ci étaient lisses comme des œufs, tantôt blanches, tantôt tigrées de roux ; celles-là, sur le bord de leur ouverture teintée de rose, portaient de longs piquants semblables aux doigts de la main écartés. Il y en avait de tous les points du monde. Telle venait du pays des nègres, telle autre de la mer Rouge, telle autre de la Chine, des Indes, du Japon. Bien vrai, on eût passé d'agréables heures à les examiner une à une, surtout si maître Paul vous en eût fait l'explication.

Un jour, l'oncle donna cette récréation à ses neveux : il étala devant eux les richesses de son tiroir. Jules et Claire regardaient ébahis; Emile ne pouvait se lasser de porter les grosses coquilles à son oreille, et d'écouter le continuel hou hou hou qui s'échappe du fond et semble répéter les rumeurs de la mer.

PAUL. — Celle-ci, dont l'ouverture est rouge et dentelée, vient des Indes. On l'appelle casque. Il y en a de très-grosses, dont deux feraient la charge d'Emile. Dans quelques îles, elles

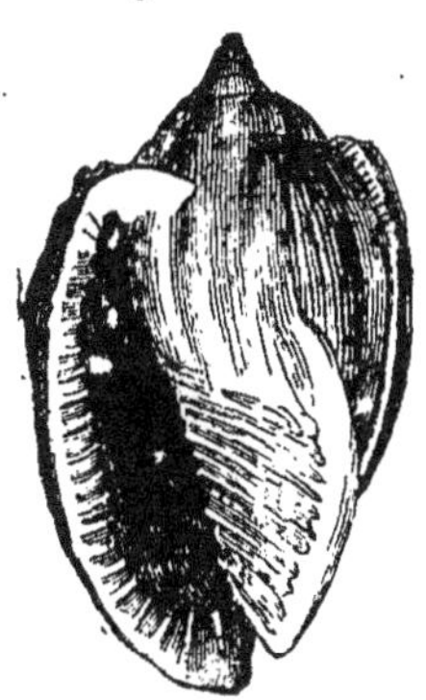

Fig. 57. — Celle-ci s'appelle casque.

sont si abondantes, qu'on les emploie en guise de pierres et qu'on les fait cuire dans des fours pour avoir de la chaux.

Jules. — Ce n'est pas moi qui les mettrais au feu pour en faire de la chaux, si je trouvais d'aussi belles coquilles. Voyez donc comme l'ouverture est rouge, comme les bords sont gentiment plissés.

Emile. — Et puis, comme elle fait bien hou hou à l'oreille. Est-ce bien vrai, mon oncle, que c'est là le bruit de la mer répété par la coquille?

Paul. — Je ne dis pas que cela ne ressemble un peu au grondement des flots entendu de loin, mais il ne faudrait pas se figurer que la coquille garde dans ses replis un écho du bruit des vagues. C'est un simple effet de l'air allant et venant dans la cavité tortueuse.

Cette autre appartient à la France. Elle est commune sur les bords de la Méditerranée. On la nomme cassidaire.

Fig. 58. — Cette autre est la cassidaire.

Emile. — Elle fait hou hou, comme le casque.

Paul. — Toutes celles qui sont un peu grosses, et dont la cavité tourne en escalier, en font autant.

En voici une troisième qui vit, comme la précédente, dans la Méditerranée. On la nomme murex.

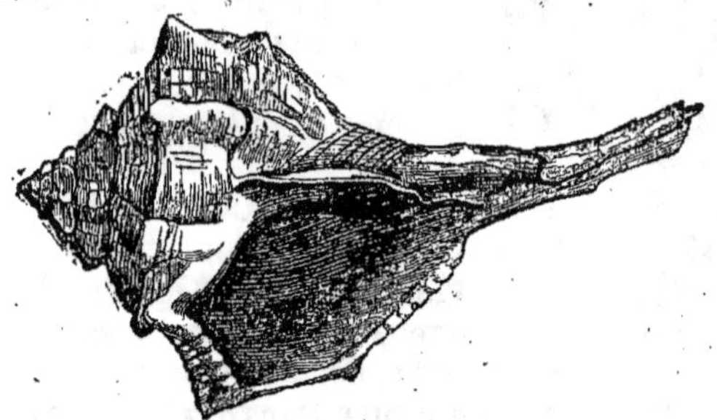

Fig. 59. — Le murex, dont les anciens retiraient la couleur appelée pourpre.

L'animal qui l'habite produit une glaire violette dont

les anciens retiraient, pour leurs étoffes de prix, une magnifique couleur appelée pourpre.

CLAIRE. — Les coquilles, qu'est-ce qui les fait?

PAUL. — Les coquilles sont l'habitation d'animaux appelés mollusques, de même que la coquille de l'escargot est l'habitation de la bête cornue qui mange vos jeunes plants de fleurs.

JULES. — Alors la maison de l'escargot est une coquille, tout comme les belles choses que vous nous montrez.

PAUL. — Oui, mon enfant. C'est dans la mer que se trouvent les coquilles les plus nombreuses, les plus grandes et les plus belles. On les nomme coquilles marines. De ce nombre sont le casque, la cassidaire et le murex. Mais les eaux douces, c'est-à-dire les ruisseaux, les fleuves, les étangs, les lacs, en possèdent aussi. Le moindre fossé de nos pays a des coquilles assez belles de forme, mais de couleur sombre, terreuse. On les appelle coquilles d'eau douce,

JULES. — J'en ai vu dans l'eau qui ressemblent à de gros escargots pointus. Elles ont une espèce de couvercle pour fermer l'ouverture.

PAUL. — Elles s'appellent paludines.

CLAIRE. — J'ai souvenir d'une autre coquille des fossés. Elle est ronde, plate et grande comme une pièce de dix sous ou même de vingt.

PAUL. — C'est le planorbe. Il y a enfin des coquilles qui vivent toujours à terre et que pour ce motif on appelle coquilles terrestres. Tel est l'escargot.

JULES. — J'ai vu des escargots bien jolis, presque aussi jolis que les coquilles de ce tiroir. On en trouve dans les bois qui sont jaunes avec plusieurs bandes noires régulièrement enroulées.

EMILE. — La bête de l'escargot, n'est-ce pas une limace qui trouve une coquille vide et s'y loge?

PAUL. — Non, mon ami; la limace reste toujours limace sans devenir escargot, c'est-à-dire que jamais

elle n'a de coquille. L'escargot, au contraire, naît
avec une petite coquille qui grossit peu à peu en
même temps que la bête. Les coquilles que vous
trouvez vides dans la campagne ont eu leurs habitants;
aujourd'hui, les bêtes sont mortes et tombées en
poussière, leur demeure seule reste.

EMILE. — La limace et la bête de l'escargot se ressemblent beaucoup.

PAUL. — Aussi l'une et l'autre sont des mollusques.
Il y a des mollusques qui ne se construisent pas de
coquille, par exemple la limace; il y en a d'autres qui
s'en construisent une, par exemple l'escargot, la pa-
ludine, le casque.

EMILE. — Et avec quoi l'escargot fait-il sa maison?

PAUL. — Avec sa propre substance, mon petit
ami; il sue les matériaux de sa maison.

EMILE. — Je ne comprends pas bien.

PAUL. — Ne faites-vous pas vos dents, si blanches,
si bien rangées, si luisantes? De temps en temps, il
vous en pousse une toute neuve, sans que vous
ayez à vous en préoccuper. Cela se fait tout seul. Ces
belles dents sont en pierre très dure. D'où vient-elle,
cette pierre? De votre propre substance, c'est tout
clair. Nos gencives suent de la pierre, qui d'elle-
même se façonne en dents. Ainsi se construit la maison
de l'escargot. La bête sue de la pierre qui s'arrange en
gracieuse coquille.

EMILE. — Mais pour arranger les pierres l'une sur
l'autre et en faire des maisons, il faut des maçons. La
maison de l'escargot se fait sans maçons.

PAUL. — Quand je vous dis que cela se fait tout
seul, je ne prétends pas que la pierre ait par elle-
même la faculté de s'édifier en coquille. Jamais vous
ne verrez les moellons s'empiler seuls en muraille.
Dieu, le père de toutes choses, a voulu que la pierre
s'arrangeât en palais de nacre pour servir de demeure
au pauvre animal, frère de la limace, et cela se fait
ainsi qu'il l'a voulu. Il a dit pareillement à la pierre

de pousser en belles dents au sein des gencives roses des petits garçons et des petites filles, et cela se fait ainsi qu'il l'a voulu,

Jules. — Je suis sur le point de me réconcilier avec l'escargot, la vorace bête qui mange les fleurs.

Paul. — Je ne tiens pas à vous réconcilier avec lui. Faisons-lui la guerre puisqu'il ravage nos jardins, c'est notre droit ; mais ne dédaignons pas de nous instruire en sa compagnie, car il a de bien belles choses à nous apprendre. Je veux vous parler aujourd'hui de son œil et de son nez.

LXXI. — L'escargot.

Paul. — L'escargot, quand il marche, porte en avant quatre cornes que vous connaissez.

Jules. — Des cornes qui rentrent et sortent à volonté.

Emile. — Des cornes que la bête tourne en tous sens quand on met la coquille sur la braise. L'escargot chante alors bi-bi-bi-iou-iou.

Paul. — Laissez ce jeu cruel, mon enfant. L'escargot ne chante pas ; il se plaint, à sa manière, des tortures du feu. Sa bave, coagulée par la chaleur, se gonfle et se dégonfle, et l'air qui s'en échappe par petites bouffées produit cette complainte du mourant.

Dans une de ses fables où il y a tant de belles choses sur les bêtes, La Fontaine nous raconte que le lion, blessé par un animal cornu,

> Bannit des lieux de son domaine,
> Toute bête portant des cornes à son front.
> Un lièvre, apercevant l'ombre de ses oreilles,
> Craignit que quelque inquisiteur
> N'allât interpréter à cornes leur longueur,
> Ne les soutint en tout à des cornes pareilles.
> « Adieu, voisin grillon, dit-il, je pars d'ici,
> « Mes oreilles enfin seraient cornes aussi. »

Le grillon repartit :
« Cornes, cela ! vous me prenez pour cruche ;
« Ce sont oreilles que Dieu fit. »
« On les fera passer pour cornes,
« Dit l'animal craintif, et cornes de licornes ;
« J'aurai beau protester. »

Ce lièvre évidemment s'exagérait les choses. Pour tous, ses oreilles sont restées des oreilles. On ignore si l'escargot s'exila dans ces circonstances ; toujours est-il que, d'un consentement presque unanime, l'homme regarde comme des cornes ce que l'escargot porte sur le front. Cornes, cela ! aurait dit le grillon mieux avisé que l'homme, vous me prenez pour cruche.

JULES. — Ce ne sont donc pas des cornes?

PAUL.—Non, mon ami. Ce sont à la fois des mains, des yeux, des nez, des bâtons d'aveugle. On les appelle tentacules. Il y en a deux paires, d'inégale longueur. La paire supérieure est la plus longue et la plus remarquable.

Tout au bout des deux longs tentacules, on voit un petit point noir. C'est un œil aussi complet que celui du cheval et du bœuf, malgré ses subtiles dimensions. Ce qu'il faut pour faire un œil, vous êtes loin de le soupçonner. C'est si compliqué, que je n'ose vous en dire le premier mot. Cependant tout cela trouve à se loger dans un petit point noir tout juste visible. Ce n'est pas tout : à côté de l'œil se trouve un nez, c'est-à-dire un organe spécial sensible aux odeurs. L'escargot voit et sent par le bout de ses longs tentacules.

JULES. — J'ai remarqué qu'en présentant quelque chose aux longues cornes de l'escargot, l'animal les retire en dedans.

PAUL. — Ce nez, œil à la fois, peut s'éloigner, se rapprocher, se porter au-devant des objets, les flairer d'ici et de là. Pour trouver un nez pareil, il faudrait de l'escargot remonter à l'éléphant, dont la trompe est un nez d'exceptionnelle longueur. Mais combien celui de l'escargot l'emporte sur celui du colosse ! Sensible aux odeurs et à la lumière, œil et nez en même temps, il peut se replier en lui-même comme un doigt de gant, disparaître en rentrant dans le corps de la bête, ou bien sortir de dessous la peau et se déployer à la façon d'une lunette.

EMILE. — J'ai vu bien souvent comment fait l'escargot pour rentrer ses cornes. Cela se replie en dedans et semble s'enfoncer sous la peau. Lorsque quel-

Fig. 60. — La trompe est le nez de l'éléphant.

que chose l'ennuie, la bête met son nez et ses yeux dans sa poche.

PAUL. — C'est cela même. Pour nous soustraire à une lumière trop vive, à une odeur déplaisante, nous fermons les paupières et nous nous bouchons le nez. L'escargot, si la lumière l'importune ou si quelque odeur lui déplaît, rengaine œil et nez dans leur fourreau ; il les met dans sa poche, comme le dit Emile.

CLAIRE. — Le moyen est ingénieux.

JULES. — Vous disiez encore que les cornes lui servaient de bâtons d'aveugle.

PAUL. — L'animal est aveugle quand il a rentré, en

tout ou en partie, ses tentacules supérieurs ; il lui reste alors les deux d'en bas, qui explorent les objets par le toucher mieux que ne le fait le bâton d'un aveugle, car ils ont une grande sensibilité. Les deux tentacules d'en haut, outre leurs fonctions d'œil et de nez, remplissent encore le rôle du bâton de l'aveugle, ou mieux le rôle d'un doigt qui touche et reconnaît les objets. Vous voyez, mon petit Emile, qu'on ne sait pas tout sur l'escargot quand on connaît sa complainte sur la braise.

EMILE.—Je m'en aperçois. Qui de nous aurait soupçonné que ces cornes sont à la fois des yeux, des nez, des bâtons d'aveugle, des doigts ?

LXXII. — La nacre et les perles.

JULES. — Quelques-unes des coquilles que vous venez de nous montrer luisent à l'intérieur comme le manche de ce joli canif que vous m'avez acheté le jour de la foire, vous savez ? ce canif à quatre lames, dont le manche est en nacre.

PAUL. — C'est tout simple : la nacre, cette jolie substance qui reluit de toutes les couleurs, provient

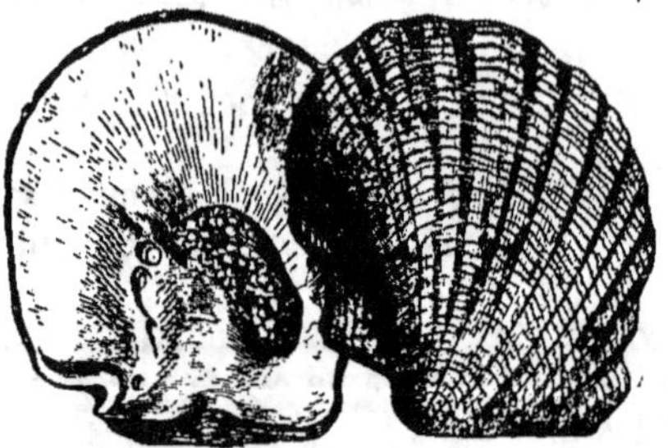

Fig. 61. — La pintadine perlière fournit la plus belle nacre.

de certaines coquilles. Nous employons à l'ornementation délicate ce qui fut la demeure d'une bête glai-

16.

reuse, proche parent de l'huître. Il est vrai que cette demeure est, pour la richesse, un véritable palais. Cela brille de toutes les nuances imaginables, comme si l'arc-en-ciel y déposait ses couleurs.

La coquille qui fournit la plus belle nacre est celle-ci. On l'appelle pintadine perlière. En dehors, elle est rugueuse et d'un vert noirâtre; en dedans, elle est plus lisse que le marbre poli, plus riche en coloration que l'arc-en-ciel. Toutes les nuances s'y trouvent, vives, mais douces et changeantes, suivant que l'on regarde de telle façon ou de telle autre.

JULES. — Cette superbe coquille est la maison d'une misérable bête glaireuse! Dans les contes, les fées n'en ont pas de pareille. Oh! que c'est beau! que c'est beau!

PAUL. — Chacun a son lot en ce monde. La bête glaireuse a pour sa part un splendide palais de nacre.

JULES. — Où trouve-t-on la pintadine?

PAUL. — Dans les mers qui baignent l'Arabie.

EMILE. — Est-ce bien loin, l'Arabie?

PAUL. — Très-loin, mon ami. Pourquoi cette question?

ÉMILE. — Parce que je voudrais ramasser beaucoup de ces belles coquilles.

PAUL. — Il ne faut pas y songer. C'est trop loin, et d'ailleurs ne les ramasse pas qui veut. Pour avoir les pintadines, il faut plonger au fond de la mer, d'où l'on ne revient pas toujours.

CLAIRE. — Et il y a des gens qui, pour des coquilles, osent descendre au fond de la mer?

PAUL. — Il n'en manque pas. Le métier est même si avantageux, que nous serions fort mal reçus des premiers occupants, s'il nous prenait fantaisie d'aller pêcher avec eux.

CLAIRE. — C'est donc bien précieux, ces coquilles-là?

PAUL. — Vous allez en juger. D'abord la couche intérieure des pintadines, sciée en lames, en tablettes, est la nacre que nous employons à la fine ornementation. Le manche du canif de Jules est recouvert d'une lame de nacre, qui a fait partie de l'intérieur d'une pintadine. Mais c'est là le moindre produit de la précieuse coquille. Il y a de plus les perles.

CLAIRE. — Mais ce n'est pas si cher, les perles. Avec quelques sous, j'en ai eu une boîte pleine, pour vous broder une bourse.

PAUL. — Distinguons: il y a perles et perles. Les perles dont vous me parlez sont de petits grains de verre coloré, percés d'un trou. Leur prix est très-modique. Les perles de la pintadine sont des grains de ce que la nacre a de plus riche et de plus fin. Si leur grosseur est un peu considérable, elles atteignent le prix fabuleux du diamant, pour lequel on compte par centaines de mille et par millions de francs.

CLAIRE. — Ces perles-là, je ne les connais pas.

PAUL. — Dieu vous fasse la grâce de ne les connaître jamais, car, à se préoccuper de perles, on perd le sens commun et quelquefois l'honneur. Il est bon, cependant, de savoir comment elles se produisent.

Entre les deux écailles de la coquille est logé un habitant pareil à celui de l'huître. C'est une masse de glaire où vous auriez bien de la peine à reconnaître un animal. Cela digère cependant, cela respire, cela est sensible à la douleur, tellement sensible, qu'il suffit d'un grain de poussière, d'un rien, pour lui rendre l'existence pénible. Que fait la bête se sentant chatouillée par quelque chose d'étranger? Elle se met à suer de la nacre autour du point qui lui démange. Cette nacre s'amasse en une petite boule bien lisse, et voilà une perle faite par la bête glaireuse malade. Pour peu qu'elle soit grosse, elle coûtera de beaux sacs d'écus et la personne qui la portera suspendue au cou en sera très-fière.

Mais avant de la porter au cou, il faut la pêcher. Les pêcheurs sont dans une barque. A tour de rôle, ils descendent dans la mer à l'aide d'une corde à laquelle est liée une grosse pierre qui les entraîne rapidement au fond. L'homme qui va plonger saisit la corde à pierre de la main droite et des orteils du pied droit ; de la main gauche, il se bouche les narines ; au pied gauche est attaché un filet en forme de sac. La pierre est lancée à la mer. L'homme descend comme un plomb. A la hâte, il remplit son filet de coquilles ; puis il tire la corde pour donner le signal de l'ascension. Ceux du bateau le remontent. A demi suffoqué, le plongeur arrive à la surface avec sa pêche. Les efforts qu'il a faits pour suspendre la respiration sont si douloureux, que parfois il rend du sang par la bouche et le nez. Quelquefois, le plongeur remonte avec une jambe de moins, quelquefois il ne remonte pas du tout. Un requin l'a mangé.

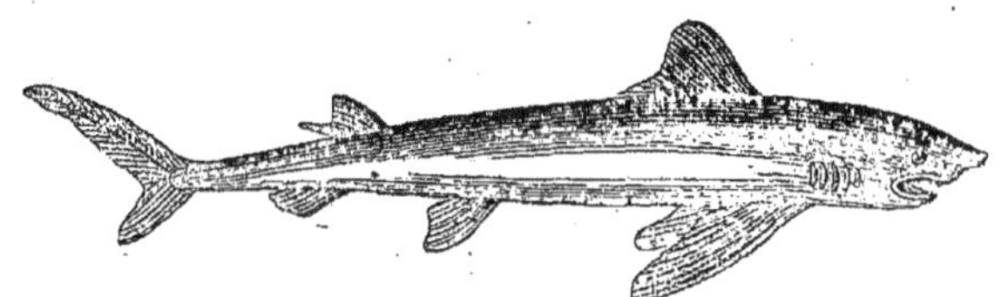

Fig. 62. — Un requin l'a mangé.

Telle de ces perles qui reluisent dans les vitrines du joaillier coûte bien plus qu'un beau sac d'écus : elle coûte la vie d'un homme.

EMILE. — L'Arabie ne serait-elle qu'au bout du village, je n'irais pas pêcher des coquilles à perles.

PAUL. — Pour faire ouvrir les coquilles recueillies, on les expose au soleil jusqu'à ce que les bêtes soient mortes. On fouille dans le tas, dont les puanteurs infectent l'air, et les perles sont recueillies. Il ne reste plus qu'à les percer d'un trou.

JULES. — Un jour qu'on nettoyait le grand fossé du moulin, j'ai trouvé des coquilles dont l'intérieur reluit comme la nacre.

PAUL. — Nous avons dans nos ruisseaux et nos

fossés des coquilles à deux écailles d'un noir verdâtre.
On les nomme mulettes.

Leur intérieur est nacré. Quelques-unes, très-gros-

Fig. 63. — La mulette. L'animal sort un peu de la coquille.

ses et vivant de préférence dans les ruisseaux des
montagnes, produisent même des perles. Seulement
ces perles sont loin d'avoir l'éclat et par suite le prix
de celles de la pintadine.

LXXIII. — La mer.

EMILE. — Elles viennent de la mer, toutes ces
belles coquilles que vous avez dans le tiroir ?

PAUL. — Elles viennent de la mer.

EMILE. — Et c'est bien grand, la mer ?

PAUL. — Elle est si grande que, pour aller d'un
bord à l'autre en certains endroits, les navires mettent des mois entiers. Ils vont très-vite cependant,
les navires, surtout ceux qui marchent à la vapeur. Ils
tiendraient presque pied à la locomotive.

EMILE. — Et que voit-on en mer ?

PAUL. — Au-dessus de sa tête, le ciel comme ici ;
autour de soi un grand rond bleu, et par delà plus
rien. On chemine, on fait des lieues et des lieues, et
l'on est toujours au centre du rond bleu des eaux
comme si l'on n'avançait pas. La forme courbe de la

terre, et par conséquent des mers qui la recouvrent en majeure partie, est cause de cette apparence. L'œil n'embrasse qu'une fort petite étendue de la mer, étendue bornée par une ligne circulaire sur laquelle paraît s'appuyer la voûte du ciel, et comme le rond des eaux se renouvelle en gardant le même aspect à mesure que l'on avance, il semble qu'on reste immobile au centre du cercle où se confondent le bleu du ciel et le bleu de la mer. Cependant, à force d'avancer, on aperçoit enfin comme une petite fumée grise sur la ligne qui borne la vue. C'est la terre qui commence à se montrer. Encore une demi-journée de marche, et la petite fumée grise sera devenue les rochers de la côte, les hautes montagnes de l'intérieur.

Jules. — La mer est plus étendue que la terre, à ce que dit la géographie.

Paul. — Si l'on fait quatre parts égales de la surface entière du globe terrestre, la terre ferme occupe environ une de ces parties, et l'ensemble des mers occupe les trois autres.

Jules. — Sous la mer, qu'y a-t-il?

Paul. — Sous la mer, il y a le sol, de même que sous les eaux d'un lac ou d'un simple ruisseau. Le sol sous-marin est accidenté tout autant que la terre ferme. En certains points, il est creusé de gouffres dont on trouve à grand'peine le fond; en d'autres, il est hérissé de chaînes de montagnes, dont les plus hautes cimes dépassent le niveau et forment les îles; en d'autres encore, il s'étend en vastes plaines ou se dresse en plateaux. Mis à sec, il ne différerait pas des continents.

Jules. — La profondeur n'est donc pas la même partout?

Paul. — En aucune manière. Pour mesurer la profondeur des eaux, on jette à la mer un boulet attaché à l'extrémité d'un très-long cordon; la quantité de cordon déroulée par le boulet dans sa chute indique la profondeur de l'eau.

La plus grande profondeur de la Méditerranée paraît être entre l'Afrique et la Grèce. Dans ces parages, pour toucher le fond, le boulet dévide de 4000 à 5000 mètres de cordon. Cette profondeur équivaut à la hauteur de la montagne la plus élevée de l'Europe, à la hauteur du mont Blanc.

CLAIRE. — De sorte que si le mont Blanc était situé dans ce gouffre, sa plus haute cime atteindrait à peu près la surface des eaux.

PAUL. — Il y a mieux. Dans l'Atlantique, au sud du banc de Terre-Neuve, lieu par excellence de la pêche de la morue, la sonde accuse 8000 mètres environ. Les plus hautes montagnes du monde, situées vers le centre de l'Asie, ont 8840 mètres d'altitude.

CLAIRE. — Ces montagnes-là dépasseraient en ce point le niveau des eaux, et formeraient des îles de 840 mètres d'élévation.

PAUL. — Enfin, dans les mers avoisinant le pôle sud, on signale des points où la sonde accuserait de 14000 à 15000 mètres, ou près de 4 lieues de profondeur. Nulle part, la terre ferme n'a des altitudes équivalentes.

Entre ces abîmes épouvantables et la rive où la couche d'eau n'a pas un travers de doigt d'épaisseur, tous les degrés intermédiaires peuvent se présenter, tantôt d'une manière graduelle, tantôt brusquement, suivant la configuration du sol sous-marin. Sur tel rivage, la mer croît en profondeur avec une effrayante rapidité. Le rivage est alors le haut d'un escarpement dont la mer occupe le fond. Sur tel autre, elle croît peu à peu, et il faudrait se porter au large à de grandes distances pour trouver quelques mètres d'eau. Le lit est alors une plaine à pente insensible, continuation de la plaine terrestre.

La profondeur moyenne des mers paraît être de 6 à 7 kilomètres, c'est-à-dire que si toutes les inégalités sous-marines disparaissaient pour faire place à un lit régulier, comme le fond d'un bassin bâti de main d'homme, les mers, tout en conservant en superficie l'étendue qu'elles ont, posséderaient une couche d'eau uniforme de 6 à 7000 mètres d'épaisseur.

EMILE. — Je me perds un peu dans les kilomètres; c'est égal, je commence à comprendre qu'il y a dans la mer beaucoup d'eau, beaucoup.

PAUL. — Beaucoup plus que vous ne sauriez jamais vous l'imaginer. Vous connaissez le Rhône, le plus grand fleuve de la France ; vous l'avez vu dans ses fortes crues, lorsque ses eaux limoneuses forment d'une rive à l'autre une nappe à perte de vue. On évalue alors qu'il fournit environ cinq millions de litres d'eau par seconde. Eh bien, s'il conservait toujours cette majestueuse ampleur, le grand fleuve ne remplirait pas en vingt mille ans la millième partie des bassins de la mer. Comprenez-vous mieux combien la mer est immense?

EMILE. — Ma pauvre tête se trouble rien que d'y songer. De quelle couleur sont les eaux de la mer? Sont-elles jaunes et limoneuses comme celles du Rhône?

PAUL. — Jamais, si ce n'est à l'embouchure des fleuves. Vue en petite quantité, l'eau semble incolore; vue en grande masse, elle apparaît avec sa coloration naturelle, qui est le bleu verdâtre. La mer est donc d'un bleu virant au vert, plus foncé au large, plus clair près des côtes. Mais cette coloration se modifie beaucoup, suivant l'état de la surface des eaux, et suivant l'éclat du ciel. Sous un soleil vif, la mer tranquille est tantôt d'un bleu tendre, tantôt d'un indigo foncé; sous un ciel orageux, elle devient vert-bouteille et passe presque au noir.

LXXIV. — Les vagues. Le sel. Les algues.

JULES. — Les vagues, d'où proviennent-elles? On dit que la mer est bien terrible quand elle est en courroux?

Paul. — Oui, mon cher Jules, bien terrible. Jamais ne s'effaceront de mon esprit ces grands plis mouvants couronnés d'écume, qui ballottent un lourd navire ainsi qu'une coque de noix, le portent un moment sur leur dos monstrueux, puis le laissent plonger dans la vallée liquide qui suit. Oh ! que l'on se sent petit et faible sur ces quatre planches, remontant, replongeant au gré des vagues ! Si la coque de noix s'ouvre sous les heurts furieux des flots, Dieu sauveur, prenez-nous en miséricorde ! Le vaisseau fracassé disparaît dans des abîmes insondables.

Claire. — Dans ces abîmes dont vous nous parliez ?

Paul. — Dans ces abîmes d'où nul n'est revenu. Le vaisseau fracassé s'engloutit dans la mer, et il ne reste de vous qu'un souvenir, s'il y a des gens qui vous aiment sur la terre.

Jules. — Aussi, la mer devrait bien se tenir toujours tranquille.

Paul. — Il serait très-fâcheux, mon enfant, que les eaux de la mer fussent dans un continuel repos. Ce calme serait incompatible avec la salubrité des mers, qui doivent être violemment brassées pour conserver leur incorruptibilité et dissoudre l'air nécessaire à leurs populations animales et végétales. Pour l'océan des eaux, commé pour l'atmosphère ou l'océan de l'air, il faut une salutaire agitation, il faut des tempêtes qui mélangent, renouvellent et vivifient les eaux.

Le vent ébranle la superficie des eaux marines. S'il est inégal, il fait naître les flots, qui bondissent couronnés d'une crinière d'écume, se heurtent et se brisent l'un contre l'autre. S'il est fort et continu, il chasse les eaux en longues intumescences, en vagues ou lames, qui s'avancent du large par rangées parallèles, se succèdent avec une majestueuse uniformité, et viennent l'une après l'autre se précipiter en grondant sur le rivage. Ces mouvements, si tumultueux qu'ils soient, n'affectent que la surface de la mer ; à une trentaine de mètres de profondeur, l'eau se maintient tranquille, même au milieu des plus fortes tempêtes.

Dans nos mers, la hauteur des plus grandes vagues n'atteint guère que 2 à 3 mètres; mais dans quelques parages des mers du Sud, les ondes, par des temps exceptionnels, s'élèvent jusqu'à 10 et 12 mètres. Ce sont de véritables chaînes de collines mouvantes, espacées entre elles par de larges et profondes vallées. Fouettés par le vent, leurs sommets jettent des nuages d'écume et s'enroulent en épouvantables volutes de force à briser sous leurs ruines les navires les plus grands.

La puissance des vagues tient du prodige. Là où le rivage, coupé à pic, se présente en plein aux assauts de la mer, le choc est si violent, que le sol tremble sous les pieds. Les digues les plus solides sont démolies et balayées; des blocs énormes sont arrachés, entraînés dans les terres, parfois lancés par-dessus les jetées, où ils roulent comme de simples cailloux.

C'est à l'action continue des vagues que sont dues les falaises, c'est-à-dire les escarpements verticaux servant en quelques points de rivage à la mer. De pareils escarpements se montrent sur les côtes de la Manche, tant en France qu'en Angleterre. Sans relâche, l'Océan les sape par la base, en fait ébouler des pans qu'il triture en galets, et progresse d'autant sur la terre. L'histoire a conservé le souvenir de tours, d'habitations, de villages même, qu'il a fallu peu à peu abandonner à la suite de pareils éboulements, et qui, aujourd'hui, ont en entier disparu sous les eaux.

Jules. — Ainsi remuées, les eaux de la mer ne risquent pas de se corrompre.

Paul. — A lui seul, le mouvement des vagues ne suffirait pas pour assurer l'incorruptibilité des eaux marines. Une autre cause de salubrité intervient ici. Les eaux de la mer renferment en dissolution de nombreuses substances, qui lui donnent une saveur extrêmement désagréable, mais l'empêchent de se corrompre.

EMILE. — Alors l'eau de la mer ne peut se boire?

PAUL. — En aucune façon, serait-on pressé par la soif la plus ardente.

EMILE. — Et quelle saveur a-t-elle, l'eau de la mer?

PAUL. — Une saveur à la fois amère et salée, qui répugne à la bouche et donne des nausées. Cette saveur provient des substances dissoutes. La plus abondante est le sel ordinaire, le sel dont on fait usage pour assaisonner les aliments.

JULES. — Le sel cependant n'a pas une saveur désagréable, bien qu'on ne puisse boire un verre d'eau salée.

PAUL. — Sans doute, mais dans les eaux de la mer il est accompagné de beaucoup d'autres substances dissoutes, substances dont la saveur est fort désagréable. Le degré de salure varie d'une mer à l'autre. Un litre d'eau de la Méditerranée contient 44 grammes de matières salines; un litre d'eau de l'océan Atlantique n'en contient que 32.

On a cherché à évaluer, par à peu près, la quantité totale de sel contenue dans les mers. Si les océans évaporés laissaient à sec toutes leurs matières salines, ces matières suffiraient pour recouvrir la surface entière de la terre d'une couche uniforme de 10 mètres d'épaisseur.

EMILE. — Oh! que de sel! Nous n'en verrons jamais la fin, si salé que nous mangions. C'est bien de la mer que l'on retire le sel?

PAUL. — Parfaitement. On choisit au bord de la mer une plaine basse, où l'on creuse des bassins peu profonds, mais d'une grande étendue, appelés marais salants. Puis, on fait arriver l'eau de la mer dans ces bassins. Quand ils sont pleins, on interrompt leur communication avec la mer. Le travail des marais salants se fait pendant l'été. La chaleur du soleil fait évaporer l'eau peu à peu, et le sel reste en une croûte cristalline qu'on enlève avec des râteaux. Le sel recueilli est amoncelé en un grand tas pour le laisser égoutter.

JULES. — En exposant au soleil une assiette d'eau salée, on reproduirait en petit le travail des marais salants?

PAUL. — Tout juste : l'eau s'en irait, évaporée par le soleil, et le sel resterait seul dans l'assiette.

CLAIRE. — Dans la mer, il y a de nombreux poissons : de petits, de grands, de monstrueux ; cela, je le sais. La sardine, la morue, l'anchois, le thon et tant d'autres nous viennent de la mer. Il y a aussi des mollusques, comme vous les appelez, enfin des animaux qui s'habillent d'une coquille ; puis, des écrevisses énormes, dont la patte est plus grosse que le poing de l'homme ; puis, une foule d'autres bêtes que je ne connais pas. De quoi vit tout ce monde ?

PAUL. — D'abord, ils se mangent beaucoup entre eux. Le plus faible devient la proie d'un autre plus fort, qui trouve à son tour son maître et lui sert de pâture. Mais il est visible que si les populations des mers n'avaient d'autre ressource que de s'entre-dévorer, tôt ou tard elles manqueraient de nourriture et périraient.

Aussi, dans les mers, les choses se passent comme sur la terre relativement à l'alimentation générale. La plante crée des matières alimentaires. Certaines espèces se nourrissent de la plante, certaines autres mangent celles par qui la plante est mangée ; de manière que, directement ou indirectement, la plante les nourrit toutes, en définitive.

JULES. — Je comprends. Le mouton broute l'herbe, le loup mange le mouton, et, de la sorte, c'est l'herbe qui nourrit le loup. Il y a donc des plantes dans la mer ?

PAUL. — Très-abondamment. Nos prairies ne sont pas plus herbues que le fond de la mer. Seulement, les plantes marines diffèrent beaucoup des plantes terrestres. Jamais elles n'ont de fleurs, jamais rien de comparable aux feuilles, jamais de racines. Elles se fixent sur le roc par un empâtement de leur base, sans y puiser de quoi vivre. C'est l'eau qui les nourrit et non le sol. Il y en a qui ressemblent à des lanières visqueuses, à des rubans plissés, à de longues crinières; il y en a qui prennent la forme de petits buissons touffus, de molles houppes, de panaches onduleux; il y en a de déchiquetées en lambeaux, de roulées en lame spirale, de façonnées en gros fils glaireux. Celles-ci sont d'un vert-olive, d'un rose tendre; celles-là sont d'un jaune de miel, d'un rouge vif. Ces plantes bizarres s'appellent des *algues*.

Fig. 64. — Algue.

LXXV. — Les eaux courantes.

Émile. — Le Rhône, m'a-t-on dit, amène ses eaux à la mer.

Paul. — Le Rhône se rend à la mer. Il y déverse cinq millions de litres d'eau toutes les secondes.

Émile. — Avec tant d'eau reçue continuellement, la mer ne finit-elle pas par verser, comme un bassin trop plein?

Paul. — Vous êtes bien loin de compte, mon cher enfant. Le Rhône n'est pas le seul cours d'eau qui s'en aille à la mer. Sans sortir de la France, il y a encore le Rhin, la Garonne, la Loire, la Seine, et une foule d'autres d'une importance moindre. Ce n'est là encore qu'une bien faible partie des cours d'eau qui se déversent dans la mer. Tous les fleuves du monde s'y rendent, absolument tous. Et ils sont bien nombreux, et il y en a de bien grands. L'Amazone, dans l'Amérique du Sud, a 1400 lieues de parcours, et 10 lieues de large à son embouchure. Quelle masse d'eau l'immense fleuve ne doit-il pas fournir !

Figurez-vous bien que tous les cours d'eau de la terre, les petits comme les grands, les moindres ruisseaux comme les fleuves énormes, sans discontinuer s'écoulent dans la mer. Vous connaissez le petit ruisseau aux écrevisses. En certains endroits, Émile peut le sauter ; rarement, il y a de l'eau par-dessus le genou. Eh bien, le ruisselet s'en va droit à la mer, tout comme l'Amazone ; il y verse par seconde ses quelques litres d'eau ; c'est tout ce qu'il peut. Mais il n'ose faire le voyage seul, et s'en aller trouver la mer comme cela, la mer immense, lui si petit, si petit. Il rencontre de la compagnie en route, il mêle son filet d'eau claire à des ruisseaux plus forts, qui deviennent rivière en se réunissant plusieurs ; le fleuve reçoit la rivière, et la mer, en recevant le fleuve, boit le maigre ruisselet.

JULES. — Les eaux courantes, mais toutes, toutes, fontaines, ruisseaux, torrents, rivières, fleuves, sans discontinuer, arrivent à la mer, et cela dans le monde entier, de sorte qu'à chaque seconde la mer reçoit des masses d'eau incalculables. Je reviens alors à la question d'Emile : Comment, avec tant d'eau continuellement reçue, la mer ne verse-t-elle pas?

PAUL. — Si, quand il est plein, un réservoir reçoit d'une source juste autant qu'il laisse écouler par une ouverture, ce réservoir peut-il verser, bien qu'il lui arrive sans cesse de l'eau?

JULES. — Certes non : perdant autant qu'il gagne, il doit garder le même niveau.

PAUL. — Il en est ainsi de la mer. Elle perd juste autant qu'elle gagne, et de la sorte son niveau reste toujours le même. Les ruisseaux, les torrents, les rivières, les fleuves se rendent à la mer ; mais les ruisseaux, les torrents, les rivières, les fleuves viennent aussi de la mer. Ils ramènent dans l'immense réservoir ce qu'ils y ont pris et pas une goutte d'eau de plus.

ÉMILE. — Si le ruisseau aux écrevisses vient de la mer, comme vous le dites, ses eaux devraient être salées ; et je sais fort bien qu'elles ne le sont pas du tout.

PAUL. — Sans doute, elles ne sont pas salées ; mais aussi le ruisseau ne sort pas de la mer comme l'eau d'une rigole sort d'un réservoir. Avant d'être ce qu'il est, en venant de la mer, le ruisseau a d'abord voyagé dans les airs en nuages.

ÉMILE. — En nuages ?

PAUL. — En nuages, mon petit ami. Rappelonsnous une chose que je vous ai apprise dans le temps.

La chaleur du soleil fait évaporer l'eau ; elle la réduit en quelque chose d'invisible, en vapeur qui se dissémine dans l'air. Les mers occupent en superficie trois fois plus d'étendue que la terre ferme. Sur ces immensités, il se fait continuellement une évaporation énorme, qui élève dans les airs une partie des eaux de la mer. Les vapeurs formées deviennent des nuages ; les nuages voyagent de côté et d'autre, versant de la neige et de la pluie ; cette pluie et la neige fondue pénètrent le sol, s'y infiltrent et donnent naissance aux sources, qui, de proche en proche, par leur réunion, deviennent ruisseaux, rivières et fleuves.

JULES. — Je vois pourquoi l'eau des ruisseaux n'est pas salée, quoique venant de la mer. Quand on met de l'eau salée dans une assiette en plein soleil, l'eau seule s'en va et le sel reste. Les vapeurs qui s'élèvent de la mer ne sont pas salées, parce que le sel ne les accompagne pas quand elles se forment. Alors les cours d'eau, alimentés par la neige et la pluie descendant des nuages, ne peuvent être salés.

CLAIRE. — Ce que vous venez de nous apprendre là, mon oncle, est bien remarquable. Tous les cours d'eau, fleuves, rivières, torrents, ruisseaux, viennent de la **mer et retournent à la mer.**

PAUL.—Ils viennent de la mer, réservoir inépuisable qui recouvre de ses eaux une étendue trois fois plus grande que celle de tous les continents réunis; de la mer, dont les abîmes descendent en quelques points à 14 kilomètres de profondeur, et reçoivent sans cesse le tribut de tous les cours d'eau du monde sans être jamais comblés. L'énorme surface de la mer fournit à l'air sa vapeur, qui devient nuages; plus tard, ces nuages se résolvent en pluie, et, chassés par le vent, voyagent, comme d'immenses arrosoirs, au-dessus du sol qu'ils fécondent. A leur tour, les pluies, les neiges, déversées par les nuages, donnent naissance aux fleuves, qui charrient leurs eaux à la mer. Il s'effectue de la sorte un courant continuel qui, né de la mer, retourne à la mer, après avoir parcouru l'atmosphère sous forme de nuages, arrosé la terre à l'état de pluie, et traversé les continents à l'état de fleuves.

La mer est le réservoir commun des eaux. Fleuves, sources, fontaines, minces filets d'eau, tout en vient, tout y retourne. L'eau d'une goutte de rosée, l'eau qui circule avec la séve dans les plantes, l'eau qui perle sur notre front en transpiration, viennent de la mer et sont en route pour y revenir. Si minime que soit la gouttelette, ne craignez pas qu'elle s'égare en route. Si le sable aride la boit, le soleil saura bien l'en retirer et l'envoyer rejoindre les vapeurs de l'atmosphère, et, tôt ou tard, le bassin des mers. Rien ne se perd, rien n'échappe aux regards de Dieu, qui dans le creux de la main a mesuré les océans, et sait le nombre de leurs gouttes d'eau.

LXXVI. — L'essaim.

L'oncle Paul parlait encore, quand on entendit dans le jardin un bruit persistant : pan! pan! pan! pan! comme si quelque chaudronnier avait transporté son atelier sous le grand sureau. On accourut. Jacques tapait gravement avec une clef sur la panse d'un arrosoir : pan ! pan ! pan ! pan ! Mère Ambroisine, tout affairée, frappait avec une petite pierre sur une casserole de cuivre : pan ! pan ! pan ! pan !

Nos deux braves serviteurs ont-ils perdu la tête pour se livrer, avec le plus grand sérieux du monde, à ce charivari? Sans interrompre leur singulière occupation, ils échangent quelques paroles. — Elles vont du côté du groseillier, fait Jacques. — Elles font mine de s'en aller, répond mère Ambroisine. — Et pan ! pan ! pan ! pan !

C'est alors qu'arrivent l'oncle et ses neveux. Un coup d'œil suffit à Paul pour lui expliquer l'affaire. Au-dessus du jardin vole comme un nuage de fumée rousse, qui tantôt s'élève et tantôt s'abaisse, qui tantôt s'éparpille et tantôt s'amasse en tourbillon compacte. Du sein de la fumée rousse vient comme un monotone bruissement d'ailes. Jacques et mère Ambroisine suivent la nuée en tapant. Paul observe, vivement préoccupé. Emile, Jules et Claire se regardent l'un l'autre, ébahis de ce qui se passe.

La petite nuée descend, elle s'approche du groseillier, comme l'avait prévu Jacques, elle tourne autour de l'arbuste, elle examine, elle choisit une branche. Et pan ! pan ! pan ! pan ! plus que jamais. Sur la branche choisie, une pelote se forme, grossissant à vue d'œil, tandis que la nuée, de moins en moins compacte, tourbillonne alentour. Jacques et mère Ambroisine cessent de taper. Bientôt, à la branche du groseillier pend une grosse grappe d'où partent, pour y revenir un instant après, les derniers venus du nuage vivant. C'est fini, on peut maintenant s'approcher.

Emile, qui déjà soupçonne des abeilles, très-volontiers rentrerait à la maison. Son ancienne mésaventure avec la ruche lui a laissé de cuisants souvenirs. Pour le rassurer, l'oncle le prend par la main. Emile s'approche bravement du groseillier. Que risque-t-il avec l'oncle? Jules et Claire s'approchent aussi ; la chose en vaut la peine.

17.

Or, au groseillier est suspendue une grappe d'abeilles accrochées l'une à l'autre. Quelques retardataires arrivent d'ici, de là, choisissent une bonne place et se cramponnent aux précédentes. La branche plie sous le faix, car elles sont bien là quelques mille. Les premières arrivées, les plus robustes sans doute, puisqu'elles doivent supporter toute la charge, ont saisi la branche avec les crochets de leurs pattes de devant; d'autres sont venues qui se sont suspendues aux pattes postérieures des premières, et ont elles-mêmes servi de point de suspension à un troisième rang ; puis, de proche en proche, à un quatrième, à un cinquième, à un sixième, et à d'autres encore, toujours moins nombreux en individus, de manière qu'elles se tiennent toutes pour ainsi dire par les mains. Les enfants sont en admiration devant la grappe d'abeilles, dont le duvet roux et les ailes lustrées reluisent au soleil; mais prudemment ils se tiennent à l'écart.

JULES. — Ne courons-nous pas le risque d'être piqués en nous approchant de si près?

PAUL. — Il est rare, dans les circonstances où maintenant elles se trouvent, que les abeilles fassent usage de leur dard. Si vous alliez étourdiment les tracasser, je ne répondrais de rien ; mais laissez-les en paix, et vous pouvez, sans crainte, les observer à l'aise. Elles ont bien d'autres soucis, maintenant, que de songer à piquer les petits garçons curieux !

JULES. — Et quels soucis? Elles ont l'air d'être bien tranquilles cependant; on dirait qu'elles dorment toutes ensemble.

PAUL. — Les graves soucis d'un peuple qui n'a pas de patrie et qui cherche à s'en créer une.

JULES. — Les abeilles ont donc une patrie?

PAUL. — Elles ont une ruche, ce qui, pour elles, revient au même.

JULES. — Alors elles cherchent une ruche pour y demeurer?

PAUL. — Elles cherchent une ruche.

Jules.—Et d'où viennent-elles, ces abeilles sans maison?

Paul.—Elles viennent de la vieille ruche du jardin.

Jules.—Elles n'avaient qu'à y rester, au lieu de s'en aller chercher fortune ailleurs.

Paul. — Elles ne le pouvaient. La population de la ruche s'est augmentée, et la place pour tout le monde a manqué dans la maison. Alors les plus aventureuses, sous la conduite d'une reine, se sont expatriées pour aller fonder autre part une colonie. La troupe émigrante s'appelle un essaim.

Jules. — La reine, qui conduit l'essaim, doit être là, dans la pelote commune?

Paul. — Elle y est. C'est elle qui, en se posant sur le groseillier, a déterminé la halte de la bande entière.

Ces mots de patrie, de reine, d'émigrants, de colonie, avaient frappé l'esprit des enfants, étonnés d'entendre appliquer aux abeilles les expressions de la politique humaine. Les questions abondaient, mais l'oncle faisait la sourde oreille.

Paul. — Attendez que l'essaim soit recueilli dans une ruche, et je vous raconterai tout au long la magnifique histoire des abeilles. Je répondrai seulement à la question de Claire, qui me demande pourquoi Jacques et mère Ambroisine tapaient sur l'arrosoir et sur la casserole.

Si l'essaim s'était envolé dans la campagne, il était perdu pour nous. Il fallait le décider à s'abattre sur un arbre du jardin pour s'y pelotonner en grappe. De tout temps, on a cru parvenir à ce résultat en faisant du bruit. On imite ainsi le tonnerre, dit-on, et les abeilles, effrayées des périls d'un orage prochain, cherchent au plus vite un refuge. Je ne crois pas les abeilles assez sottes pour redouter un orage parce que l'on tape sur un vieux chaudron. Elles se posent où elles veulent, quand elles veulent, et non loin de l'ancienne ruche, pourvu que l'emplacement leur convienne.

Jacques, la scie d'une main, le marteau de l'autre, appela maître Paul. Avec quelques planches neuves, il fallait construire la maison pour l'essaim. Le soir, la ruche était prête. Il y avait dans le bas trois petits trous pour l'entrée et la sortie des abeilles ; et dans l'intérieur, quelques chevilles destinées à soutenir les futurs rayons de miel. Une large dalle de pierre avait

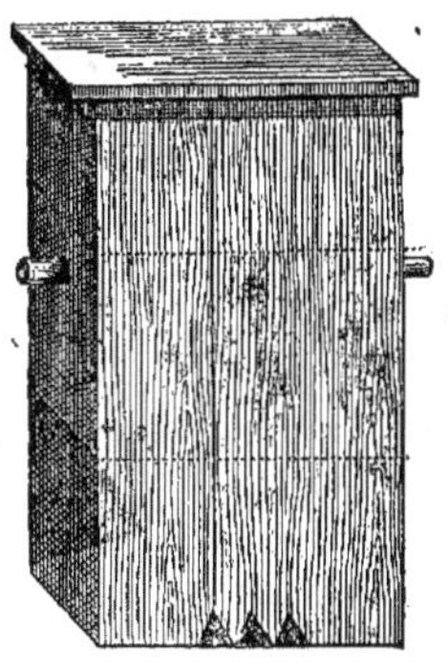

Fig. 65. — Il y avait dans le bas trois petits trous.

été disposée contre le mur pour lui servir de support. A la nuit tombante, on se rendit au groseillier. La grappe d'abeilles fut introduite dans la ruche, et quelques secousses la firent détacher de la branche. Enfin on mit la ruche en place sur son support.

Le lendemain matin, Jules épiait déjà ce que faisaient les abeilles. L'habitation leur avait convenu. On les voyait sortir une à une des petites portes de la ruche, se brosser un moment au soleil sur la dalle de pierre et s'envoler après sur les fleurs du jardin. Elles étaient en travail. La colonie était fondée. En grand conseil, les choses s'étaient ainsi décidées pendant la nuit.

LXXVII. — La cire.

On n'eut pas besoin de rappeler à l'oncle sa promesse. Il profita du premier moment de loisir pour raconter aux enfants l'histoire des abeilles.

PAUL. — Une ruche bien peuplée contient de vingt mille à trente mille abeilles. C'est à peu près la population de nos villes secondaires. Dans une ville, tout le monde ne peut faire le même métier. Les boulangers travaillent au pain, les maçons aux maisons, les menuisiers aux meubles, les tailleurs aux habits ; enfin, il y a un corps de métier pour chaque ordre de choses. Pareillement, dans la société d'une ruche, il y a divers corps de métiers, savoir : le métier de maman, le métier de papa, et le métier de travailleur.

Pour le premier, il n'y a qu'une abeille, une seule, dans chaque ruche. Cette abeille, mère de la population, s'appelle la reine. Elle se distingue des travailleurs par une plus grande taille et par l'absence des outils de travail. Son métier à elle est de pondre des œufs. Elle en a jusqu'à douze cents à la fois dans les flancs, et il s'en forme toujours de nouveaux à mesure que les premiers sont pondus. Quel rude métier que celui de reine ! Mais aussi que de prévenances respectueuses, que de tendres soins les autres abeilles n'ont-elles pas pour leur mère commune! On la nourrit à la becquée, la noble maman; on lui sert le meilleur, car elle n'a pas le temps

Fig. 66. — La reine est la mère de la population.

de récolter elle-même, et puis, à vrai dire, elle ne saurait comment s'y prendre. Pondre et pondre toujours est son unique affaire.

Le métier de papa revient à six cents ou huit cents fainéants appelés faux-bourdons. Ils sont plus grands

Fig. 67. — Dans une ruche, il y a de six à huit cents fainéants appelés faux-bourdons.

que les ouvrières et moins que la reine. Leurs gros yeux bombés se rejoignent au-dessus de la tête. Ils n'ont pas d'aiguillon. La reine seule et les ouvrières ont le droit de porter le stylet empoisonné. Les faux-bourdons sont privés de cette arme. A quoi sont-ils bons? On se le demande. Un jour, ils font cortége

d'honneur à la reine, à qui il prend fantaisie de faire
un voyage dans le haut des airs; puis, on n'entend
plus guère parler d'eux. Ils périssent misérablement
dehors, ou, s'ils reviennent à la ruche, ils sont froi-
dement accueillis par les ouvrières, qui les voient de
mauvais œil puiser aux provisions sans jamais rien apporter. D'abord, on leur distribue quelques bonnes bour-
rades pour leur faire comprendre que les fainéants
sont de trop dans une société laborieuse; et s'ils ne
comprennent pas. un grand parti est pris. Un beau
matin, on vous les extermine jusqu'au dernier. Les cadavres sont balayés hors de la ruche, et tout est dit.

Reste le métier de travailleur, qui est la part de
vingt à trente mille abeilles pour une seule reine. Ces
abeilles s'appellent les ouvrières. Ce sont elles que

Fig. 68. — Le métier de travailleur est la part de vingt
à trente mille abeilles appelées ouvrières.

vous voyez dans le jardin, voletant d'une fleur à l'autre pour faire la récolte. D'autres ouvrières, un peu
plus vieilles et par conséquent plus expérimentées,
restent dans la ruche pour prendre soin du ménage et
distribuer la pâté aux nourrissons éclos. des œufs pondus par la reine. Il y a donc à distinguer deux corpo-
rations de travail : les cirières, plus jeunes, qui fabriquent la cire et récoltent les matériaux du miel ; les
nourrices, plus âgées, qui se tiennent dans la maison
pour élever la famille. Ces deux genres de travail ne
s'excluent pas l'un l'autre. Quand elle est jeunette,
pleine d'ardeur, aventureuse, l'abeille fait d'abord le
métier de cirière. Elle va aux champs chercher des
vivres; elle visite les fleurs, où quelquefois il faut faire

bonne contenance et dégaîner le dard pour mettre en fuite un agresseur malintentionné; elle sue de la cire pour bâtir les magasins à miel et les chambrettes où la marmaille est logée. En prenant de l'âge, elle acquiert de l'expérience, mais elle perd de sa première ardeur. Alors elle reste à la maison, elle se fait nourrice et s'occupe du travail délicat de l'éducation.

Ce préambule de l'oncle, définissant les trois corps de métiers des abeilles, paraissait fort préoccuper les enfants, surpris de trouver chez un insecte des lois sociales merveilleusement combinées. Jules saisit au bond une expression de l'oncle pour commencer ses questions. L'impatient enfant aurait voulu tout apprendre à la fois.

Jules. — Les cirières, dites-vous, fabriquent la cire. Je croyais qu'elles la trouvaient toute faite dans les fleurs.

Paul. — Elles ne la trouvent pas toute faite. Elles la fabriquent, elles la suent, c'est le mot, comme l'huître transpire la pierre de sa coquille, comme la pintadine transpire la substance de sa nacre et de ses perles.

Si vous regardez avec attention le ventre d'une abeille, vous le verrez composé de plusieurs pièces ou anneaux un peu emboîtés l'un dans l'autre. Le ventre de tous les insectes a d'ailleurs la même structure. Cet arrangement de parties distinctes ajustées bout à bout se retrouve encore dans les cornes ou antennes, ainsi que dans les pattes de tous les insectes sans exception. C'est précisément à cette structure en pièces distinctes ajustées l'une à l'autre que fait allusion le mot d'insecte, signifiant *coupé en tronçons*. Le corps d'un insecte n'est-il pas, en effet, composé d'une série de tronçons placés bout à bout?

Revenons au ventre de l'abeille. Dans le repli qui sépare un anneau du suivant, se trouve, en dessous, au milieu du ventre, la fabrique de cire. Là suinte peu à peu la matière cireuse, comme chez nous la sueur suinte de la peau. Cette matière s'amasse en une mince plaque, que l'animal détache en se brossant le ventre avec les pattes. Il y a huit de ces fabriques. Quand l'une chôme, l'autre travaille; de sorte que l'abeille a toujours quelque plaque de cire à sa disposition.

Jules. — Et que fait-elle de sa cire, l'abeille?

Paul. — Elle en bâtit des cellules, c'est-à-dire des magasins où le miel est mis en réserve, et des chambrettes où sont élevées les jeunes abeilles à l'état de larves.

Émile. — Enfin, elle bâtit sa maison avec les plaques de cire extraites des replis de son ventre. Savez-vous que l'abeille fait preuve là d'un esprit inventif très-original. C'est comme si, pour construire une maison, nous nous brossions les flancs à l'effet d'en tirer les pierres de taille nécessaires.

Paul. — L'escargot nous a déjà habitués à ces idées originales des bêtes. Il sue la pierre de sa coquille.

LXXVIII. — Les cellules.

Paul. — Pour emmagasiner les provisions de miel et pour loger les larves, les abeilles construisent avec de la cire des chambrettes, appelées cellules, ouvertes par un bout et fermées par l'autre. Elles ont la forme de petites colonnes à six facettes planes, disposées avec une régularité parfaite. En terme de géométrie, cela s'appelle un prisme hexagonal, ou prisme à six faces.

Ne vous étonnez pas de voir apparaître ici le langage de la belle et sévère science de la forme, enfin de la géométrie. Les abeilles sont des géomètres d'un mérite consommé. Leurs constructions ont exercé la sagacité des plus fortes intelligences. Il a fallu toute la puissance de la raison humaine pour suivre, pas à pas, la science de la bête. Je reviendrai dans un instant sur ce magnifique sujet, très-difficile, mais que je tâcherai de mettre à votre portée.

Les cellules sont placées horizontalement et ados-

sées deux à deux bout à bout par l'extrémité fermée.
De plus, elles sont rangées côte à côte en nombre plus
ou moins considérable, et elles se touchent par leurs
facettes planes, dont chacune sert de cloison mitoyenne
à deux cellules contiguës. Les
deux couches de cellules ados-
sées par la base constituent
ce qu'on nomme un rayon ou gâteau. Sur l'un des côtés de ce
gâteau se trouvent toutes les
entrées des cellules de la couche
correspondante; de l'autre côté
s'ouvrent les cellules de la seconde couche. Enfin le gâteau
est suspendu verticalement dans
la ruche, avec ses entrées,
moitié à droite et moitié à
gauche. Par sa tranche supérieure, il adhère à la voûte de
la ruche ou bien aux traverses
qui se croisent dans l'intérieur.

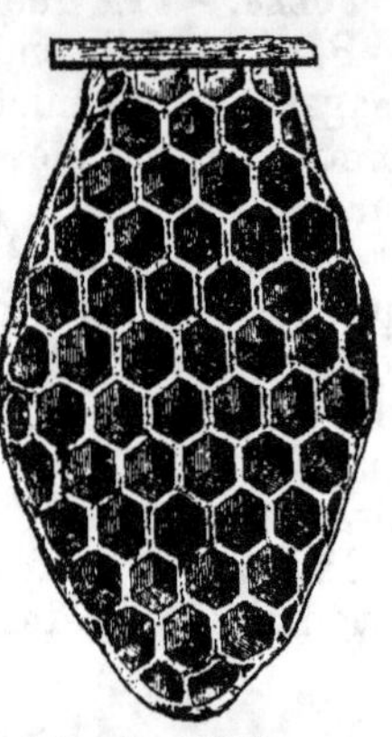

Fig. 69.— Gâteau en
construction.

Un gâteau ne suffit pas quand la population est nombreuse; d'autres sont construits, pareils au premier.
Les divers gâteaux, rangés bien parallèlement l'un à
l'autre, laissent entre eux des espaces libres. Ce sont
là les rues, les places publiques, les voies de service,
sur lesquelles donnent les ouvertures de deux couches
de cellules appartenant à des gâteaux voisins,
comme les portes de nos habitations s'ouvrent de droite
et de gauche d'une rue. Là circulent les abeilles
allant d'une porte à l'autre, soit pour déposer du miel
dans les cellules servant de magasins, soit pour distribuer la nourriture aux jeunes larves, logées une à
une dans d'autres cellules. Sur les mêmes places publiques, on s'assemble quand il est nécessaire, on se
consulte, on délibère des affaires de la société. Là,
par exemple, entre nourrices qui vont de porte en
porte s'informer si les larves n'ont pas besoin d'une

nouvelle ration de pâtée, et les cirières qui se brossent véhémentement pour extraire de la cire et bâtir, se complote l'extermination des faux-bourdons; là, quand la naissance d'une nouvelle reine menace la ruche d'une guerre civile, se mûrit le projet d'une émigration. Là... mais n'anticipons pas sur les événements. Revenons aux cellules.

Jules. — Je brûle de savoir à fond l'histoire étrange des abeilles.

Paul. — Patience ! Voyons d'abord comment se construisent les cellules. — L'abeille, qui se sent la fabrique à cire approvisionnée, se brosse et extrait une plaque de cire du repli de ses anneaux. La petite lame de cire entre les dents, c'est-à-dire entre ses deux mandibules, elle fend la presse de ses camarades. « Laissez-moi passer, semble-t-elle dire ; voyez, j'ai de quoi travailler. » La foule s'écarte. L'abeille se place au milieu du chantier de construction. La cire est passée et repassée entre les mandibules, concassée en morceaux, puis étirée en ruban; de nouveau concassée et de nouveau pétrie en un seul morceau. En même temps, elle est imprégnée d'une espèce de salive qui lui donne de la flexibilité. Quand la matière est à point préparée, l'abeille l'applique parcelle à parcelle. Pour rogner l'excédant, les mandibules lui servent de ciseaux ; les antennes, dans un mouvement continuel, lui servent de sonde et de compas; elles palpent la paroi de cire pour juger de son épaisseur ; elles plongent dans la cavité pour s'enquérir de la profondeur. Quel tact exquis dans ce compas vivant, qui mène à bonne fin une construction si délicate et si régulière ! D'ailleurs, si l'ouvrière est novice, des maîtresses abeilles sont là, qui la surveillent d'un œil expérimenté, saisissent d'emblée le moindre défaut et s'empressent d'y porter remède. L'ouvrière mal habile se met modestement à l'écart et regarde faire pour apprendre. Le tour de main compris, elle se remet à l'œuvre. Des milliers de cirières travaillant à la fois, un gâteau de 2 ou 3 décimètres de large est souvent le travail d'une journée.

CLAIRE. — Vous nous avez dit que les cellules des abeilles sont surtout remarquables par leur disposition géométrique.

PAUL. — J'arrive à ce magnifique sujet, mais en l'écourtant beaucoup, je vous en avertis. Vous êtes bien loin de pouvoir suivre encore dans ses beautés supérieures l'architecture des abeilles. Oui, mon ami Jules, la maison de cire d'un pauvre insecte exige, pour être bien comprise, des connaissances que très-peu de personnes possèdent. Ah! vous pouvez étudier longtemps et longtemps avant de comprendre à fond cette merveille! Pour le moment, voici ce que l'on peut vous dire.

Les cellules servent les unes de magasins pour le miel, les autres de nids pour les petits. Elles sont faites avec de la cire, matière dont les abeilles ne peuvent se procurer des quantités indéfinies. Il faut attendre que les replis du ventre en aient sué une petite plaque, et cela se fait bien lentement, aux dépens de la substance même de l'insecte. L'abeille bâtit avec les matériaux de son corps, elle s'appauvrit en transpirant de quoi construire les cellules. Vous pouvez juger par là combien la cire est chose précieuse pour les abeilles, avec quelle stricte économie elles doivent la dépenser.

Et cependant, il faut loger l'innombrable famille, il faut multiplier les magasins à miel pour suffire aux besoins de la communauté. Il faut, de plus, que ces magasins et ces chambres à nourrissons tiennent le moins de place possible, pour ne pas encombrer la ruche et permettre une libre circulation aux vingt ou trente mille habitants de la cité. En somme, un problème des plus ardus se présente aux abeilles : il faut faire le plus de cellules possible avec le moins d'espace et le moins de cire possible. Eh bien, mon ami Jules, vous sentiriez-vous de force à résoudre le problème des abeilles?

JULES. — Hélas ! mon oncle, j'en comprends à peine l'énoncé.

PAUL. — Pour économiser la cire, un moyen bien simple se présente tout d'abord : c'est de faire les cloisons des cellules très-minces. Vous vous doutez bien que les abeilles ne manquent pas à cette condition élémentaire. Elles donnent aux parois de cire à peine l'épaisseur d'une feuille de papier. Mais ce n'est pas assez : il faut surtout tenir compte de la forme et chercher la plus économique. Voyons, cherchons nous-mêmes. Quelle forme donnerons-nous aux cellules pour satisfaire aux conditions d'économie en espace et en cire ?

Supposons-les d'abord rondes. Traçons sur le papier des cercles bien égaux et qui se touchent l'un l'autre.

Il y aura toujours entre trois de ces cercles contigus un espace inoccupé. La forme ronde ne peut donc convenir aux cellules, car il y aurait de la place inutilement dépensée, il y aurait des intervalles vides

Donnons-leur la forme carrée. Traçons sur le papier des carrés égaux. En s'y prenant comme il faut, nous pouvons agencer les carrés à côté l'un de l'autre sans laisser entre eux aucun intervalle sans emploi. Regardez le parquet de cette chambre, composé de petites briques rouges carrées. Ces briques ne laissent entre elles aucun intervalle, elles se touchent par leur contour entier. La forme carrée satisfait donc à la première condition, savoir : de bien employer l'espace.

Mais voici où la difficulté reparaît. Les cellules façonnées sur le modèle carré ne contiendraient pas assez de miel pour la quantité de cire dépensée à les construire. Afin d'augmenter leur contenance, il faut augmenter, autant que possible, le nombre de leurs facettes. Je ne chercherai pas à vous démontrer cette belle propriété, trop au-dessus de votre esprit. La géométrie l'affirme, tenons-la pour certaine.

En partant de là, le choix sera bientôt fait. Il faut, parmi toutes les figures régulières qui peuvent se disposer à côté l'une de l'autre sans laisser d'espace inoccupé, choisir celle qui a le plus grand nombre de côtés, car c'est celle-là qui, pour la même quantité de cire dépensée, contiendra le plus de miel.

Or, la géométrie enseigne encore que les seules figures régulières aptes à s'agencer sans place vide sont : la figure à trois côtés ou triangle, la figure à quatre côtés ou carré, enfin la figure à six côtés ou hexagone. Par delà, c'est fini : les figures régulières cessent de se toucher par tout leur contour et laissent entre elles des intervalles sans emploi.

C'est donc avec la forme hexagonale, ou la forme à six facettes, que les cellules peuvent occuper ensemble le moins de place, nécessiter le moins de cire et contenir le plus de miel. Les abeilles, qui savent ces choses mieux que pas un, font des cellules hexagonales, jamais autrement, au grand jamais.

CLAIRE. — Les abeilles ont donc une raison, comparable à la nôtre, supérieure même, puisqu'elles résolvent de telles questions?

PAUL. — Si les abeilles construisaient leurs cellules d'après un plan médité d'avance, réfléchi, calculé, ce serait à faire trembler, ma chère enfant : les bêtes rivaliseraient avec l'homme. Les abeilles sont des géomètres profonds parce qu'elles travaillent, inconscientes, sous l'inspiration du sublime Géomètre. Terminons là cette causerie, dont je crains bien que vous n'ayez pas compris le tout ; mais enfin, je vous ai donné l'éveil sur une des grandes merveilles de ce monde.

LXXIX. — Le miel.

PAUL. — L'abeille est diligente : aux premiers rayons du soleil, elle est à l'ouvrage, loin de la ruche, visitant les fleurs une à une. Vous savez déjà ce qui attire les insectes dans les fleurs : je vous ai parlé du nectar, ce liquide sucré qui suinte au fond des corol-

les pour affriander le petit peuple ailé et lui faire
secouer les anthères sur le stigmate. Ce nectar, c'est
ce que veut l'abeille. C'est son grand régal, le grand
régal aussi des petits et de la reine mère; c'est la
base du miel. Comment emporter une chose liquide à
la maison pour en faire profiter les autres? L'abeille
ne possède ni cruche, ni jarre, ni pot, ni rien de pareil.
Je me trompe : comme la fourmi portant aux travailleurs le laitage des pucerons, elle est munie d'un
bidon naturel, estomac, panse, jabot.

L'abeille entre dans une fleur, elle plonge au fond
de la corolle une trompe longue et flexible, une espèce
de langue qui lape la liqueur sucrée. Gouttelette par
gouttelette, puisée d'ici, puisée de là, le jabot se
remplit. L'abeille grignote en même temps quelques
grains de pollen. De plus, elle se propose d'en emporter une bonne charge à la ruche. Pour ce travail,
elle a des outils spéciaux : d'abord le duvet de son
corps et puis les brosses et les corbeilles de ses pattes.
Le duvet et les brosses servent à la récolte; les corbeilles, au transport.

L'abeille se roule d'abord avec délices parmi les
étamines pour s'enfariner de pollen. Puis elle passe
et repasse sur son corps velu l'extrémité des pattes
de derrière, où se trouve une pièce carrée hérissée en
dedans de poils courts et rudes faisant office de
brosse. Les grains de pollen épars sur le duvet de
l'insecte sont ainsi rassemblés en une petite pelote,
que les pattes intermédiaires saisissent pour la déposer dans l'une ou l'autre des corbeilles. On appelle
de ce nom un creux bordé de poils que les jambes
postérieures ont en dehors, un peu au-dessus des
brosses. C'est là que les pelotes de pollen sont empi-
lées, à mesure que les brosses en recueillent sur le
duvet poudreux. La charge ne tombe pas, parce qu'elle
est retenue par les poils dont la corbeille est bordée;
elle est d'ailleurs collé contre le fond. La reine et
les faux-bourdons n'ont pas ces instruments de

travail. Les outils sont inutiles à qui ne travaille pas.

Jules. — Les petites masses jaunes que l'on voit aux pattes postérieures des abeilles visitant les fleurs, sont les charges de pollen contenues dans les corbeilles?

Paul. — Justement. — L'abeille a tant lapé le suc des corolles, elle s'est tant brossé les flancs poudrés de pollen, qu'à la fin le jabot est plein et que les corbeilles débordent. Il est temps de regagner la ruche, d'un vol appesanti par tant de richesses.

Profitons du temps employé au retour pour nous informer de l'origine du miel. L'abeille emporte avec elle une liqueur sucrée dans le jabot, deux pelotes de pollen dans les corbeilles; mais tout cela n'est pas le miel encore. Le vrai miel, l'abeille le prépare avec les ingrédients que nous venons de lui voir recueillir; elle le cuisine, elle le mijote dans son jabot. Son petit estomac est mieux qu'un pot bon au transport : c'est un savant alambic, où le liquide lapé et les grains de pollen grignotés, sont travaillés par la digestion et convertis en une délicieuse marmelade qui est le miel. Cette haute cuisine terminée, le contenu du jabot est du miel.

L'abeille est arrivée à la ruche. Si de fortune la reine mère est rencontrée, l'ouvrière lui fait révérence et lui offre, de bouche à bouche, une gorgée de miel, la première de son jabot. Puis elle cherche une cellule vide. Elle introduit la tête dans le magasin, tire la langue et crache le contenu de son estomac. Voilà le miel, le vrai miel dégorgé.

Emile. — Tout.

Paul. — Pas tout. Du contenu du jabot, trois parts ordinairement sont faites : une pour les nourrices, que les soins du ménage retiennent à la ruche; une seconde pour les petits encore au nid; une troisième gardée par l'abeille qui a préparé le miel. Ne faut-il pas qu'elle se nourrisse pour bien travailler?

Emile. — Alors, les abeilles se nourrissent de miel ?

Paul. — Mais sans doute. Vous vous figuriez peut-être que les abeilles faisaient leur miel expressément en vue de l'homme. Détrompez-vous : les abeilles fabriquent le miel pour elles et non pour nous. Nous pillons leurs richesses.

Jules. — Les pelotes de pollen, que deviennent-elles ?

Paul. — Le pollen entre dans la fabrication du miel, et sert de nourriture aux abeilles. L'ouvrière qui revient de la récolte enfonce les pattes de derrière dans une cellule où il n'y a ni larve ni miel, et avec le bout des jambes du milieu elle détache les pelotes et les pousse au fond. En répétant ses voyages, elle finit par remplir tant la cellule où le miel est dégorgé, que la cellule où le pollen est amassé. C'est à ses provisions que puisent les nourrices quand elles vont, de cellule en cellule, distribuant des tartines aux petits ; c'est là qu'elles prennent pour elles-mêmes ; c'est enfin là que la population entière trouve des ressources quand les mauvais temps sont venus.

Les fleurs ne durent pas toute l'année, et puis il y a des jours de chômage, des jours pluvieux où l'on ne peut sortir. Il convient donc d'avoir du pollen et du miel en réserve, et d'en avoir beaucoup. Aussi, lorsque les fleurs abondent et que la récolte dépasse la dépense, on ne se lasse pas d'amasser miel et pollen et de l'emmagasiner dans des cellules, que l'on ferme, une fois pleines, avec un couvercle de cire.

Ce sont là des greniers d'abondance, sauvegarde de l'avenir en cas de disette. Le couvercle de cire est religieusement respecté ; ce serait un crime d'Etat que d'y toucher avant l'heure. En temps de pénurie, les scellés sont levés et chacun puise au rayon ouvert, mais avec réserve et sobriété. Le rayon épuisé, on lève les scellés d'un autre.

JULES. — Les jeunes abeilles, comment sont-elles alimentées?

PAUL. — Quand les cellules devant servir de nids sont préparées en nombre suffisant par les cirières, la reine maman va de l'une à l'autre, traînant avec peine son ventre fécond. Les nourrices lui font un respectueux cortége. Un œuf, un seul, est pondu dans chaque cellule. En peu de jours, de trois à six, il sort de cet œuf une larve, tout petit ver blanc, sans pattes, recourbé en virgule. Maintenant commence le délicat travail des nourrices.

Il faut tous les jours, et plusieurs fois par jour, distribuer la nourriture aux vermisseaux, non la première venue, miel ou pollen, mais une bouillie à propriétés nutritives croissantes, comme l'exige la délicatesse d'un estomac à ses débuts. C'est d'abord une pâtée fluide, presque sans saveur; puis quelque chose d'un peu sucré; puis enfin, le miel pur, la forte nourriture.

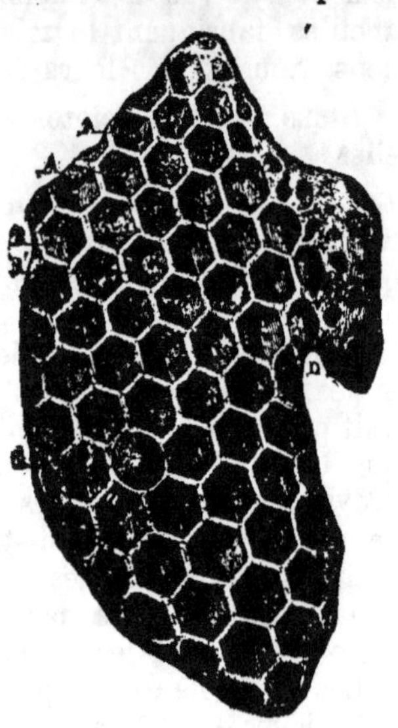

Fig. 70. — Dans ce fragment de gâteau, D est une cellule royale; A et B sont des cellules ordinaires avec une petite larve au fond; C est une cellule dont l'orifice est fermé par un couvercle de cire quand la larve contenue a pris tout son développement.

Au marmot qui vagit, offre-t-on la tranche de bœuf? Non, mais le lait d'abord et plus tard la bouillie. Ainsi font les abeilles: elles ont pour les forts l'aliment des forts, le miel; et pour les faibles, l'aliment des faibles, la pâtée sans saveur. Comment préparent-elles ces aliments plus ou moins substantiels? Il

serait difficile de le dire. Peut-être font-elles des mé-
langes de pollen et de miel à proportions variées.

En six jours, les larves, appelées *couvain*, ont
atteint tout leur développement. Alors, comme les
larves des autres insectes, elles se retirent du monde
pour le travail de la métamorphose. Afin de protéger
ses chairs endolories, quand sera venu le moment cri-
tique de la transfiguration, chaque larve tapisse de
soie l'intérieur de la cellule, que les ouvrières bouchent avec un couvercle de cire. Dans le fourreau de
soie se fait le dépouillement de la peau et le passage
à l'état de nymphe. Douze jours plus tard, la nymphe
s'éveille du profond sommeil de la seconde naissance;
elle se trémousse, elle déchire son étroit maillot et
l'abeille apparaît. Le couvercle de cire est rongé tant
par l'insecte inclus que par les ouvrières, prêtant main
forte aux ressuscitants, et la ruche compte un citoyen
de plus. L'abeille nouveau-née fait un peu de toilette,
dessèche ses ailes, lustre son corps, et la voilà partie
pour le travail. Sans l'avoir appris, elle sait son métier : cirière en sa jeunesse, en ses vieux ans nourrice.

LXXX. — La reine.

PAUL. — Les œufs qui doivent donner naissance à
des reines sont pondus dans des cellules spéciales,
beaucoup plus spacieuses, beaucoup plus solides que
celles où éclosent les ouvrières. Leur forme est grossièrement celle d'un dé à coudre. Elles sont fixées au
bord des gâteaux. On les nomme cellules royales.

JULES. — Lorsqu'elle pond dans une grande cellule
ou dans une petite, la reine sait donc si l'œuf est celui
d'une reine ou celui d'une ouvrière?

PAUL. — Elle ne le sait pas, elle n'a pas besoin de
le savoir. Les œufs de reine et les œufs d'ouvrière ne
diffèrent pas. C'est l'éducation seule qui décide du résultat de l'œuf. Traitée de telle manière, la jeune larve

devient une reine, en qui repose l'avenir prospère de la ruche ; traitée de telle autre, elle appartient à la gent travailleuse, munie de brosses et de corbeilles. A volonté, le peuple abeille fait des reines ; le premier œuf venu suffit pour remplir dignement les fonctions royales, si l'éducation est dirigée dans ce but. Et que ne fait-elle pas de nous-mêmes, l'éducation des tendres années ? Ni des rois, ni des manants ; mais des honnêtes gens, ce qui est mieux ; et des gredins, ce qui est pire.

Il va de soi que les méthodes pédagogiques des abeilles ne sont pas les mêmes que les nôtres. L'homme, autant esprit que matière, pour ne pas dire plus, s'adresse avant tout aux élans généreux du cœur, aux nobles aspirations de l'âme. L'abeille a l'éducation purement bestiale, elle s'adresse au ventre. Le genre du manger fait la reine ou l'ouvrière. Pour les larves qu'attendent les devoirs de la royauté, les nourrices préparent une bouillie particulière, une pâtée royale dont seules elles ont le secret. Qui en mange est sacrée reine.

Cette nourriture fortifiante amène un développement plus grand que d'habitude ; aussi, vous ai-je dit, les larves destinées à la royauté sont-elles logées dans des cellules spacieuses. Pour ces nobles berceaux, la cire est prodiguée. Plus de forme hexagonale, parcimonieuse, plus de minces cloisons ; un dé à coudre, ample et somptueusement épais. L'économie se tait quand il s'agit de reines.

Jules. — C'est donc à l'insu de la reine actuelle que le peuple abeille fait d'autres reines ?

Paul. — Oui, mon ami. La reine est excessivement jalouse, elle ne peut souffrir dans la ruche aucune abeille qui porte ombrage à ces royales prérogatives. Malheur aux prétendantes qui se trouveraient sur ses pas ! « Ah ! vous venez me supplanter, vous venez me ravir l'amour des mes sujets ! » Ah ! ceci, ah ! cela. Ce serait, mes enfants, quelque chose d'horrible. Lisez

l'histoire de l'homme, et vous verrez quels troubles
jettent dans les nations les têtes couronnées aux
abois.

Mais les abeilles ouvrières sont de fortes têtes, qui
savent que rien ne peut durer toujours en ce monde,
pas même les reines. Elles entourent du plus grand
respect la souveraine actuelle, sans perdre de vue
l'avenir, qui demande d'autres reines. Il leur en faut
pour perpétuer la population; elles en auront bon gré,
mal gré. A cet effet, la bouillie royale est servie aux
larves des grosses cellules.

Or, voici qu'au printemps, lorsque les ouvrières et
les faux-bourdons déjà sont éclos, un bruissement fort
vient du côté des cellules royales. Ce sont les jeunes
reines qui cherchent à sortir de leurs prisons de cire.
Les nourrices et les cirières sont là, qui font bonne
garde en épais bataillon. Elles maintiennent de force
les jeunes reines dans leurs cellules ; pour les empêcher
de sortir, elles renforcent les clôtures de cire, elles
remettent en état les couvercles brisés. « Ce n'est pas
le temps de vous montrer, semblent-elles leur dire, il
y a péril ! » et très-respectueusement elles leur font
violence. Impatientées, les jeunes reines renouvellent
leur bruissement.

La reine mère l'a entendu. Elle accourt furieuse.
Elle piétine de rage les cellules royales, elle fait voler
en morceaux les couvercles de cire et tire de leurs
cellules les prétendantes pour les déchirer impitoya-
blement ; plusieurs succombent sous ses coups. Mais
le peuple l'entoure, la cerne étroitement et peu à peu
l'entraîne loin du lieu de carnage. L'avenir est sauf :
il reste encore des reines.

Cependant les têtes s'échauffent, et la guerre civile
éclate. Les uns penchent pour la vieille reine, les autres pour les jeunes. Dans ce conflit d'opinions, le désordre et le tumulte remplacent l'activité paisible. La
ruche s'emplit de bourdonnements menaçants, les greniers d'abondance sont livrés au pillage. Mange qui

veut, boit qui veut, sans nul souci du lendemain. Des coups de poignard sont échangés. La reine se décide à un coup d'État : elle abandonnera la patrie ingrate, la patrie qu'elle a fondée et qui maintenant lui suscite des rivales. « Qui m'aime me suive ! » et la voilà qui fièrement s'élance hors de la ruche pour ne plus y rentrer. Ses partisans s'envolent avec elle. La troupe émigrante forme un essaim, qui va fonder ailleurs une nouvelle colonie.

Afin de rétablir l'ordre, les ouvrières qui se trouvaient dehors pendant le tumulte viennent se joindre aux abeilles restées dans la ruche. Deux jeunes reines font valoir leurs droits. Qui d'entre elles régnera ? Le duel à mort va décider. — Elles sortent de leurs cellules. A peine se sont-elles vues qu'elles s'élancent l'une sur l'autre, se dressent, se saisissent avec les mandibules par une antenne et se tiennent tête contre tête, poitrine contre poitrine. Dans cette posture, il leur suffirait à chacune de recourber un peu le bout du ventre pour plonger le dard empoisonné dans le corps de sa rivale. Mais il y aurait double mort, et leur instinct leur défend une attaque où toutes les deux périraient. Elles se dégagent et se retirent. Mais le peuple qui fait cercle les empêche de fuir : il faut que l'une succombe. Les deux reines reviennent à l'attaque. La plus adroite, au moment où l'autre n'y prend pas garde, s'élance sur le dos de sa rivale, la saisit à la naissance de l'aile et lui plonge l'aiguillon dans les flancs. La victime étire ses pattes et meurt. C'est fait. L'unité royale est reconstituée, la ruche va reprendre ses habitudes d'ordre et de travail.

Emile. — Elles sont bien méchantes, les abeilles, de forcer ainsi les reines à s'entre-tuer jusqu'à ce qu'il n'en reste plus qu'une !

Paul. — Il le faut, mon petit ami ; leur instinct l'exige. Sans cela, la guerre civile serait en permanence dans la ruche. Mais cette dure nécessité ne leur fait pas oublier un moment le respect dû à la dignité royale. Qui les empêcherait de se débarrasser elles-mêmes des reines de trop, comme elles le font des faux-bourdons avec tant de sans-façon? Elles s'en gardent bien. Qui, parmi elles, oserait tirer l'épée contre leurs souveraines, lors même qu'elles sont un grave embarras? Ne pouvant sauver la vie, elles sauvent l'honneur en laissant les prétendantes dégaîner entre elles.

Il peut arriver qu'à une époque où elle est seule, la reine périsse, soit d'accident, soit de vieillesse. Les abeilles s'empressent avec respect autour de la défunte; elles la brossent tendrement, lui présentent du miel comme pour la ranimer; elles la retournent, la palpent avec amour; elles la traitent enfin avec tous les égards qu'on lui prodiguait de son vivant. Il leur faut plusieurs jours pour comprendre, enfin, qu'elle est morte, bien morte, et que tous leurs soins sont inutiles. C'est alors un deuil général. Chaque soir, à deux ou trois reprises, gronde dans la ruche un bourdonnement lugubre, sorte de chant de mort.

Le deuil fini, on songe à remplacer la reine. Une jeune larve est choisie parmi celles des cellules vulgaires. Elle était née pour être cirière, les événements vont lui donner la royauté. Les ouvrières commencent par détruire les cellules environnant celle où se trouve la larve sacrée reine future d'un consentement unanime. L'éducation royale demande plus de place. Le large fait, la cellule restante est agrandie et façonnée en dé, comme le veulent les hautes destinées du nourrisson qu'elle contient. Pendant quelques jours, on sert à la larve de la pâtée royale, de cette bouillie sucrée qui fait les reines, et le miracle est accompli: la ruche a une mère. La reine est morte, vive la reine !

Jules. — L'histoire des abeilles est la plus belle de celles que vous nous avez racontées.

Paul. — Je le crois bien, aussi je l'ai gardée pour la fin.

JULES. — Comment, la fin?

CLAIRE. — Vous ne nous raconterez plus des histoires?

EMILE. — Mais plus, plus?

PAUL. — Tant que vous en voudrez, mes bien-aimés enfants, mais plus tard. Les blés sont mûrs et la moisson me préoccupe: Embrassons-nous, et terminons là pour aujourd'hui.

Depuis que l'oncle, détourné par les travaux de la moisson, ne raconte plus le soir des histoires, Emile a repris son arche de Noé. Il a trouvé la biche et l'éléphant moisis! A partir de l'histoire des fourmis, le brave enfant avait négligé ses visites.

TABLE DES MATIÈRES

Abbeville. — Typ. et stér. Gustave Retaux.

COURS COMPLET
D'INSTRUCTION ÉLÉMENTAIRE

PUBLIÉ SOUS LA DIRECTION

DE MM.

A. RIQUIER	**l'Abbé COMBES**
Ancien proviseur,	Archiprêtre de Bordeaux,
Ancien professeur agrégé d'histoire.	Chanoine honoraire de la Guadeloupe.

COURONNÉ PAR L'ACADÉMIE FRANÇAISE (PRIX MONTYON)

Approuvé et recommandé par plusieurs cardinaux, archevêques et évêques.

JOLIS VOLUMES IN-18 CARTONNÉS

ENRICHIS DE NOMBREUSES ILLUSTRATIONS
ET DE CARTES GÉOGRAPHIQUES GRAVÉES SUR ACIER ET COLORIÉES.

PETIT COURS

A L'USAGE DE L'ENFANCE DANS LES ÉCOLES ET DANS LES PENSIONNATS.

HISTOIRE

HISTOIRE SAINTE (RIQUIER ET COMBES). nouv. édit..... » 80
Autorisée par M. le Ministre de l'Instruction publique et approuvée par un grand nombre de prélats.

HISTOIRE DE L'ÉGLISE (RIQUIER ET COMBES............ 1 »»
Approuvée par Son Eminence le cardinal-archevêque de Bordeaux et par NN. SS. les évêques d'Agen, d'Amiens, de Nancy, de Nantes, de Perrigueux, de Saint-Claude et de Troyes.

HISTOIRE ANCIENNE (RIQUIER), nouv. édit.............. » 80

HISTOIRE GRECQUE. (RIQUIER)...................... » 80

HISTOIRE ROMAINE. (RIQUIER).......................... 1 25

MYTHOLOGIE (TIVIER, doyen de la Faculté des lettres de Besançon, et RIQUIER)................................. » 80

HISTOIRE DE FRANCE (RIQUIER)...................... 1 25

HISTOIRE DU MOYEN AGE (RIQUIER).................... 1 25

HISTOIRE DES TEMPS MODERNES.................... 1 25

GRAMMAIRE

GRAMMAIRE. THÉORIE ET EXERCICES (BERGER, inspecteur primaire à Paris), Nouv. édit. In-12 .... » 80

COURS ÉLÉMENTAIRE

A L'USAGE DE LA JEUNESSE DANS LES COLLÈGES ET DANS LES
INSTITUTIONS DE JEUNES PERSONNES.

HISTOIRE ET GÉOGRAPHIE

HISTOIRE SAINTE (RIQUIER ET COMBES). Nouv. édit..... 1 25
Autorisée par M. le Ministre de l'Instruction publique et approuvée par un grand nombre de prélats.

HISTOIRE DE L'ÉGLISE (RIQUIER ET COMBES). Nouv, édit. 2 50
Approuvée par son Eminence le cardinal-archevêque de Bordeaux et par NN. SS. les évêques d'Agen, d'Amiens, de Nancy, de Nantes, de Périgueux, de Saint-Claude et de Troyes.

HISTOIRE ANCIENNE (RIQUIER), nouv. édit............. 1 »»

HISTOIRE GRECQUE (RIQUIER), nouv. édit............... 1 25

HISTOIRE ROMAINE (RIQUIER), nouv. édit.............. 1 50

MYTHOLOGIE (TIVIER, doyen de la Faculté de Besançon et RIQUIER. nouv. édit.................................... 1 25

HISTOIRE DE FRANCE (RIQUIER), nouv. édit 1 50

HISTOIRE DU MOYEN AGE (RIQUIER)................... 1 50

HISTOIRE MODERNE ET CONTEMPORAINE (RIQUIER ET LAUNAY, professeur agrégé d'histoire).............................. 2 »»

GÉOGRAPHIE (J.-H. FABRE) 1 50

GRAMMAIRE

GRAMMAIRE. THÉORIE ET EXERCICES (BERGER). in-12 nouv. édit.. 1 25

LITTÉRATURE

PRINCIPES DE COMPOSITION ET DE STYLE (DELTOUR, ins. pecteur général des lettres)............................... 1 50
Adopté pour les bibliothèques scolaires de France et autorisé pour les écoles de la Ville de Paris.

HISTOIRE DE LA LITTÉRATURE FRANÇAISE (TIVIER).... 1 50

En préparation :

HISTOIRE DES LITTÉRATURES ANCIENNES (DELTOUR). » »»

HISTOIRE DES LITTÉRATURES ÉTRANGÈRES.

SCIENCES

ARITHMÉTIQUE (J.-H. FABRE. docteur ès-sciences)....... 1 50

PHYSIQUE (J.-H. FABRE). nouv. édit.................... 1 50

CHIMIE (J. H. FABRE, nouv. édit...................... 1 50

ASTRONOMIE (J.-H. FABRE, nouv. édit................. 1 50

HISTOIRE NATURELLE, Physiologie, Zoologie, Botanique, Géologie (J.-H. FABRE). nouv. édit...................... 1 50

ZOOLOGIE (J.-H. FABRE) 1 50

BOTANIQUE (J.-H. FABRE)............................. 1 50

GÉOLOGIE (J.-H. FABRE).............................. 1 50